岩波文庫

33-033-1

農業全書

宮崎安貞編録
貝原楽軒刪補
土屋喬雄校訂

岩波書店

宮崎安貞傳

安貞通稱文太夫、安藝國廣島藩士宮崎儀右衞門の二男なり。元和九年廣島に生る。年二十五、出でて筑前國に到り、福岡の藩主黑田忠之に仕へ、祿二百石を食む。後故あり、暇を乞ひて去る。貞享年中再び出でて仕へ、切扶持を賜ふ。是より先き安貞諸國を巡遊し、遍く老農老圃を訪ひ、種藝の法を究め大に得る所あり。歸國村居四十年、自ら心力を盡し、手足を勞し、農業に從事し、村民を誘導し、殖産興業を努め、其の成績見る可きもの多し。筑前志摩郡女原村及び怡土郡德永村並に東開西開と稱するものあり。皆安貞の開墾に係り、私產を抛ち庶民を誘ひ、以て之を致すと云ふ。元祿九年農業全書十卷を著し、耕種牧畜の方法を詳述す。友人貝原樂軒之を刪補し、樂軒の弟篤信之を評して曰はく、此書の本邦に於けるや、古來絕えて無くして今始めて在るものなり、後世必ず之に繼ぐものあらん。然れども此の書實に農書の權輿なりと。此の書の刻なるや、大阪の書肆茨木某*一本を水戶の藩主德川光圀に獻ず。光圀之を觀て曰はく、是民間一日も缺くべからざる書なりと。儒臣佐々宗淳は嘗て樂軒と友とし善し、故に文を草して、之に報ぜしむと云ふ。安貞夙に經濟に長じ、農業に通じ、其の人と爲り謙遜重義毫も才能に誇らず、利人濟物の心極めて厚し。元祿十年七月二十三日病歿す。享年七十五、志摩郡女原村地內小松原に葬る。安貞が庶民を誘導して、開墾せし段別は四町四段八畝步にして、其孫吉太夫の代に至り、該開墾地のうち田一町九段十八歩、畑四畝七歩を藩主より下附せらる。因て近村の人民は該開墾地を稱して宮崎開と曰ふ。又往時女原村及び谷村の地内字草荻字小松原と稱す。荒蕪地に竹木等を栽植し、一の森林と爲せしも皆安貞の與つて力あるものなりと云ふ。(「大日本農功傳」所收)

＊　「大阪の書肆茨木某」とは、初版の版元たる「京都書林茨城多左衛門」のことであらう。(校訂者註)

解説

土屋喬雄

（一）

私は日本經濟史を專攻する關係から、古人殊に江戸時代の學者の著書にして農工商業其他經濟に關係あるものを、從來多少は讀んでゐる。かゝる書物のうちには、優れたものも少くない。例へば、一般經濟に關するものでは、荻生徂徠、太宰春臺、三浦梅園、本多利明、海保青陵、山片蟠桃、佐藤信淵等のものに極めて卓越したものがある。又特に農政、農業に關するものとしては、宮崎安貞、田中丘隅、大石久敬、佐藤信淵、藤田幽谷、大藏永常等のものに甚だ重要なものがある。

これらの諸書は、いづれも當時において大なる影響を與へたのみならず、今日においても當時の經濟・產業事情を知るための資料として極めて重要なものである。少くとも江戸時代の、即ち我國封建社會崩壞期の經濟・產業史の上では、これらの人々の諸書は不朽であるといつてよい。

（二）

ところで、これらの諸書のうちで、何れに最も興味を感ずるかと問はれるならば、私は、宮崎安貞の「農業全書」を先づ擧げたい。何故私は、特に「農業全書」をしかく高く評價するのか？

それには大いに理由がある。

第一に、この書物は、徳川時代における農書の代表的なものである。宮崎安貞がこの書物の稿を終つたのは、元祿九年、其公刊は十年七月卽ち彼の死の月で、彼は恐らくこの書の成るを見ずして死んだのであるが、この書は彼の唯一の書である。しかも彼は、この一書を以て德川時代農學者の代表者となつたのである。彼の後、佐藤信淵、大藏永常の如き大農學者が現はれたが、宮崎安貞の代表者たる地位は、それによつて動搖するところはなかつた。彼のこの書は江戸時代中期より後期にわたり二百年近くも廣く讀まれ、祖師と云へば日蓮を意味する如く、農書といへば「農業全書」を直ちに先づ連想せしめたほどに普及したのである。

かくの如く、この書がその上梓後江戸時代後期に至るまで、農書の代表たる地位を保持したのは、勿論その內容の卓越性、有用性に基くものであつた。だが、その內容については後に述べることとして、こゝには第二に此書の成立の由來、もしくは、彼がこの書を著すに如何に大なる苦心を拂つたかを述べて、この書の價値を偲ばなければならぬ。それは彼の「自序」や「凡例」に明かであるが、この書は彼の四十年の苦心の後に成つたものである。彼はこの書を著すために正に半生以上を費したのである。「自序」には『我村里に住する事すでに四十年、みづから心力を盡し、手足を勞して農事をいとなみ、試み知る事多し。こゝを以て常に農民の稼穡の方にうとき事を歎き、我愚蒙を忘れて種植の書をあらはして、民と共にこれによらん事を思ひ、唐の農書を考へ、本邦の土宜にしたがひ、農功の助となるべき事を撰び、或は畿內諸國に游觀し、廣く老圃老農に詢謀り、草稿を集めて十巻とし、農業全書と名付け侍べる。』と云ひ、「凡例」にも『唯我土民を友として農事に習ふ事年あり。又世の農民の其術委しからざるゆへ、力を盡し農業をいとなむといへども、其功すくなく其利を得がたき事をしる。故に此書を述べて民を道びき、農家萬が一の助とならん事を思ひ、農政全書を始め唐の農書を考へ、且本草を窺ひ、凡中華の農法の我國に用ひて益あるべきをゑらびて是をとれり。……先年山陽道より始め、畿內、伊勢、紀州の諸國を遊歴し、所々老農の說を聞き、皆其要を取りて記す。……予立年の後ゆへ有りて致仕し、民間に隱居し農事を業とせり。今我齡すでに八旬に近し。數十年の勞をつんで農術にをゐてしるしを得る事多し。又鄉國の郡鄕村落をめぐり、或は隣國に遊んで、いよいよ農業の說を聞く事詳かなり。又予が稼穡にをゐて三折の功あるを取りまじへ、了簡し記レ之。……後來文才餘り有りて且農事に熟したる人あらば、猶此書を增補し、彌〻民の益たらん事、予が微賤に在りて世を患ひ農をめぐむの素意にして、尤希ふ所なり。抑〻此書は本邦農書の權輿なり。是偏に愚翁と樂軒子が、老を忘れて世をうれへ、農を憐む誠より出でたり。』と記してゐる。こゝに彼がこの書を著さんとした動機、その苦心が明かにされてゐる。本書こそは、實に文字通りライフ・ワークの名に値ひすべき書である。

　彼のこの書を著さんと志した動機は、一に農民が農術にうとくして、貧窮に陷り勝ちであるのを、救はんとするにあつた。彼の動機には、名利は全く度外視されたのである。然るに當時は我國に農書らしき農書は流布してゐなかつた。尤も、「農業全書」以前の農書として有名なものに、松浦宗案がその主たる伊豫國宇和郡立間の城主土居式部大輔淸良に永祿七年著して獻じたといふ「親民鑑月集」があるが、それは當時他地方に廣く流布してゐなかつた。それ故に、宮崎安貞が「農業全書」を著すに當つては、支那の農書を參照せるほか、自ら農耕に從事せる經驗及び諸國を遊歷して見聞せる所を考へ、四十年の長年月を費したのである。而して之を上梓するに當つて、自ら「凡例」に『此書は本邦農書の權輿なり』と書き、傳に記せる如く、貝原篤信も之を評して『此の書の本邦に於けるや、古來絕えて無くして今始めて在るものなり』と云つたが、それは當時の彼等の確信であり、當時の事情より推して我々もその權輿であつたことを承認しても差支へはないと思ふ。實際「農業全書」以前の我國の多くの農民は、何等據るべき指導書なく、祖先傳來の經驗に基づき農耕につとめてゐたのである。

かくて本書は、上述の如き意味においては我國最初の農書であり、しかも大いに時代の要求に適せるために、忽ち廣く流布し、農書の代表となり、當時の農耕技術の發展には著大なる影響を及ぼしたものである。しかも、當時農業が主要產業であつて、人口の少くとも八割以上が農民であつたことを思へば、その影響の大なる測るべからざるものがあらう。

（三）

では、この書はその上梓以來どれほど讀まれたものであつたか。その點について私は、本年六月福岡へ行つたとき、鄉土史家にたづねたが、明確なる答を得られなかつた。この點は後の考證に待つのほかはないが、今日古書市場に現はれる德川時代の農書中において最も本書が多いことは、周知のことである。本書の筆寫本さへも少くはない。そして今日古書市場に現はれる本書のうちには再版本が多いが、その再版本は天明七年のもので、京都の小川多左衞門が版元である。(因みに、初版は茨城多左衞門が版元であるが、住所は全く同じであり、名も同じであるから、小川は茨城の子孫かも知れぬ。) 本校訂本も再版本を底本としたのであるが、天明七年(西暦一七八六年)といへば、初版の出た元祿十年(西暦一六九七年)よりおよそ九十年を經た時である。しかもこの際にはおそらく初版よりも遙かに多くが印刷されたものであらうと思ふ。凡そ百年を經て、益〻その必要を感ぜられた書物は、蓋し稀有のものであらう。なほそのほかに筆寫本さへも行はれたのであるから、その流布は莫大のものであつたらう。なほ明治以後にも本書の覆刻が行はれてゐる。即ち、明治廿七年十月、三好守雄なる人により飜刻され、同卅八年十月改正版が出された。これは洋綴二册のものである。また大正十五年以降刊行された、瀧本、向井二氏編の「日本產業資料大系」の第二卷にも飜刻されてゐるが、これは、脱字、重複もあり、校訂においても完全とは云へないものである。

かくの如く、本書が上梓以來明治、大正以後までも廣く流布したのは、もとより本書の卓越性、有用性の然らしめたところであるが、本書出版當時はからずも水戶の德川光圀の賞讚を得たことも、本書を有名にし、流布せしめるに與つて力あつたことと思はれる。初めてこの書の上梓せらるゝや、京都の書肆茨城が一本を水戶の德川光圀に獻じた。光圀は之を讀んで、『是人世一日も之れ無かる可からざるの書なり』と賞讃し、その儒臣佐々宗淳は嘗て樂軒と友たりしを以て、佐々をして文を草して之を傳へしめた。爾來諸藩においても此書を農民にすゝめるもあり、その價値は廣く知られ、大いに流布したのである。

（四）

然らば本書は農書として如何なる特徴を有するか。先づその量において、尨大なる點を擧げなければならぬ。德川時代の農書にして量の大なるものには、「成形圖說」農事部や「百姓傳記」の如きもあるが、本書も亦大なるものの一である。

その體系においても整然たるものであつて、緖論として「農事總論」十ケ條、各論として「五穀之類」十九種、「菜之類」三十九種、「山野菜之類」十八種、「三草之類」十一種、「四木之類」四種、「菓木之類」十七種、「諸木之類」十五種、「生類養法」三種、「藥種類」二十二にわたり、個々の作物や畜類の效用及び耕作飼育技術を詳述してゐる。本書において彼が栽培法及び飼育法を記せる作物並びに畜類は約百五十種に及ぶ。當時における主要作物及び畜類は殆んど網羅されてゐると思はれる。耕作技術としては、種子のこと、土質のこと、蒔き或は植ゑる方法及び時期、又は接木の方法及び時期、その收穫の時期、施肥、除草、除蟲等の方法等頗る詳細をきはめてゐる。

その說述の樣式より見れば、支那農書を參考せる點も少くないが、自己の經驗及び遊歷中諸地方の老農より見聞せる處に考へて書き記せる所が多いやうに思はれる。卽ち本書は當時の我國の農耕技術の集大成であり、當時の我國農業の縮圖であるといふことが出來る。

尤も、嚴密に言へば、本書に記されたる所は、時代的には德川初期の中頃より中期の初めまでであり、地方的には九州を中心とし九州、中國、畿內までの地方の農業の集大成であり、縮圖であつた。それ故に、本書には時代的及び地方的特色が認めらるべきである。たとへば、本書には養蠶につき記すところ少いが、周知の如く養蠶は德川時代を通じて漸次發展したもので、特に著しき發展の行はれたのは中期以後のことであり、又地方的には三丹州以北及び以東の國々に特に盛んとなつたのであるから、本書に之を記すところ少いのは、やはり本書の時代的、地方的特色の一であらう。又彼が本書を書いた當時においては未だ農村に貨幣經濟の浸潤せる程度は低かつたのであつて、從つて未だ農業における商品生產化、多角形經營の程度は低かつた筈である。從つて又本書の主張として、後期の農書たとへば、大藏永常のそれに表はれてゐるやうに、貨幣收入增大のための作物の獎勵の方針が強く表はれてゐないのも、當然のことである。卽ち、彼が本書「農事總論」(四十四丁)に『明君は五穀をたつとんで、金玉をいやしむとて、五穀にまさる寶はなしとせり。いかんとなれば、金銀珠玉は飢えて食すべからず。寒くして是を着るべからず。此ゆへに五穀を蓄へ積む計をつとむ。』と言へる所が、恐らく彼の經濟思想の基調であつたと思はれる。とは云へ、本書においても、「利潤」卽ち貨幣收入取得のための作物の獎勵が全くないというわけではないが、それはむしろ從屬的地位に置かるゝものの如くに見える。こゝにも時代的特徴が表はれてゐると思ふ。

以上の如くであるから、本書によつて我々は、徳川時代初期の中頃より中期の初めまでの九州、中國、畿內地方の農業の狀況をまざまざと知ることが出來る。この意味において本書は一つの歷史的資料としても重大なる意味をもつものである。しかも、德川時代後期と雖も、又維新以後と雖も、我國の農耕方法には大なる變化の見られない部面もあるから、或る程度までは、本書は現代的意義をも亦有するわけである。

（五）

以上述べ來つたやうな理由で、私は久しく本書に對して深き興味を感じてをり、又その歷史的意義を高く評價してゐる。從つて本書の著者宮崎安貞に對しても私は深き尊敬の念を抱いてゐる。私は、本年六月上旬に十數日福岡に滯在したが、その間私は所用の餘暇に彼の傳記を一層詳細に知るべく、或は鄕土史家に尋ね、或は資料を探つたけれども、簡單な人物史傳以外には之を求め得なかつた。しかしそれらは何れも、「大日本農功傳」所收の宮崎安貞傳以上に出づるものなく、否それの要約と見るべきもののやうである。彼の傳の詳細が未だ知られざるは甚だ遺憾であるが、將來鄕土史家に期待することとし、本校訂本には「大日本農功傳」所掲の宮崎安貞傳をそのまゝに掲げることとする。

なほ私は、福岡滯在中一日九大講師遠藤正男氏等と共に、周船寺村字女原《メウバル》に宮崎安貞の墓に展した。墓は女原の小松原に在る。小松原とは、周回二、三丁程の用水池の東南に位置する小高き松林であつて、その中に彼の墓がある。この小松原より北方に廣い水田が連つてゐる。これは村民の談によれば安貞の開墾に係るものの由である。なほ村民の談によれば、『宮崎さんの年忌毎にはお祭りをしてゐる』と。安貞の功績は二百數十年後の今日なほ村民の記憶し、且つ謝恩する所であつて、彼の墓所は村民によつて清掃せられてあり、今なほ之に詣づる者少くないことを語つてゐる。墓碑の高さは三尺計り。

墓碑の表面には

元祿十丁丑年

眞如院休閑凊道居士

七月二十三日

裏面には

俗名

宮崎文太夫安貞

と刻まれてある。

また墓碑に向つて右手に三尺ほどの一石碑あり、これは明治四十四年に宮崎安貞に正五位を追贈された際の記念碑である。即ち左の碑文がきざまれてある。

明治辛亥秋擧大演習於肥筑之野

聖上親臨之際追賞宮崎安貞翁實
業上之功績被贈正五位玆營奉告
祭爲紀念建此碑矣
明治四十五年五月二日
糸島郡農會

墓所より西北方約五、六丁、一の用水池あり、その北方に小丘あり、こゝにも一大石碑がある。それは宮崎安貞の頌德碑であつて、高さ三丈餘、その表面には左の文が刻まれてある。

宮崎安貞碑

農業全書之成也　京師書肆裝潢一部　奉諸常陸舊藩主梅里卿　卿素重民産　諳悉農事　稱此書曰
是人世不可一日無之之書也　蓋穀民之所天　一日缺輙疾　耕耘之事　當講明而究盡也　而蚩之
者或由爲而不察　使豐饒之地有遺利焉者　往々有之　故豐年僅免飢　凶歳救死之不暇　宜乎梅里
卿之稱賞此書也　宮崎翁安藝人也　世仕舊藩主淺野氏　領二百石　父稱儀右衞門任山奉行　翁其
第二子也　名安貞　稱文太夫　父因事褫祿　翁仕筑前舊藩主黒田氏　祿如家世所食於安藝　時年
二十五　實慶安四年也　後頗浮沈　翁夙稼穡　竭力畎畝　檢明其法　又歷遊諸州取長舍短　有所
大獲　志摩郡女原村　怡土郡德永村稱東開西開者　係翁所墾破　及晚愈勉而愈精　乃農書數卷
起自播種耕耘施肥　及菜果藥餌畜養鳥獸之法　殆無遺漏　卽農業全書之也　此書之行也　農人據
而講農事　余生于肥後　今知筑前事　二州相近而皆以美穀著稱　維土壤沃饒所致　抑此書亦與有

力焉　梅里卿之言　於是不虚矣　今也文明之世　農事逐日而闢　農書亦輩出焉　而此書之出實在於二百年前　則首唱之功不可堙滅矣　明治十八年　聖朝賜金二十圓於遺族　以充追賞之典　筑前有志者數名　相謀將立一石以表其功績　遠近應募　捐金者甚多　事頗就緒　囑余撰文　余其係職分之所有　義不峻拒　遂紀其概略　系以銘辭

咄彼俗學　著書成叢　論道議政　厥言涉空　斯翁務實　似卑而崇　全書一部　起圃興農

言貴有用　事鄙無功　凡百子弟　愼式斯翁

明治二十一年仲秋穀旦

福岡縣知事正四位勳二等　安場保和　撰

後書學　二　川　近　謹　書

私はその際墓碑及び頌德碑の寫眞を撮つたが、こゝに掲ぐるものが、即ちそれである。

宮崎翁の遺跡をたづね、墓に詣うで、頌德碑を仰いだ後に、今私が岩波書店の需に應じて、本書を校訂して文庫本として飜刻するのは、私の最も尊敬する古人の一人たる宮崎翁の功績を、村人や鄕土人のみならず、あまねく我國人と共に想起せんとの微意に出づるにほかならないのである。

（昭和十年七月二十三日、宮崎翁逝きてより二百三十七年の忌日において記す。）

校訂者凡例

一、原本には送り假名が少い。その代りに、多く振假名をつけてあり、その振假名には送假名の分まで付けてあるのが普通である。尤も振假名を付けてない場合もある。この校訂本では、悉く送假名をつけることとした。

原本で振假名になつてゐる送假名には不統一がある。例へば、「用ゐる」もあり、「用ひる」もある。「取分」は「とりわき」もあり、「とりわけ」もある。また「榮へ」といひ、「榮ゑ」ともいふ。これらは原本に從ひ、送假名を付した。

二、原本には振假名が甚だ多く付けられてある。中には右側に漢音を振假名し、左側に和訓を振假名した場合もある。原本に振假名を多くしたのは、當時は農民は敎育程度一般に甚だ低く、しかも本書の目的は農民に讀まれることを意圖としたものだからであらうと思ふ。この校訂本も農村の人に讀まれることを第一の目的とするが、一般的に見て、本書が昔讀者として豫想したよりは、本校訂本は、より敎育程度の高い人々を讀者として豫想するのであるから、原本よりは振假名を少くした。

また名詞の振假名には助詞をも加へてしたものもある。例へば、「今世」には「いまのよ」とある。かゝる場合は、「今の世」とした。

三、原本では近代の書物のやうに改行がなく、今日の書物において改行すべき所へ○が付されてある。本校訂本では、原則として原本で○を付したところで行を改めることとした。

四、原本における小文字二行の割註は、括弧の中に入れ、一行とした。甚だ少いが、原本において特に註としてはないけれども、恐らく註の意味で小文字で記した部分がある。それは特に一字を下げて印刷することとした。

原本に頭註が數ケ所ある。それは校訂本では、その節の後へ頭註として小文字で印刷した。

五、原本においては、漢字の繰返しにも〱を用ゐた所もある。それは々々になほした。

六、原本が確かに誤りであると思はれた所は全く訂正した。例へば、巻之五、十二丁表、第二行目、「茹《ゆび》た干して」は「茹き干して」と改めた。巻之五、二十一丁表、第一行目「切種《きりうじ》べし」は「切り種ゆべし」に改めた。巻之七、五丁裏、三行目及び八行目、「長《なが》」は「長さ」と改めた。其他にも以上に準じて改めた所が少くない。

七、目次は原本と變へた。原本では、第一巻叙の次に「農業全書總目錄」があり、各巻（十巻まで）の表題のみを列擧してある。次に各巻頭にその巻の目錄がある。本校訂本では、「總目錄」だけとし、之に各巻の目錄を挿入した。

八、以上は凡て讀み易くする趣旨に基く。

風信雲書遠抵常陽。披讀乃審鼎茵佳勝。足以慰懷。承諭貴邦宮崎安貞撰農業全書。令兄樂軒删訂。思一見之會。京師書肆茨城方道裝潢一部獻吾水戸侯梅里公。公熟覽曰。是人世不可一日無之之書也。二子用心可謂深切矣。公自少好學固志治教。故巡遊封內詢問農圃諳悉農事而觀此書乃有此言。蓋非虛譽。夫農者國之本民生資之。自王者之尊猶尙留心。今焉富貴子弟耽聲色事奢靡不知稼穡艱難。叔世弊風可勝悲哉。由是觀之。公之稱歎不亦宜乎。山川脩阻會面何日。臨書悵然。

佐々宗淳拜

丁丑十月二十一日

損軒貝原大兄足下

農業全書自序

夫れ人世のことわざ、必ず本あり、末あり。其本によりて行へば、順にして成りやすく、末をとりて行へば、逆にして成りがたし。凡いにしへ聖人の政は、専ら教養の二つに出でず。農業の術は人を養ふの本也。農術くはしからざれば五穀すくなくして、人民生養をとぐる事なし。孝弟の道は人を教ゆるの本なり。孝弟の教へなければ、人倫明かならず。人の道立たずして禽獣に近し。故《かるがゆゑ》に堯舜の御代には后稷を以て農業を教へしめ、契を司徒として世に人倫の道を教へ給へり。しかるゆへに、民生の養ひゆたかに、人倫の道明かなり。こゝを以て堯舜の政は、天下萬世、帝王の鑑たり。しかりしより以來《このかた》、代々の聖王賢君、天下國家を治むるに必ず農をすゝめ、稼穡を教ふるを以て先とし、人倫の道を正すを以て本とし給はざるはなし。夫れ人倫の道は、其教へ上に行はれ、且下位にありて、其書を講ずる人多し。力田の術は、中華の書漸く多く傳はれども、我國の農民、殊更に文盲なれば、其事を講習することあたはず、又文學を專とする輩は、其家業にあらざれば、是を講ずるに及ばず。古本朝の賢君、多くは農業を重くし給ふといへども、農術を教ふるの書は世に傳はらず。故に農法世に委しからず。然るに今泰平の御代にして、治上に盛なりといへども、猶農術の下に審かならざるは、ひとへに唯、文盲なる民の讀み辨《わきま》へ知るべき農書の世上に行なはれざるゆへなるべし。古は人すくなくして、且衣食も質素なりしかば、其養ともしからず。人民いとまありて農功專らなりしゆへ、本を務むる事あつし。傳にいはゆる、是をするものは多く、これを食する者は少くして、五穀ゆたかに民食たりやすかりけらし。近世に至りて、農は古の農にして、是を費すものは十倍せり。是則ち、衣食の足りがたきゆへなり。然れば今の世の民は農術をよくしりて、力田に功を用ゆる事あつきにあらずんば、いかでか飢寒のうれへをまぬかれんや。我久しく民間にありて、農人の日々に勤むる所をはかり見るに、其術委しからずして、其法にしたがふ事のみ多し。然るゆへに身を勞し心を苦しめて勤めいとなむといへ共、效《しるし》を得る事すくなくしてやゝもすれば秋のなりはひの不足を見ることしば／＼なり。是土地のあしくして且其勤めいとなみのたらざるにはあらず。唯ひとへに民皆農術をしらずして、稼穡《かしよく》の道明かならざるゆへなり。是れ誠に憐むべく惜むべき事の甚しきなり。

　凡天下の事、必ず致知と力行とを兼ねざれば、其功なりがたし。故に先づよく農術をしりて後農功を勤むべし。且つ恒の產なければ、恒の心なし。衣食たりて後禮義行はるゝ理《ことはり》なれば、民種植の道をよくしりて五穀ゆたかに、衣食の養ひたりて各其所を得ば、をのづから貪る心もなく、禮義廉耻行はれ、風俗すなほに人心和順し、一世安樂ならん事日々に新に、月々にさかんなるべし。抑〻日本の地は、南北の中央に當れるにや、陰陽の氣正しく、寒暑も中和にかなひ、甚しき天災地禍もなく、平原多くして稻麥を種ふるの地ひろし。國土又勝れて肥良なれば、萬づ種植の類、物として成長せざるはなし。もろこしの外にかゝる上國はなきとぞ聞え侍る。歐陽子が日本の刀の歌にも土壤沃饒風俗好と稱美せしもことはりなり。然れば百穀は云ふに及ばず、凡人世有用の菜菓草木藥種等に至るまで、民用を助くる品々皆其種を求め、其法に隨ひて種藝し、各々其術を盡しなば衣食居室財用こと〴〵くたりぬべし。藥種なども我邦にありて人の見知らざる物多し。又知れる物も種ふる事、土地の宜きにかなはず、或は其うゆる術をしらずして、其性よからぬ物多し。國にある諸品の物をよく見しり、其種ゆる事法にしたがひ土地の宜きにかなはゞ、我國になき所の龍腦沈丁等の數種の外は、皆異國に求めずして民生の用足りぬべし。然るにむかしより、年ごとに唐舟《もろこしぶね》に無益の物まで多くつみ來りて交易し、我國の財を他の國の利とする事、豈おしまざらめやは。是ひとへに我國の民、種藝の法をしらずして國土の利を失へるなり。又本邦の諸國にしても是に同じ。各我國に種植の道をよく行ひ、其國の土地に出でくる物を取りて國用たりなば、多く我國の財を出して他國の物を買ひ求むる患なかるべし。

　我村里に住する事すでに四十年、みづから心力を盡し手足を勞して農事をいとなみ、試み知る事多し。こゝを以て常に農民の稼穡の方《みち》にうとき事を歎き、我愚蒙を忘れて種植の書をあらはして、民と共に是によらん事をおもひ、唐の農書を考へ、本邦の土宜にしたがひ、農功の助となるべき事を撰び、或は畿內諸國に遊觀し、廣く老圃老農に詢ひ謀り、草稿を集めて十卷とし農業全書と名付け侍べる。されど本より著作の才なければ、たゞ魯魚の誤り鄙俚の言多きのみかは、其義理も亦鹵莽にして踈謬多からん事を恐る。こゝにおゐて我故人貝原樂軒翁に此書を改正せん事をこふといへども、彼翁たゞ聖學をたしみ、道義を樂むを以てわざとするゆへに、此書を修潤することを末作鄙事とし、老境の樂を妨げん事をおそれてあへてうけごはず。予が曰く、吾子あやまてり、よろづの事たすけなくては成りがたし、吾子が力を以て予が功を助けなして、もし天のさいはいありて此書世にあまねく行はれ、農功の益となりなば、おそらくは參賛の功の萬が一の補とならん事、いまだしるべからず、これわが願ふ所にして、吾子が志も亦しからずやといふ。翁辭することあたはずしてわが求に應じぬ。しかはあれど、珷《ぶ》玞《ふ》はみがけども玉となりがたき理りなれば、翁の改正をへても猶文詞つたなく、義理明かならずして、見る人の非笑を招かん事を恐るといへども、後來農事に達する智者を待つの間、しばらく今の世に農事を業とする人のため少しき補ひあらんことを思ひ、管見の及ぶところを述べ、かへりて自己の鄙陋を忘るといふことしかり。筑州の隱翁、宮崎安貞序す。時に元祿九年仲冬の復日なり。

凡例

一、予此書を述ぶる本意は、平生おもへらく、人此世に生れて此世に益なく、碌々として一生草木と共に枯落せんは、偏に螻蟻にことならざる事を恥づ。しかあれども、才なく德なく又位なければ、尺寸の功を以て天につかへ、人を利すべき術なし。唯我土民を友として農事に習ふ事年あり。又世の農民の其術委しからざるゆへ、力を盡し農業をいとなむといへども、其功すくなく其利を得がたき事をしる。故に此書を述べて民を道びき、農家萬が一の助とならん事を思ひ、農政全書を始め唐の農書を考へ、且本草を窺ひ、凡中華の農法の我國に用ひて益あるべきをゑらびて是をとれり。

一、先年山陽道より始め畿內、伊勢、紀州の諸國を遊歷し、所々老農の說を聞き、皆其要を取りて記す。

一、予立年の後ゆへ有りて致仕し、民間に隱居し農事を業とせり。今我齡すでに八旬に近し。數十年の勞をつんで農術におゐてしるしを得る事多し。又鄉國の郡鄉村落をめぐり、或は隣國に遊んで、いよ〳〵農業の說を聞く事詳かなり。又予が稼穡におゐて三折の功あるを取りまじへ、了簡し記レ之。

一、予が故人樂軒翁は、聖學を好んで其志篤し。耳したがへる年の後致仕し、閑寂をたのしみ、心を道義に潛むる事久し。又强年の比《ころ》より世を利し民を惠むに志有りて、略民間の事を知り、且植木のわざにも熟せり。此ゆへに彼翁、予が草創の功をたすけて此書を添削し全備せん事を乞ひ、强いて其峻拒を破りしかば、翁も辭する事あたはず、遂に修潤して書なれり。

一、吾本より文才なくして文詞を飾る事あたはず。且此書はひとへに農家の用ゆる所なれば、あながちに文辭を華麗にすべきにあらず。樂軒翁も又其辭を野にして、衆民のさとしやすからん事を思ひ、皆俗語にうつせり。

一、此書をなさん事を思ひ、多年農書の端をうかゞひ深く心を用ゆるといへども、本より才なければ、悉く其法を盡す事かたく、又ためにしば〳〵諸國を經歷すれども、猶天下を普くせず。されば年を重ねて心を勞すといへども、和漢の農法におゐて其至善を極むる事かたし。夫土地東西異にして、氣運も又南北ひとしからず。しかれば此書に記す所、或は物によりて此法悉く其地味に應じがたく、又寒温の氣ことにして、此法を其所に用ゐて略たがへる事も有りなん。中について億兆の農家なれば、其間に必ず其功を積んで、種藝の法、其一事一種におゐて極めて其事に熟したる人有るべし。又才ある農人、稼穡に心を用ゆる事篤くして、予が聞見にまされるもあらんか。しかはあれど我多年ひろく此事を求め、多く唐の書を考へ、又東西に遊歷し、諸國の老農にはかり問ひ、且みづから農事の勞を以て得たる所を交ゆれば、他の才ある老功の農人其事いたれりといふとも、又此書の和漢にわたり、萬の備りたるにしかざらんか。或は國により所により氣運たがひ地味ことなりといふとも、必ず十にして七八はあたらずといふ事なからんか。かつそれ天下の事しぜんと成る事すくなし。必ず感によりて情おこり、あるはいざなふ所あつて其端をひらき、又其機にふれて心にさとり、あるは見聞によつて其智熟する事あり。是皆其うごく所にふれて事始めて萌し、事業漸く起る。必ず是によつてつゐにひろく世に行はるゝ事あるものなり。是則ち和漢古今の通義なり。夫れ靑き事は藍より出でて藍より靑き理なれば、今予が尺寸の說に感じ、上つかたなる人は是より心をとどめてますます其源をたづね、上堯舜の道にさかのぼり深く萬民をめぐみ、よく農業を敎へしめされ、又下なる民は是によつて心付き、ますます農事の工夫を篤くし、其勤を委しくせば上下ともに和順し、農術あまねく萬國に熟し、五穀一世にゆたかに世とみ民さかへ、求めずして財穀みち、貪らずして國用餘り有りて、貴賤ひとしく安樂ならん事、是必ず掌をみるごとくならんか。是則ち愚翁等が其しるしを、今より後普く才人智者に深く望む所なり。

一、此書の趣、大體を序にあらはし、なを其餘意を樂軒翁重ねて跋に記せり。又耕作の意味は專ら總論に述べたり。しかれば此書の大意を見んとならば、右の條々を熟讀すべし。

一、此書眞名字の左にかなを付くるは、農人をして能く心得しめんが爲なり。其人々知りやすきを本とせる故、左に點ずるかな處々字心少したがふ事もあり。

一、農家此書をよみ其大概をしるといふとも、日々にいとなむ農事について心を盡し力を用ゐて、實に其理を事の上に執行し勤めて修練會得せずば、唯是無益の徒事なるべし。たとへば儒書をまなんで四書小學に熟し、其餘の經書にも粗通じ、字義、訓詁を諳んじ、且講說ことに詳なりといへども、徳義を尊信し深く心を用ひ、存養省察克治の功をつみ、其眞知を求むる事を勤めざれば、彼道義の樂をしらざる事は、却つて文盲の人のごとし。此書も又是に同じ。たび〳〵これを弄び手《て》馴《なれ》記誦する人ありとも、徒に此事を以てより〳〵の口遊《くちずさみ》、一座の話談として農業の上におゐては眞實に心を勵み思ひを覃《ふか》くし、力を用ひてこれを心み營み、三たび臂を折るの勞なくしては、大に驗を得る事かたかるべし。農民殊にこゝにおゐて心をとゞめ、力を盡すべし。しかはあれど、是皆平生農家のいとなむわざにして、よの常の事なれば、彼の放下幻術の雑事これを習ふ事久うして後其事熟し、奇異の巧をなして人の目を驚かす類よりは、其效を得る事甚だ以てたやすかるべし。

一、後來文才餘り有りて且農事に熟したる人あらば、猶此書を增補し、彌〻民の益たらん事、予が微賤に在りて世を患ひ農をめぐむの素意にして、尤希ふ所なり。抑〻此書は本邦農書の權輿なり。是偏に愚翁と樂軒子が、老を忘れて世をうれへ、農を憐む誠より出でたり。然れば後代の君子かならず此志を賞し、二翁が勞を長く來世に傳へて、其功を空しくせざらん事、是又仁者百行の一ならんかし。

凡例畢

農業全書敘

聖人之政在二教養二者一而已矣。而論二其序一則養爲レ先教爲レ後。是令レ富而後教レ之也。何則食惟民之天。農爲二政之本一。民之爲レ道也無二恒產一者無二恒心一。故衣食足而後禮義可レ興教化可レ行。是故古昔明君以レ制二民產一爲二先務一。制二民產一之道在レ教二稼穡一而已。舜以レ棄爲二后稷一教二民稼穡一樹二藝五穀一。五穀熟而民人育。然後以レ契爲二司徒一。敬敷二五教一。五教行而人倫之道明。是聖人爲レ政之序也。欽亮二天功一之道於レ是乎備矣。夫人倫之教載在二六經語孟一炳如二日星一。況後世賢哲代起而更有レ發二明之一乎。如二稼穡之法一。中華之載籍固多而傳在二　本邦一。足三以爲二農家之教一。然凡民不レ能三讀レ之而解二其說一。是以農家每昧二于種植之術一。終レ身由レ之而不レ知二其道一。識者以爲レ恨焉。余嘗欲下以二國字一輯中錄之上。然庸劣之資治レ經而力常不レ足。況及二其他一乎。是以既廢レ稿矣。本州之士宮崎安貞。村居四十年。常以レ試二種植一爲レ樂。其用レ心也尙矣。其執レ術也熟矣。且遊二觀于畿內暨諸州一。旁爰詢二謀于老農一。考二於中華之農書一驗二於　本邦之土宜一將二著レ書以諭一レ農。起レ稿十卷。命レ名爲二農業全書一。但恐下有二疎謬孟浪之患一而不上レ能レ成レ書。因レ玆請二予之家兄樂軒翁之是正一而不レ輟。樂軒亦年既高邁雖レ不レ任二其勞一。然平生利レ人濟レ物之志至レ老益厚不レ恥二于古人一。故不レ克二固辭一修飾數回於レ是易レ稿而成レ編。竊謂此書之於二　本邦一也。古來絕無而初有者也。若後有二繼作者一當三以レ此爲二　本邦農書之權輿一。然則於二訓農之方一豈謂レ無レ補乎。今將三鋟レ梓以廣二其傳一。

請二序於予一。安貞今茲七十有五歳。余感三其爲レ志老而益壯一。於レ是述三此書之所二以作一而爲二之敍一。

元祿丙子中和節

筑前州後學　貝原篤信書

農業全書總目錄

卷之一　農事總論

卷之二　五穀之類

卷之三　菜之類

卷之四　菜之類

卷之五　山野菜之類

卷之六　三草之類

巻之七　四木之類

巻之八　菓木之類

巻之九　諸木之類

巻之十　生類養法　薬種類

農事圖

農業全書巻之一

筑州後學　宮崎安貞編録
貝原樂軒刪補

農《のう》事《じ》總《そう》論《ろん》

耕《かう》作《さく》第一

それ農人耕作の事、其理り至りて深し。稻を生ずる物は天也。是を養ふものは地なり。人は中にゐて天の氣により土地の宜きに順ひ、時を以て耕作をつとむ。もし其勤なくば天地の生養も遂ぐべからず。こゝを以て上古の聖王より後代賢知の君に至り、天子みづから大臣をひきいて春の始田に出でて、手づから農具を取り、田を犂き初め給ふ事あり。是を藉田と云ひて政の初とし給へり。是古の賢君明王は農業を重んじ本をつとめ給へるに依つてなり。其後天下の農人春の耕を始むると云へり。天萬物を生ずる中に、人より貴きはなし。人の貴き故は則ち天の心をうけ繼ぎて、天下の萬物をめぐみやしなふ心をのづからそなはれるを以てなり。されば人の世におゐて其功業のさきとし、つとむべきは生養の道なり。生養の道は耕作を以て始とし根本とすべし。是則ち堯舜の政事也。萬の財穀も皆耕作より出づる物なり。故に農業の道其かゝる所至りておもし。然れば貴賤ともに此理りを深くかゞみて專ら心を農桑に留めてなをざりなるべからず。又一人耕して十人是を食する分數ある事なれば、農業をつとむる人は心力を盡してはげむべし。

抑耕作には多くの心得あり。先づ農人たるものは我身上の分限をよくはかりて田畠を作るべし。各其分際より内ばなるを以てよしとし、其分に過ぐるを以て甚だあしゝとす。又田畠は年々にかへ地をやすめて作るをよしとす。しかれども地の餘計なくてかゆる事のならざるは、うえ物をかへて作るべし。所により水田を一二年も畠となし作れば、土の氣轉じてさかんになり、草生ぜず蟲氣もなく實のり一倍もある物なり。凡此田を畠になしたる地は物よく生長するものなり。されぱよく土にあひて價高き畠物をうへて厚利を得べし。さて畠物にて土氣よはりたる時、又本の水田となし稻をつくれば、是又一二年も土地轉じて大利をうるものなり。されども是は上農夫のなす手立なり。凡土は轉じかゆれば陽氣多く、又執滯すれば陰氣おほし。夫れ陰陽の理りは至りて深しといへども、耕作に用ゆる所は其心を付けぬればさとりやすし。農人これをしらずばあるべからず。其理りをわきまへずして耕作をつとむるは、多くの苦勞をなすといへども利潤を得る事少なし。先づ土のしめりたるは陰なり。乾きたるは陽なり。ねばりかたまりたるは陰なり。脆くさわやかなるは陽なり。かるくして柔か過ぎたる浮泥の類は陰なり。重く強くはらゝぐ類は陽なり。此等の類をおしはかりて土地の心をしるべし。假初にも陰氣の陽氣に勝たざるやうに分別し、陰陽のよく調ふる計を專らとすべし。晴れたる日に耕し、其土白く干たる時かきくだき雨を得てうゆると、又畠物は日と風を得て中うちし白く干て培ふこと、是皆内に陽氣をたくはへ、外うるほひを得る時は陰陽和順すると云ふものなり。農人よく此理りを辨へ、凡耕しうゆる事ごとに皆陰陽を調へて天地の德をたすくべし。又耕作の肝要は奴僕と牛馬にあり。奴僕牛馬の善惡にてうへ物の得失大きにかはることとなれば、多少下人をつかふものは心をねんごろに用ひて仁愛を専らとし、正直信實を本とし、善惡をわかち、賞罰を正しくして己を和悦に心よくして人をつかへば、下人も又心いさみ苦勞をわすれてつとむるゆへ、其仕事のはかゆくのみならず、五穀等の生成も自ら滞らずよく長じよく實るものなり。是を和氣を感召すると云ひて、天地の感應をいのる心なり。又古語にもいへるごとく一年の計は春の耕にあり、一日の計は鷄鳴にある事なれば、未明より起きて早朝陽氣につれて田畠に出でて働くべし。又明る日の仕事を則ち前夜より考へ定めをき、曉方おきて天氣の晴雨をよく見はかりて猶其日の手くばりを定むべし。耕作のみにかぎらぬ事なれども、取分き農事は萬づいとなむわざの輕重と前後をよく考へはかり、いそぐとおもきとを先とし、事々皆心を懇に精しく用ひそのそなへを致すべし。牛馬農具糞《こゑ》灰等の貯へに至るまで、我作る田畠の相應よりも餘計あるほどに調へ置き、勝手にまかせて用ふべし。牛馬のちから弱くして農具の類あしければ農人精力を盡すといへども、仕事のしるしはなき物なり。必ず少しのついへをいとはずして、かねてよき農具を用意し、思ひのまゝにはたらくべし。しかる時はいとなむわざ心よくして覺えずしらずはか行きて、土地の心もをのづからよくなる物なり。

さて春の耕しは冬至より五十五日に當る時分、菖蒲の初めてめだつをみて耕し始むる物なり。菖蒲は百草に先立ちて生ずる物なれば、是を目當とする事也。此外其所の草木のめだちに時分時分の目つけ心覺えすべし。すべて田畠共に一村の內にしても所により陽氣の遲速ある事なれば、寒氣の早くしりぞく所より段々に耕す心得すべし。又春の耕しは手に尋いで勞すとて、墾きてそのまま耙《むまぐは》にてかくべし。いかんとなれば、春は風おほきゆへすきてかゝずそのまゝをけば、土かはき過ぎ、うつけて性ぬくるものなり。

又秋の耕しは白背を待ちて犂すとて、畦の高き所白く干たる時かくべし。其ゆへは秋の田は露しげくしてしめるものなり。よく干ざるに其まゝかけば土かたまりて性あしゝ。惣じてつねには耕して、日よりよくば、一日二日も日に合せ其まゝかきこなすものなり。犂きて間をおき日數をふれば雨にあひて塊の性ぬけ、陰氣そこにとをりて甚だきらふ事なり。耕さゞるにはおとれり。又曰く、秋の耕しは深きをよしとす。春夏は淺かるべし。又犂くことはいかにも平らかにむらなく、かく事は二三べんもいか程もくはしきをよしとする事也。是かきこなす事の懇にして塊なからんがためなり。細かによくかきたる地はうるほひをよくたもつゆへ、少々の旱にもかはかずして苗いたまず。とかく土細かにして和らがざれば作り物の利潤少しとしるべし。苗の根あらき土には思ひあはず。糞もむら交りあるゆへなり。

又秋耕は靑きを覆ふと云ふ事あり。草のあをく生ひたるをすきかへし置けば、其田肥ゆるものなり。

又曰く、初の耕しは深きをよしとす。重ねて段々すく事はさのみ深きをこのまず。初の耕し深からざれば土地熟せず、重ねてすく事ふかくして生土《なまつち》をうごかせば、毒氣上にあがりて却てうへ物いたむものなり。但是は荒しをきたるを耕す事を云ふなり。熟地をつねに耕すはしからず。先初はうすくすきて草を殺し、段々深くして種子を蒔くべき前は底の生土をうごかすべからず。たね生土の毒氣にあたりて生じがたく、さかへがたし。

又曰く、耕の本は時を考へて土を和らぐるを肝要とする事也。其時分をよくしるべし。先づ春は凍《こほり》とけてより地の氣始めて通じ、土やはらぎとくる時なり。

又夏至は天氣始めて暑し。されども陰氣は此時始めてきざす。此時も又土とくるものなり。又夏至の後九十日晝夜ひとし。此時も又天氣和す。凡此等の時を以て田畠を耕せば、一度にして五度にも當るものなり。これを名付けて膏澤と云ひて、土のうるほひ和らぐ時なり。皆これ耕してすぐれてよき時なり。

又春の耕しは凍いまだとけざる中、春の陽氣の通ぜざるに必ず耕すべからず。寒陰の氣をおほひ置く事甚だあしきことなり。朝も日高きを待ちて耕すべし。

又堅く強き土黒土のねばりたるなどは春も少しをそく耕すべし。此等の土は塊をくだき置きて草少し生じたるをみて又耕し、小雨の後又耕し、かきこなして塊少しもなきやうにしをきて時を待つべし。是を強き土を弱くするのはかり事と云ふなり。又かるき土よはき土は杏の花咲きて耕し、花おちて又耕し、ざつとかきならしをき、草生じ雨うるほひの時又かきならし、なをも甚だかるき土ならば、牛馬を入れて踐ますべし。如レ此すればよはき土も性つよくなる物なり。

若しいまだ春の氣も通ぜず、うるほひもなきにしゐてたがやせば、塊くだけず、草も腐れ爛れずして、うへて後、苗と草と一つ穴より生ひ出でて、中うち芸《くさぎ》る事もなりがたく、糞もきかず、地やせてあるゝものなり。春和の氣通じ暖かなるに潤ひを得て耕し、草青く生じて又耕し、塊少しもなくこなしたる地は、土和らぎうるほひて草もたゞれつぶれて瘠地も良田となるものなり。又盛冬の寒き時耕せば陰氣もれ、土かれて土の氣絶ゆるものなり。是甚だきらふことなり。又一説には强き土、黑土の堅きをば、正月より早く耕すべしとも云ふなり。

又曰く、正月凍とけてうるほひを見て、美田と又河に近き所を先づ耕し、二月杏の花のさかりに白砂の地かるき土の分を耕すべし。是又一つのならひなり。

又泥田の麥を蒔く事はなりがたく、されども水を落し干田にはなるべき瘠せたる地は、手立を以て其水を落し干田となし、犂きて其まゝかゝず、其塊をくだかずしてをき、力次第段々に耕し、下までよく干たる時雨を得てよくかきこなしたるは、土よくとけて陽氣を保ち、苗よくさかゆるものなり。是は塊のよく干たるほど實りおほし。一偏には定むべからず。惣じて泥田の類、陰氣がちなる田は、麥地の外は力のをよびよく干して、天陽をかり用ひて耕すべし。しからざれば利少しとしるべし。

又山谷などにやせたる深田、或は冷水所《ひやみづどころ》、赤さび水の出づる地、常の作りやうにては稲の生長せざる所をも手立を用ひて水を落し、干田となして山の若草を入れ、手立よくして作りぬれば、甚だ利を得る事あり。此等の土地あらば必ず才覺を盡して作り其利を見るべし。冷水の出づる所には溝を立て、わきにその水をぬきさり、日に當りたる水斗《ばかり》を用ひてよき所ある物なり。冷氣の出づる地にはいかほど糞しを入れても、此陰氣をもらしさらざれば、稲さかゆることなきものなり。

又耕すに時節をうしなふべからず、五六月は耕すとも七月は必ず耕すべからず。

又多雪のふりつみたるをば上をかきならし踏付けをくべし。春になりてうるほひをたもち、蟲も死して稲よくさかゆる者なり。又水田をば水の干ざるやうに冬よりよく包みをくべし。深田の干われたるは甚だよからぬものなり。寒中は猶よく水をためてこほらせをきて春耕すべし。又犂《り》一擺六《いちはいろく》と云ふ事あり。是は一度犂きては六度かきこなせと云ふ事なり。常にすくことの深きをのみ専らとして、かく事のくはしきが肝要とすることをしらず、只幾度もかき熟したるに糞を入れうゆれば、土よく和合して細根よく生じさかゆる物なり。あらがきしたるは土熟せざる故、たねを落して後苗を見るといへども、苗の根あらき土に痛み、土氣と思ひ合はずして日痛み、蟲氣其外色々の病を生ずることゝあり。みのりのよからん事を思はゞ、本法のごとく一度耕して六度までこそかゝずとも、底まで塊なきを詮とすべし。苗の立根が底の細土と思ひ合はざればみのりよからぬものなり。物ごと穀子は立根より生ずると心得べし。然る故に根の下に塊もなく又にが土もなきやうにこしらへ、糞も根の下に能く行きわたる心得すべし。但又土の性によりしげくかくべからざるも間にはあるべし。細沙《こますな》の地、弱くやはらかなる地、灰のごとくちからなくかるき土などは、さのみしげくはかくべからず。此等の土は少々塊ありとも性をもたせをき力とする事也。一遍には思ふべからず。所によりて時によりて機轉を用ゆべし。

又耕す事は、麥を蒔く地の外も大かた秋耕に宜し。秋稲を刈りおはりて一日も早く犂き、たてよこ何べんもかきをき、白く干たる時又かく事二三遍し雪霜にあはせ置きて、來春地の氣和する時日高きを待ちて又すきかきこなす事三四へんすれば、其地さはやかにうるほひありて、春のおはり雨なしといへども、時至りてたねを下すべし。秋耕の地は草もをのづからすくなく、中うち芸るにさのみちから入らず。萬づ徳分多し。されども貧にして牛のちから不レ及ものは、黍大豆などの地は又春耕すもくるしからず。大抵春の耕はをそくすべし。いかんとなれば雪霜の寒はげしき氣いまだのぞかざるに早く耕せば、寒氣をすきおほひとぢこむる心あり。少しあたゝかになりて朝も日高きを待ちて耕すべし。又秋耕の早きをよしとするは、天氣いまだ寒からざる中に陽氣を犂きこめ、地中にあらしむる理り也。然れば春に至り其苗さかへやすし。秋も天氣寒くして霜ある朝ならば日高きを待ちて耕すべし。とかく寒陰の氣を犂きこめて地中にあらしむべからず。

又耙《むまぐは》の歯の長きと短くてしげきとを段々に調《とゝの》へをき、其宜きにしたがひて用ゆべし。歯のあらきばかりを用ひては細かによくかきこなし熟しがたし。農諺にいへるは茂木のもとに豊草なく、大塊の間に美苗なしとて、しげりさかへたる木の下にはうるはしき草なく、あらき塊の間には見事なる苗は生立《そだた》ぬものとなり。是田畠に草ををき、塊ながら種ゆべからざる事をいへり。深く耕し、日にあはせ、細かにかき、細土と糞と和し、熟するを専にするなり。如レ此よく地をこなしてうゆれば、大かたの旱にあひてもさのみ痛まず、色々のくせさいなんものがれて、全く損亡して手を空しくするほどの事はなき物なり。是かねてのやしないよきによりて、作り物の性つよければなり。たとへば人も無病なるつよき者は外の邪氣にをかされざると同じ理りなり。

又菅茅などの生ひたるやはらかなる所を初めて新にひらくは、先づ牛馬をゆるして踏ませ、草の根をうかばせ、七月耕せば草死し、草の根腐り、牛のちから不レ入して其しるし速かなり。

又悪田を美田となさんとならば苗糞を用ゆべし。なゑごへとは穀のたねをあつく蒔き付けをきて、よきほど成長したるをすきかへし、糞とするを云ふなり。其内緑豆を上とし、或は小豆胡麻をも用ゆ。五六月是を厚く蒔き、枝葉さかへたるを犂きかへし殺しをきて、春よくこなし穀田とすれば實り甚だ多し。濃糞を多く入れたるには勝れりといへり。

又曰く、晩稲の跡は春を待ちて耕すべし。其稲かぶくさらずしてかたき故冬中くさらかしをき、春耕せば牛のちから不ㇾ入して犂きやすし。又曰く、春の耕は朝晩も宜し。夏は夜をかぬべし。秋は日高《た》けて耕すべし。

又曰く、犂き耕すことは農事の第一の仕立にて、其餘の計事は皆耕して後のことなれば、専ら耕しに心を用ゆべし。高田は深く耕し底の土までよく和らぎ熟すべし。底に陽氣を蓄へぬれば、作り物に利潤多き事疑ひなし。前にしるすごとく其分限より多く田畠を作る事を貪るは、なべて是農人ごとの病にて、それによりてすぎはひをあやまるものおほし。田畠分に過ぎぬれば假令耕作の法をよくしりても人力たらず、其法の如くいとなむことなく、耕し種ゆる事も必ず時にをくれ、物ごと皆土地の力を盡すことあたはざるものなり。耕作は分量より内ばにして深く耕し、委しくこなし、厚く培ふに利潤多しと知るべし。

又曰く、大小の農人其分限に順ひそれ〳〵の備へを立て、耕作をよくつとめぬれば、をのづから天のめぐみも厚くして是にましたるすぎはひなき事なれども、或は愚かにして才覺機轉を用ひる事あたはず。或は怠りて其つとめたらず、却つて咎を土地と天災とにおほせて、是只仕合のなす事なりと口にまかせていひくらます類是多し。皆智のくらきより出づることなりと古人も識れり。されば其働きよけれども才覺才智たらざるものは、随分骨折苦勞をなすといへどもさらに其功なくして、必ず過分の利を得る事なりがたきものなり。たとへば相撲取るものゝ力つよくしても、其術つたなく手をしらぬと同じ理なり。手立と力と兼ねたるを達者とは云ふ也。

又海濱、潮の入所、干潟などを開き田地となすには、其所相應よりも後年不慮に高汐、大風などのあらんことをよくはかりて、丈夫に土手をつき、其土手と田との間にも又相應に小土手をつき、其内にも小溝を掘り、溝と田地との間にも猶細き土手をつき、其内を田地となすべし。此みぞなければ外の潮氣田にもれ通ずるゆへ、稻たちまち痛むもの也。此溝を甜水溝《てんすいこう》と云ふなり。此水久しくたまりてねれたるゆへ、田に引きては田の糞ともなるもの也。さて此田に先づ始は稻をば作らずして水稗をうへ、其地少し潮の氣ぬけたる時恰好より高く畦作りし、蚕豆又は所により木綿を作り、よく潮の氣をぬかして後稻を作るべし。しからざれば多くの人力を盡しても潮にいたみ實らず。但大河の邊りなどの潮氣早くぬくる地は、開きとなれる次の年より稻を作りて難なきもあるべし。凡此田にて稻を收むる事、常の田にくらぶれば一倍も有りといへり。潮の氣は陽氣のある物なれば實り多きなるべし。

又山原にかぎらず、新地を始めてうちひらく事は、春は火をはなちてやき、其跡をうちおこし田畠となすべし。春は地の氣うるほいて草のめたち出でんとする時なるゆへ、草木つはりて根も脆く、柔かになる物なり。其時ひらき打ちこなす事、秋冬にくらぶれば半分の力も入らず。殊に春の草木めだたんとする時は、陽氣發生の物なれば早く腐りて其地よく肥ゆる理也。

又夏草しげりたるをうち返し、青草をうちおほひたるは、其草則ち糞と成りて濃糞を入れたると同じ心にて、土よく肥ゆるものなり。されども此時に成りてはひげ根多くさかへはびこるゆへ、つよき牛ならではすきかきなりがたく、人の力も費ゆるものなり。春の柔らかなるにはしかず。又秋は草木しげりさかへたるに其まゝ火をはなつべからず。草を刈りほし置きてよく干たる時火をはなち焼きてあらうちし、蕎麥からしを蒔き、春に至りてくはしくこなして開きとなすべし。草木の根くさり、土やはらぎて人手間入らざるものなり。そばは根の毒氣（毒とは灰水也）强き物なる故、木かやの根迄もよく腐る事也。からしは又冬中雪霜にも痛まずさかへて跡もやせざるゆへ、山野の焼うちに蒔きても利分他の物の及ばざる所なり。又芝原、其外砂地など、やはらかなる草むら石もなき所ならば、耙のかねにはがねをやき付けて强き牛にてかくべし。しかれば草の根きれて人力をたすかるものなり。

惣じて農具をゑらび、それ〴〵の土地に隨つて宜きを用ゆべし。凡農器の刄はやきとにぶきとにより其功をなす所遲速甚だ違ふ事なれども、おろかなる農人は大形其考なく、纔の費をいとひて能き農具を用ゆることなし。さて日々にいとなむ仕事の心よくてはか行くと骨おり苦勞してもはかのゆかざると、一年を積り一生の間をはからんには、まことに大なるちがひなるべし。殊に土地多く餘りありて人すくなく、其人力及びがたき所にては、取分け牛馬農具に至るまで勝れてよきを用ゆべし。されば古き詞にもたくみ其事をよくせんと欲する時は、先づ其器をとくすとみえたり。但右の内牛馬は其あたひおもき物なれば、貧民心にまかせぬ事多かるべし。只をのく其分限にしたがひて力のをよびよきを用ゆべし。

種《た》子《ね》第二

五穀にかぎらず萬づの物たねをゑらぶ事肝要なり。是生物の根源にて、即ち生理其中にある事なれば、愼んで大切にすべきことなり。作り物の過ぎもせず、よき程に出來て蟲氣の痛もなく色よくうるはしきを常のかりしほより猶よく熟して苅取り、雌穂を見分けてゑりとるべし。雌穂といふは其穀しげく莖も葉もしなやかに節高からずみゆるものなり。作多き家には苅取りて後にはにてゑり、分量より餘計を貯へ置くべし。又粟黍などの類は其畠にてよく秀いで色よきをゑらびぬき穂にしてつり置くべし。物だねをおさめ置く所は土藏をよしとす。されども濕氣にふれざる心得すべし。土の氣をうくる所にては生意早くきざす物なれば、窖藏ありて入れをきたるは殊に宜しきなり。

又物だねをゑらぶ事、丸くよく實り一色にして大小なくそろひたるものをおさめて、折々出し日風に當てをき蒔くべき前取出し、能く吟味して少しも損じたるをば必ずうゆべからず。少しにても痛みたるたねは一旦生じ榮ゆるやうなれども、終にかじけて死《かる》る物なり。尤雜りたるたねをうゆべからず。舂きて多く減りてもしらげになりがたし。糶《うりよね》にはまじりありて見つきあしく、飯に炊ぎてはむらに返して味までよからず。物ごとたねのゑらびあしければ色々の損多し。懇にゐらぶべし。

又五穀の種子をよく干しあげ、場《には》に堆くしてをき、馬を引きかけて三口も五口も食はせ、種子の上を踏ませて其の後おさめ置けば蟲の付く事なきものなり。

又寒中に雪汁を貯へをき、春蒔くべき前に種子を漬けてしばし置きて上げて蒔くも蟲付かず。雪は五穀の精にして雪汁にひたしうゆれば、蟲の喰はざるのみならず、旱にも痛まずみのりよきものなり。寒の中に雪をつぼに入れ、日かげの所土中に埋めをき用に隨ひて汲み出し用ゆべし。

惣じてたねをゐらぶ事、何れの書にも委しくしるせり。前々より其所に作り來るは云ふに及ばず、いまだ作り心みざる物にても土地に相應すべきを考へて他所より求めてうゆべし。同じ類の物の中にても美惡甚だ違ふことあれば、委しく心を用ゆべし。或は他所にて名物と云ふ物も、此方の土地には絶えて合はざるも間にはある事なれど、それは稀なる事也。尤又土地風氣の違ひにて、曾て生立《そだた》ざる物あり。此理なきにあらず。寒國の柑類《かんるい》薑《せうが》、大雪所の竹、是皆うへて枯れずと云ふ事なし。其外南北の違ひ、其寒温により相應不相應ありて、人力にて轉じがたき物は各別なり。此外の物におゐてはそれ〴〵の物の手入糞し養ひなどの次第に能く工夫を用ひ、鍛錬し其術を盡したらんには、十分にこそなくともかならず大かたの出來はする物なり。其中に利分の勝れたるを求めて作るべし。五穀等の種子も鳥けだものなどの子の其親の氣をうけて形心までよく似ると同じ理りなれば、勝れてよき種子をうへたらんは、すぐれたる穀子を得ん事うたがひなし。

又稻に赤米、其外色のあしき米の雑るなどは、多くは其たねをゐらぶ事委しからざるゆへなり。

少しの手間にて過分の違となる事なれば、作人たるものつゝしみてゑらぶべき事也。

又曰く、種子はよく干して粃《しいら》少しもなく簸《ひ》去るべし。物により水に入れいせて、沈むをゆりとり乾かし用ゆるも有るべし。但木の實など油の有る物はよく實りたるも浮ぶものなり。

又たねを蒔くべき前より馬骨をせんじ、其汁を以て浸し乾かしうゆれば、作り物虫氣もせず、其外萬のくせ病を生ぜず、實り甚だよき物としるしをけり。或は溺《いばり》又は魚のあぶらなどにひたし灰をふりもみ合はせ蒔けば、生長心よくみのりよき物なり。

土地《とち》を見《み》る法《ほふ》　第三

田畠其外土地の善悪、所の高下、遠近品々あり。能く是をわきまへ、其利分を考へ、勝手のよき相應の物を作らざれば、妄りに人の力を盡しても利潤を得る事少し。先田は水がかりを専にして、上に長流水ありていかほどの旱にも絶えず、又洪水などの難もなく、土の性よく地深く糞しをさのみ不レ用しても、村里の汚水のながれ入りて十分に出來ても實りよくて耕しこなすには土ばらつきて牛馬のちからついゑず、麥木綿其外何様の物を作りてもきらひなく、其土は黄色又は黒土にても重くしてさはやかなるは上々の土なり。凡土の上なるは必ず青黒の小石雜る物なり。されば書の禹貢《うこう》にも其土は上の上、黄にして壌《はらゝけ》りとあり。黄色にして鍬すきにもつかず、ばらつきておもきが能きとみえたり。

又土地をみるに多くの目付あり。先づ陰陽を見分け、草木の盛長と色とを見、又石の色、同じく土の輕重、ねばるともろきとを見、日向のよしあし、雨霧風霜又は地の淺深と、糞しを取る所の道路の遠近、都邑の運送、海河、船つきの便、牛馬の草飼等に至るまで闕《か》くる事なきを上々の村里と云ふべし。此内かくることの多少を以て段々上中下の位をはかり定むべし。禹貢の土の位定は九段とみえたり。

汚泉は稻に宜しとて、右にも云ふごとく稻は土のよしあしをば先づ論ぜず、村里の垢水のけがらはしきが流入ると、其外水がゝりのよきを專ら好むものなり。

黑墳は麥に宜しとて麥の類は黑土の性のよき肥ゑたるを好む物なり。赤土は豆に宜しとて豆の類は赤土を好むとしるべし。粟黍は黃白土の肥良に宜し。是れは何土にても性よく肥ゑたるが、糞しをさのみ不ㇾ用してよく出來るをよしとす。大根は細軟《こまかにやはらか》なる沙《すな》土に宜し。芋は水に近き肥ゑ柔かなる日かげを好むものなり。

又木の類にては松は峯に宜し。杉は谷に宜し。楮は南向の深く肥ゑたる赤土によし。但少しさがしく濕氣のもれやすき所を好みて風はげしき高山などはあしゝ。茶は北向の石交《まじ》り性の强き土少ししめり氣によし。樹下北陰に宜しと茶經に記しをきたり。

又菓樹の類は南向の深く肥ゑたる地、取分けやしき廻りに宜し。いかほど肥良の地にても人煙遠き所には必ずみのらぬものなり。

凡果木は人の助となる理りなれば、人氣をうけて其實《み》よくなると見えたり。すべて五穀草木皆それ〴〵相應の土地あり。さればよく其所柄を考へ土地にあひたる物を植立てたらんには、五穀菓《このみ》に至るまで萬に不足あるべからず。天より人を助くる道理、右に云ふ菓木の人烟によりて生じやすき理りなどよくをしはかりしるべし。其理り一々に記しがたし。

又曰く、上々と下々との土は人のちから及ばざる也(上々の土を下にも變じ難く、又下々の土を上にも轉じがたきなり)。其間中下の土におゐては悪土を肥土となし、弱土を强土とし、堅きを和らかにし、埴《ねば》きを脆くし、淺きを深くし、かるきを引きしむるなどは、漸く人のちからにて變じかゆる事なる物なれば、其土の性をよく見分けて、うへ物よりそれぐ\手入の品に至るまで其相應をしること第一也。土地の性も人の才智のごとくにて、それぐ\の得物ある事なればものごと懇に心を用ゆべし。喩へば茶と楮との二色を以ていへば、土の性つよく堅くねばりけ有りて、小石交り底なをかたくして、小柴など枝葉しげくうるはしく、夏冬共に色よくみゆるは是茶によろしとしるべし。

又地厚く肥ゑて柔らかに、底ゆるやかにして、うるほひはありて濕のもれやすく、木だちのびやかに、くさ木むくげなどの楮に似たる類の木よくさかゆる地は、必ず楮に宜しとしるべし(又云く、楮も人氣によるにや、深山高山などにはいかほど肥ゑたる地にても生立たず、人の手風に觸れざれば盛長せず)。凡それぐ\類を以て見分け、をしはかりて知る事是一大肝要なり。

時《じ》節《せつ》を考《かんが》ふ　第四

民に時を授くるの說は、書の堯典に出でて、其詳なる事は夏小正月令、玉燭寶典、月令廣義、其外天文の書などに委しといへどもこゝに略しぬ。凡種藝の事には四季八節二十四節を考へて(四季は春夏秋冬、八節は立春、春分、立夏、夏至、立秋、秋分、立冬、冬至也)。其時日にをくれず時分々々に耕し種ゆるを肝要とするなり。四季八節を用ひて月にはかゝはるべからず。喩へば歳の内の立春なれば、其節を追ふて臘月に春の耕しを始むるがごとし。地の利と人の功とはよく調るといへども、天の時に合はざれば苦勞空しくして益すくなし。尤南北の違ひ、山川の勢により、寒暖のかはり有りて、其所々々のよき時節ある事なれば一偏に定めがたし。されども大抵定りたる中分の法を立てをきて、其所の草木發生の時を見合せ、年々の心覺へしてうへ蒔くべし。四時各其つとめあり。十二ケ月をの〳〵宜しきあり。時節に先立ちてうゆれば早過ぎて生ぜず。又時節にをくれて種ゆれば晩くして實りうすし。物によりて時節少しの違ひにて其實り甚だ少き事なれば、能〻考へ計るべし。智者ありといへ共冬うへて春收る事はならざるものなり。

又五穀其外草の類は大かた節氣に先立ちて生ずる物なるゆへ、少し早きまではよし。をそきに損多し。若又はからざるさはり有りて、やむ事を得ずして時にをくるゝ事あらば、よき糞しの取分け陽氣のつよき物を下に多くしきてうゆれば、則ち其こやしうへ物の陽氣を助くるゆへ、早く生長し、少し時にをくれても大かたのみのりはするものなり。

又萬の物其時分々々の氣を得て發生する故、それ〲の物の生ずる時分をよくはかりて、已に生ぜんとする時うへ、已にさかへんとする時糞し培ひ、段々次第時によつて手入を用ゆれば、天地の生理によくかなふゆへ、豐年には云ふに及ばず、少々凶年にても萬の難くせすくなく、災をのがれて秋のみのりも空しきことはなきものなり。然る故にいにしへ代々の聖王賢君、民に時を授け時節をしらしめ、農事の時に違はざるやうを専ら示し給へりと古き文にもみえたり。

又曰く、十二ヶ月共にをの〳〵種へざるの月なし。をの〳〵其物の條下にしるす。一日の内といへども蒔く物は午の前宜し。蒔きたる土の其日かはくをよしとす。晝より前は陽氣もさかんなればなり。

又菜などの苗を仕立てをき、時至りて移しうゆる物は午の後よし。其ゆへは、うへて後日かげ和らぎて痛まず、頓て又夜氣を得て夜の間にも生ひ付くものなり。取分け雨氣曇りたる日猶よし。蒔く物は晴日《はれたる》よし。又物によりて月半より前月の初めに種ゆる物多し。寔に陰陽のみちかけ、一日一時の違にて目にはさやかにみえねども、皆以て盛衰あること莫大なれば、種へ蒔く物は片時も早く由斷せず、又刈收むる物は少し遲くよく實るを待ち得て刈りとるべし。但物によりて大風霖雨の見合せ是又肝要なり。

又農人はつねに暦をみて土用八專其外節氣のかはりを考へ、風雨等の變あらんことを心にかくべし。必ず氣のかはりには、晴天も見る中にかはる物なれば、朝夕つとめの品手くばりを閑の中にてよくおもんばかり、彼の節がはりの妨をものがるゝ覺悟兼ねてすべし。

抑事を前に定むる工夫は、農事には限らねども、農人は取分け心を用ゆべし。天氣の考へを疎かにしぬれば、一時の風雨により數月の苦勞を忽に空しくすること間《まゝ》多し。かならず由斷すべからず。物ごと進むは陽なり。後るゝは陰なり。農業も軍事にかはることなし。すゝまざれば勝利少なし。日月の天にめぐりて瞬《またたき》する間も、滞りたゆみなき理りを目當として寸陰も怠るべからず。殊に耕作種藝の事は、直に天道の福を專らいのる事なれば、怠懶《をこたりものうく》して朝も日にをくれて起き、大切至極なる光陰をわきまへず、今日の日の又なき理りをばうちわすれて、偏に怠りがちに不淨なる氣立にて農業をいとなめば、其心違へるを以て天道のめぐみにもれ、いつとなく田畠も瘠せあれ、年をへ月をかさね災いやまし、飢寒のうれへにせまり、後々は父子夫婦もはなればなれになり、終に人づかはれの身とおちぶれ、貧苦のかなしみやむ時なし。然れば心あらん農民は、必ず後のうれへを思ひてあらかじめふせぐべし。天の時にしたがひ一寸の光陰をも大切におしみて、農業に身を投《なげう》ち、心を用ひること愼んでおこたる事なかれ。

鋤《じよ》芸《うん》　中うちし　くさぎる　第五

すでに種子を蒔き苗をうへて後、農人のつとめは田畠の草をさりて其根を絶つべし。粮莠《らうしう》とて苗によく似たる草あり。此草は苗に先立ちてしげりさかへ、暫時もさらざれば程なくはびこりて土地の氣をうばひ竊むゆへ、苗を妨ぐる事かぎりなし。由斷なく取去るべし。喩へば草は主人のごとし。もとより其所に有來るものなり。苗は客人のごとく、わきよりの入人《いりうど》なれば、大かたの力を用ひては悉くのぞきさりがたし。其上よき物は生立《そだ》ちがたく、悪き物の榮へやすきは世上よのつねの事なれば、草のさかへて五穀等を害するは甚だ速かなる物なり。此ゆへに上の農人は草のいまだ目に見えざるに中うちし、芸り、中の農人は見えて後芸る也。みえて後も芸らざるを下の農人とす。是土地の咎人なり。

又畠物は苗生じて馬耳のごとくなる時中うちするともいふなり。苗一二寸土を生出でたる時、畦中の高下、土むら有るをばかきならし、芸りぬきたる草を田なれば苗の根の下に踏みこみ、畠ならば畦の高き所に攙《ひっ》げをき、かれて後うへ物の根のきはによせ置きて土をおほひ、又其上よりも糞をかくれば、枯れたる草腐りつぶれて土よく肥ゆるものなり。是を 耔《くさおほふ》 と云ふなり。古より耘耔《うんじ》はくさぎり、草おほふとて、苗の根に枯れたる草かやをおほひおく事なり。

又五穀其外に中うちすること小鋤をよしとするとて、鍬熊手の類にて細かにかぢり懇にうつことなり。大鋤に宜しからず。尤物により時にはよる事なれども、強くあらく中うちする事はよからぬ事なり。只草の根を懇にうちさりて苗の根にあらくあたるべからず。小鋤は草をさるのみならず、地熟して穀多く糠うすく米へる事なし。委《くはし》く中うちすること十遍なれば、八米を得るとて粃《しいら》なく實多き事也。

又曰く、春の中うちは地を起し夏は草を削り殺しからすと心得べし。是一つのならひなり。

又春は取分け濕氣のある時中うちすべからず。夏といへども六月以後七月は濕に觸るゝもくるしからず。春しめりたるに中うちすれば地かたまりて苗病《いた》むものなり。夏はなゑしげりて日を見ることなし。其故にしめるといへどもかたまる事なく、さのみ妨とならず。

又夏は熱氣つよくして底までかはきたるに、中うち深くすれば苗病む事あり。

又曰く、黍粟の類は苗のいまだ畦の高き所とひとしからざる時、はや中うち一遍し、又五七日して報鋤とてやがてうつ事なり。其後又一遍以上三遍にして人手間なきものはやむべし。餘力ある者は秀でて後も一遍かるくうちたるがよし。但胡麻と大豆は二遍にしてやむべし。

又中うちは始の第一遍は深きを好まず。さら〳〵とかるくうち二遍めは深くすべし。三遍めよりは次第に淺きがよし。いかんとなれば初の一遍は草のめだゝんとするを削り殺し、二遍めの深くうつ事はうへ物いまだ立根ばかりにて、わき根はさかへぬ間に底の塊をもうちくだき根底の氣よくめぐるためなるべし。三遍の時は早わき根やうやくはびこるゆへ、深く强くうてば苗いたむ事あり。然る故に如レ此ぜん〳〵に淺くうつ事也。いかさま中うちする度ごとに、干たる細土の底に入りて、うへ物の細根是に思ひ合ひてさかへはびこる心得する事肝要なり。

諺に云く、鋤《なかうち》すること八遍なれば犬を餓殺すとて、田畠ともに數度中うちすれば犬の食物になるべき粃などなくして餓死すと云ふ心なり。

又農具鍬熊手などの類大小さま〴〵品多し。時と土地とに隨ひて考へ用ゆべし。古は所により水田の中をも鍬にてうち、くまでにてかきたるといへども、近代は大かた手にてかきあざり莠《はくさ》をぬきさり、無用の根葉をもぬきさるをまされりとするなり。

又田畠の畔、其外近き邊りに草少しも立てをくべからず。あたりに草さかへぬれば、土の氣をうばひぬすみて、目にもみえぬ害をなす事甚し。都てさかゆる物は其あたりの雨露の氣までも分けてとる物なればなり。

又右にも云ふ、穀子は立根の精より生ずる物なれば、實りを求むる類の物は立根のさきをよくやしなふべし。糞も立根のさきによく行きわたる心得すべし。又田を芸る時に草なくとも浮根浮葉をばとりさるべし。是に精をぬかすまじきためなり。

又中うちはしめりたる時必ずうつべからず。日と風とにあひて土白く干たる時、一遍うちたるは、しめりて黒き時四五遍もうちたるに勝るものなり。又土地はあらゝにうちうかし、かきくだけば其氣さかんなり。居付きかたまる時は性あしく瘠るものなり。其ゆへ中うちをさい／＼すれば、上の日にあたりたる細土底に入り、うへ物の根に陽氣を加へ、扨上なるかはきたる細土を以てぜん／＼に根によせおほひうるほひに合はせぬれば、うへ物さかゆる事甚し。且又根の土厚ければ、旱にも痛まず、風雨にもたをれず、すべて萬の中うち芸る事心あらくてはなりがたし。心をとゞめて一しほくはしく懇にすべし。但是も又土地により、うへ物により、それ／＼のほどらいはあるべし。小麥など其外土地をひきしむる事を好む類の物には後までさのみはうつべからず。又は中うちくはし過ぎて青へて實りのよからぬ大豆などの類、又は砂地其外かるく、ちからなく弱き地などは、中うちの過ぎて性ぬけなほよはくなるも有る事なり。物ごとには記しがたし。強き土に大麥木綿を作りては中うちする事幾度には限るべからず。

中うちの道理におゐては第一土中の氣をめぐらし、天陽を根の下に通じ、土地をてんじあらたにし、其外德分數多し。

糞《こゑ》 第六

田畠に良薄あり、土に肥磽《かう》あり、薄くやせたる地に糞を用ゆるは農事の急務なり。薄田を變じて良田となし、瘠地を肥地となす事は、これ糞のちからやしなひにあらざればあたはず。いにしへは人すくなく、田地あまりあるゆへ、年々に地をかへ、或は二三年も地を息めをきて作りし事ありしかば、糞養をろそかにてもよく實りて公私のやしなひ乏しからず、近世は人多く、且飲食のついへかぎりなきゆへ、歳にかへいこへをく事は云ふに及ばず、種へ蒔くこと年中段々うちつづき間もなくしげければ、地の力衰へよはりて、發生の氣乏きゆへ、糞養をよく用ひ地力を助けて常にさかんにせずば、いかんぞ秋の收め思ふやうならんや。是によりて糞壌をあつめたくはゆるはかりごとを專らにすべし。凡農家秋場《にに》を收め、わら、あくた、糠、はしか、枯草などに至るまで、有りとあらゆるこやしとなるべき物を一所に集めをき、毎日牛馬にしかせ踐みひたさせ、よきほど高く成りたる時わきなる糞屋に移し置くべし（農人は其の分限にしたがひ、糞屋を調へ置くべし。糞屋なくしてはこゑを多く貯へ難し）。

扨風雨のふせぎをよくし、糞を段々堆く打ちかさね、牛馬の數多きものは小山の如く積みおくべし。春になりては一疋の牛馬のふみたる糞大かた田地五段ばかりはよく肥すべし。是先づ農家ごとの必ずつとめてたくはへ置くべき物なり。

又田畠を肥すに、苗糞、草糞、灰糞、泥糞の四色あり。先苗ごゑと云ふは菉豆《ろくとう》を上とし、小豆、胡麻を其次とす。大豆、蚕豆もよし。當年五六月田に厚く蒔き、よきほどさかへたるを七八月犂きかやし、殺しをきて春穀田とする時は、二年の取みも有る物にて濃糞を敷きたるにははるかに勝れり（是は瘠地多くして間には其田をやすむる所にてする事也。たとひ如レ此はせずとも田畠をこやす手立の心もちになる事なり）。

又草糞と云ふは草木しげりさかへたる時かりたをし、屋敷の內或は近邊にても、日向の所にいか程も多くつみかさね、雨おほひをよくし、むせ腐り爛れたるを細かにきりかやし、便溺をうちひたし、日に當て乾し貯へ置きて、畠物を種ゆる時の敷ごゑにして取分け宜し。尤種子に合せて蒔くもよし。是ねばき土堅き土に用ひて一入よし、初おはりよくきく物なり。

又火糞《やきごゑ》と云ふは萬の物をつみかさねて、むしやきにし、其灰をこきこゑに合はせ、麥を蒔き其外萬の物に用ひて蟲氣もせず、若しこしらへなるべき所ならば、多くもしたゝめをき深田泥田に入るれば取分けよし。小麥を蒔く肌糞にしてならびなし。諸の菜をうゆるには必ず此やきごゑを用ゆべし。取分け濕氣心にはなを宜し。殊に此火糞《やきごゑ》は物のできをはやむるものなり。

又場の一方の水の便りよき所にねりべいをつき、糞屋を作り湯釜をぬりすへ、毎日掃除の塵あくた其外あらゆる物をかきあつめ、又は外の仕事に出づる者は常に草がら何にても目の及びに取持ち來りてからしをき、此釜の下に火の絶間なく燒きぬれば、熱湯のたゆる事もなく萬の用を達し、其灰焦《こげ》土つもりて限りなき糞となるべし。沐浴の湯、洗濯の濁水をば、皆糞溺と合はせて水ごゑとなすべし。

惣じて作り物に糞しを用ひても時分々々のうるおひをなさゞれば、亢陽とて唯陽氣のみにして土地乾き過ぎ、ふとりさかゆべき時しほはづれて、かねての手入も空しくなる物なり。しかれば水糞を多く貯へをき、時をはかりて是を用ひ、陰氣のやしなひとすべし。水糞燒糞の二色は第一陰陽を調るために専ら用ゆると心得べし。物のふとり榮ゆる事は陰氣うるほひの養にあり。又其實りは陽氣の力なりとしるべし。

又泥糞と云ふは池河溝などの底の肥へたる泥を上げ、よく〳〵乾しくだき糞屋に入れをき久しく程をへて人糞灰など合はせ、又は新しく熟氣のつよきこゑと合はせ用ゆれば其しるしつよし。此こゑを用ゆれば、菜の類其外作り物にくせのつくことなく、吹込の所に用ゆべし。物の鬱したる氣を解《け》し、物をさはやかにし、萬に用ひて難なきこゑなり。

又草糞と云ふは、山野の若き柴や草をほどろといひ又かしきとも云ふなり。是を取りて牛馬にしかせをき、或はつみかさねて腐らかし又は其まゝに田畠に多く入るれば、取分けよくきく物なり。殊に其田畠の土やはらぎ、はらゝぎて後まで肥ゆるものなり。陽氣發生のさかむなる時の物なれば、其柴草の陽氣を以て、則ち五穀作物の陽氣を助けてよくさかゆる理り也。

又此外腐り爛れたる物、又はけがらはしき物の類、濁水、沐浴の垢汁に至るまで、糞桶にためをき、わき腐りたる時用ゆべし。水糞を入るゝには桶を用ゆべし。かめの類は陰氣ありて入れ置く糞わきつぶれずして、きく事おとれり。

又水糞の類を菜にかくるには、弱き物には細雨の中にそゝぐべし。常には雨中に水糞をかくれば、糞の氣ながれて益なし、晴天の時をよしとす。

又水糞を穀田に用ゆるは、土かはき碎けたるに晴れたる時うちひたして干し付くれば、しめりたる時に濃糞をかけたるには甚だ勝れり。

又魚鳥獸の類くさりつぶれたるを糞にしてよくきくものなり。若しくさりかぬる物か、或は寒き時速にくさらかさんとならば、其桶に韮《にら》を一握もみて入るれば明る日くさるものなり。

凡外にをく糞桶をば、雨のもらざる様によくおほひをして置くべし。南向の所桶の内まで日のさし入るをよしとす。

又濕氣、冷水氣、泉に近き底冷氣する田又は山田の日を見ざる所などは、其もとめなるべき事ならば、蠣蛤《かきはまぐり》の類の貝がらを灰にやき糞に合はせ用ゆれば、しるし甚だつよし。

又山田の冷水に痛む所には、其所がらにより、日の當る山の腰に井手の溝を遠くより掘りとをし、其水はる〴〵日にあたり暖まりて其田に入れば、冷痛みせぬものなり。其溝のはたの草木をもかりのけて溝の日あてをよくすべし。よく日に當りねれたる水は糞ともなるものなり。

又水も家の内に汲み入れて百日もをきぬれば、こゑとなるなり。又土も屋の内に運び入れて百日も雨露に當らざれば、糞となるものなり。

又上糞といふは、胡麻や蕪菁の油糟、木綿ざねの油粕、又は干鰯、鯨の煎糟、同骨の油糟、人糞等の色々力の及び貯へ、或は粉にし、或は水糞と入れ合はせてくさらかしをき、それ〴〵の土地と作り物によりて用ゆべし。黑土赤土の類には油糟を専らにすべし。砂地は鰯よし。濕氣埴《ねば》り心なるには木綿さねの油糟よし。上糞の分は田畠にかぎらず何れの物に用ひてもよくきく物なり。されども土の性によりて少しづゝの用捨は有るべし。了簡《けん》指引して用ゆべし。

それ黒土はらゝぎて重く肥へたるは信《まこと》に美土なり。然れども間に餘り肥へ過ぎてみのり少なき事あり。是は河の砂などを入れてさはやかにすべし。磽《やせ》土は信に悪し。然れども糞を用ひて手入をよくし、培ふ時は、苗さかへて實りよし。土の性、美悪色々替り有りといへども、其術を盡し其土地によく合へるこやしを用ゆれば、必ずしるしなしといふ事なし。是を田家に糞薬といふなり。實に其こやしを用ゆるの法、醫術によく似たり。土地に虚實冷熱あり。糞に補瀉温涼あり。土の性よはくやせたるには鰯、油糟、人糞など土地を補ふ物を用ゆべし。又地の實してつよく、肥へ過ぎて却て實りのなきには、河溝などの砂泥をよく干しをきてくだきて入るべし。又白沙を入れても土氣のつよ過ぎたる滯をさるべし。

又濕氣、底冷氣のあるには灰や燒糞の類を入れて温むべし。

又南向終日日當の所など、又うるほひなく土乾きて陽氣がちなる所には、水糞を用ひて陰氣を助くべし。

又糞壌を貯へ置く事も薬種をおさめ置くがごとし。風雨濕氣にあたらず日向の所に糞屋を作り、のきをひきくして内を掘り、瓦を敷き、或は石をたゝみ灰糞の類を入れ、其一方には桶をいけ、水糞をためをき、各々用にまかせてつかふべし。喩へば良醫の萬の物を捨てず、集めたくはへをきて、それ〳〵の用に隨ひ病を治するごとく、老農も又泥土ちりあくた萬の糞を集めをき、それぞれの地味に隨ひて是を用ひるに殘す糞なし。都べて農民の糞灰を大切にする事、精米《しらげ》と同じく思ひ入りて耕作をつとむべし。如レ此して富を得ずと云ふ事なし。財穀の多少、則ち此糞を蓄ゆる手立に有りとしるべし。

又古語にも上農夫は糞を惜む事黄金をおしむがごとしともいへり。

又油糟、鰯などの糞を貯へ置きて、色々の雜糞に合せ和して用ゆれば、其しるしおほき物なり。尤上糞ばかりを用ゆれば、其しるしつよく、利を得る事速かなりといへども、所により作り物により都遠き所にて雜菜雜穀など其價下直なる物、又は田畠其作人の分量より多くて手にあまりてあらごなししたるに、大切なるかね糞《こゑ》の高直なるを用ひては、却つて造作まけして利潤なきゆへ、色々才覺を以て雜糞を多く蓄へをき、上糞を少しづゝ合せて用ゆべし。是則ち醫者の人參や甘草などの良藥を少し加へて他の藥性を引立つると替る事なし。

又糞も藥劑と同じ心得にて、一色ばかりはきかぬ物なり。色々取合せよく熟して用ゆる事、是肝要なり。糞にかぎりて新しきはよくきかず、ねさせくさらかし、熟する加減をよく覺えて熟したる時用ゆれば、其しるし多し。但あまり程久しく熟し過ぎて陽氣のぬけたるは却つて又きゝ少しとしるべし。又田畠に糞を入るゝ事、喩へば和《あへもの》をあゆるがごとし。それ〴〵のあへしほとよく思ひあはざれば味ひ調はぬものなり。こやしも其ごとく、土と糞とよく交りむらなく思ひ合はざれば、きゝ少く或は蟲氣などの病を生ずる事も、こやしのかげんあしくむらまじり、又は地ごしらへのあしきより出來ること多し。然るゆへに土地は深き程が利潤は多けれども、糞の少き所にて底のにが土を深く起し耕す事は、和物の其物は多くしてあへしほの少きと同じ心なり。此等の理りをよくわきまへ、糞のさしひき彼の良醫の藥を用ゆる機轉をよく合點して農業をつとめたらんは、目前に利潤を得ん事疑ひなかるべし。前に云ふごとく醫者の藥種を吟味し、大切にしておさめをき、それ〴〵の用を待ちてつかふごとく、農民は懇に心を用ひて糞しをさへ多くあつめ置き、種物により、土地により、時分を考へ宜きに隨ひて用ひなば、作り物の取り實におゐては偏に我倉の內の物を取るがごとくに少しもうたがひ有るべからず。是誠に土民鄙賤のわざの中にも取分けいやしき事なれば、此理りを委くしらぬ方よりみては、極めていやしめかるしむべけれども、五穀の實りなき磽惡の土地を忽に變じて則ち肥良の地となし、少くうへて多く收め取る事目前なり。然れば天地化育の功を手の下に助け、百穀を世に充たしめ、萬民の生養を厚くする事、農業の內にても取分け此糞壤を調ずるを以て肝要とすべし。されば心あらん農夫は此理りを深く思ひ、此に心を留め眼を付けて愼んでよく其事をつとめざらんや(是則ち目前に天地の化をたすけて世をゆたかにする手立なれば、聖人の御心にかなひたるわざなり。心あらん人誰か是をたつとびざらん)。

水利第七

田に水をそゝぎ引く事は、川より溝洫などゝて段々其田の廣き狹きにしたがひて、其井手溝の大小、或は八尺、或は四尺二尺、それ〴〵に應じて旱に絕えず水を引き、洪水の時は又わきへ落し去るべし。若し川なき所は塘《つゝみ》を築き、閘《ひ》をふせ、或は筧にてとり、又高き所に汲み上るは桔槹《はねつるべ》又龍骨車の類にて水をとるべし。此外色々の巧み手立を盡し、晝夜となく苗の枯れざる計あるべし。稲は大陰の精、水なくては半日の間にも痛む物なれば、旱魃のあらん事をつねにおもんばかりて、霖雨の中も忘るべからず。池塘の通塞、しがらみ、堰の破損など旁《かたぐ》心を用ひて水を米穀のごとく思ひ、不意の旱にも水の絶えざる計をなすべし。

又池川もなく、ひとへに雨水ばかりを守る平地の田地は、井を掘り、其外用水の巧みを盡して旱の難をのがるべし。天水ばかりを守りて他の手立もならざる所には旱稲を作るべし。此のごときの地にしいて水稲を作る事は其苦勞空しくするのみならず、損亡する事しげきゆへ、糞養の手入も漸々に疎かになる物なれば、肥田も後は瘠せてあれすさむものなり。損徳をよく了簡して旱稲其外畠物の類にて利分のまされる物を作るべし。世上此あやまりを改め、かねて水がゝりのあしき田に年々妄りに水稲を作る人のために、此旨をのべて得失をさとすものなり。

又畠のわきにも小池を掘り井をかまへて旱のそなへとすべし。木綿、藍、其外菜の類にも、極熱の中は畦の溝に折々水をそゝぎ引きてうるほすべし。たとひ枯れ痛まずといへども、亢陽とて久しくうるほひ絶ゆれば、必ず陰氣ぬけ、實りよからぬ物なり。時々暫く水をそゝぎ引いて陰氣をやしなふべし。其上糞しを多くしをきても見合はせ、時々水を引かざれば、糞のきくべき時分に其力及びかぬるものなり。又高田に水をそゝぎ、水田に日を當つる事、是農事の肝要なり。喩へば人の氣血の如し。一方不足すればかならず病を生ず。土地も其如く、燥濕の程らひよからざれば、もし日に痛まざれば必ず水に痛む。農事にかぎらず、よろづの事よき程らひをはかるは天道也。陰陽の消長互に其根と成りてかたおちなき理りなれば、一偏にかたよりたるは天の心にあらず。いかほど糞培を盡しても乾濕のほどらひあしければ、其功空しき事なれば、農夫たる者、先づ水利のかけ引のそなへをよくはかり儲けて、其後種蒔の品をゑらびて作るべし。穀物の多少則ち此に有りとしるべし。然れ共水は陰なり。陽氣の過ぎたるをうるほす助けとはなるべし。少しにても過すべからず。かならず災となる物也。

木綿、藍、其外高利を求むる畠物、雨うるほひのなき時分毎日水をそゝぎ水糞をかくる事、是を以て渡世にする作人の能くしれる所なり。委しく記すに及ばず。

穫《かり》收《おさむ》第八

種《うゆる》を稼《か》と云ひ、斂《おさむる》を穡《しよく》と云ふ。種斂は年中の始終なり。春力め耕し、秋穫り收むる事は暫くも中斷なく、偏に盜賊をふせぎ守るが如く、風雨のためにそこなはれ零落せん事を片時も忘るべからず。

又曰く、稼は農事の本、穡は農事の末なり。本かるくして末おもく、前ゆるくして後急なる事は其理なき事也。されば秋の收めの多からん事を願はゞ、則ち春の耕しを懇にし怠るべからず。春のつとめ委しければ、秋の實りに利あらんことかならず嚢中の物をとるが如くなり。

扨又秋のかり收めは、物ごとよく實りて日和をよく見定め、寔に火を救ふがごとく、精力をつくし務めはたらき、しばしも由斷なく刈り納むべし。唯一時の風雨により年中の苦勞を空しくする事もあれば、夜を日につぎてかりとるべし。耕作のならひにて刈りおさめて場に入れざれば、安堵はたらぬものなり。其歳の豊凶の極めも、必ず穫り取りたる日ならではさだまらざるゆへ、災もなく苅り収むるは誠に大きなる幸此上もなき事なれば、祝ひ悦びて土神に手向祭るべし。則ち天地の萬物を生立《そだ》つる氣も人の稟《う》くる氣も、もと二つなき理りなれば、人憂ふれば、天もうれへ、人悦べば天も悦ぶ。然れば天地の人を育《やしな》ふために備けたる穀物を、事ゆへもなく苅り収めぬるは有難き仕合なりと丹誠を盡して祝ひ悦び樂むべし。夫れ人事の誠により天地の感應ある事は、形に影のしたがひ、聲にひゞきの應ずるがごとく速かなる事なれば、正直を専にし、怠りなく力むれば、其ほど〳〵に隨ひ、福を得ること疑ふ所にあらず。然れども凡人のならはしのあさましきは、欲にいたゞきなく、其分際をわきまへず、妄りに貪る心のみ深くして、天のあたへを不足とばかりうれふるは、これ誠に天道にさかふ理りにて、災を招く道なり。されば人々貧富をば天にまかせ、其職分をよくつとめて天分を樂むべし。殊更農人は春の耕し夏の芸ぎりに力を盡し、時至りぬる秋のおさめをつゝしんで苅り取るべし。又種ゆる物は陽氣を以てうへ、かる物は陰氣になりて収むる道理にて、うへまく事は一日も早く時に先立つをよしとす。陽氣はすゝむゆへなり。苅り収むるは少し遲く、よく熟して一日二日もをそきをよしとす。陰氣はをくるゝゆへなり。されども麥を苅るには、初は先づ少し青穂をまじへてかるほどになくては、終りに梅雨のおそれあり。跡のたがやしも又時にをくれて段々夏秋の芸ぎりまでをくるゝ事なれば、片時も由斷すべからず。簑笠をきても苅り取るべし。

又蕎麥は十分に實りを待ちて上迄残らず黒きを望めば、一夜の霜又暴風にあひて手を空しくするものなり。此ほか豆は場《には》に熟すとて、靑きさやの末に少々殘れる内に早くぬきて場《には》にて干しうちとるものなり。又粟と黍とは同じ類の物なれど、きびは早くかるべし。をそければ實落つる事あり。粟はをそく苅るべし。はやければ粃《しいら》多し。

又苅り收むるには天氣の陰晴をよく考へはかるべし。苅りをきて雨にあへば損をみる事おほし。又苅物は取分け鎌のうすくよくきるゝをゑらび用ゆべし。鈍きかまにてかれば、穀子もおちやすく、尤其身も苦勞してはかゆかざる物なり。少しの造作をいとはずよくきるゝを用ゆべし。

又前漢書に記しをけるは、穀を種ゆることは一色を多くは作るべからずと。いかんとなれば五穀を始め色々雜穀數多く作れば、たとひ凶年にても其中に必ず利を得る物もある事なれば、皆損ずるまでの愁はなし。若し一種を多く作りて相應する年は、大利を得る事もあれど、それは稀にして、災害にあふ事は多し。農人必ず色々を作るべしと見えたり。殊に土地の相應不相應もあり。品々のたねを求め作るべし。

蓄《ちく》積《せき》　付儉約《けんやく》　第九

夫農家にかぎりて富める者はまれにして、貧しきものはおほし。かねてより財穀を蓄へざれば凶年にあひて飢をまぬかれ難し。つねに身持を謙《へりくだ》り儉約を守りて此計を專らとすべし。唐の堯禹の御代に九年の洪水あり。湯王七年の旱にあひ給しかども、民に餓死する者なかりしは、常に蓄積のはかりごとありてかねての用意よければなり。明君は五穀をたつとんで、金玉をいやしむとて、五穀にまさる寳はなしとせり。いかんとなれば金銀珠玉は飢えて食すべからず。寒くして是を着るべからず。此ゆへに五穀を蓄へ積む計をつとむ。もし此計おろそかなれば、凶年其外不意の災難にあへる時、飢寒の苦しみ遁れがたし。古は三年耕してかならず一年の食を餘せる政法あり。貴きも賤きも、大小上下、それぐ\〳〵應じく\〳〵に皆此法を守りて蓄をなしけるゆへ、旱洪水虫風などの凶年のそなへとなり、又疫癘火災自分のわざはひありといへども、其蓄を用ゆるゆへ、困窮にせまるものはなかりしとなり。是則ちをのをの其の分限をしり、常に儉約をなして入るをはかりて出す事をなし、後年不意の災を防ぎ變に應ずる法なり。されば無智の鳥獸も皆後日の難を思ふ心あり(もずの草ぐき、猪のかるま、みさごのすしの類なり)。是皆冬の風寒雪霜のそなへに夏秋より食物居所の覺悟をばする事なるに、萬物の靈たる人として、たかきいやしき各其分限をはかり、かねて凶年のそなへなく、其外萬づに不意の變あるべき事を考へずして、其用意なからんは誠に鳥獸にだもしかずと云ひつべし。然れども時世の成行唯一朝一夕の計にて俄に改めかゆべきにあらず。下たる者常に正直忠信にして、皆よく家業を力め、身持を謙り、儉約を守り、年毎に取納る分際をよくはかりて、それに應じて米錢をつかひ用ゆる事を致し、萬の奢をやめ、費をはぶき、身持を時にとりて七分にし、古の聖法のごとく貴賤共に其歳毎に得る所の分量を以て四つに分ち、其一分を餘し不慮の變を救ふ備とし、殘る三分を以て其年の渡世をいとなみ、是を毎年の定法として上下堅く守らば、普く富をかさね、上に國用の不足なく、おのづから下民をめぐむにたり、下民又其法にうけ順はゞ、たとひ凶年にあふといふとも、飢寒に苦む事なかるべし。殊更國家の主として國に此蓄なきは國其國にあらずともいへり。

又古はよく儉約を行はれて、妄りに奢り費やす事なければ、天下の大都は云ふに及ばず、もろもろの國都に至るまで、其蓄へゆたかにして、各倉廩みち善政行はれて、下の災を救ひ、窮民をめぐむにたれり。又郡々大小の里々までも、急救の料として倉を建て、米穀をたくはへをき、失火又疫疾等のはやり病、此外都て民の災を救ふそなへとなりしこと、是皆本朝いにしへの政事にて、其事委しく古き文に見えたり。夫天下の君としては、天に代りて萬民を惠み、民の父母たる職分を昔時の賢君は皆よくしらせ給へるゆへかくのごとくなるべし。然るに末の代に至りては、いやしき庶人に至るまで、其身持行ひ甚だ古の風俗にかはりて華美を好み、奢をしらず、是れ時節のならはしにや。かねてより凶年を恐れ、不慮の變にそなふべき遠きおもんばかりは少しもなく、若し一年も豐年なれば、其心俄に滿足して後の難儀を忘れ、妄りに侈をなし米穀を費し用ゆることのみを快しとして、纔に作り出せる所の物をさながら土砂のごとくつかひ捨て、殘る物なくなし果てゝ、さて凶年にあひぬれば、家財を盡し、田畠を質物《しちもつ》に入れ、富商のために多くの利息を加へて合せとられ、忽に貧窮の民となり、其咎を歳と土地とにおほせてうれへを懐くのみなり。是徒に歳の咎にあらず。たとへば三年の内一年は豐年、一年は凶年、今一年は其中分の年なり。然れば豐年の餘計を蓄へをき凶年のたらざるをおぎなはゞ、常に甚しき不足なかるべし。されば富は五福の一つなり。又書の洪範の八政には、一日食、二日貨とみえたり。實にも儉約を守り、財寶をよきほどにつかひ用ゆるは、上下を隔てず人間の世にては第一の勤にして、上なき肝要の法なり。是を財用を節にすと云ふ。是則ち大には天下國家を治め、萬民を撫でやすんじ、一世悉く安樂ならしむる根源、小には又家々人々貧窮のくるしみをのがれ、人皆衣食たり家居を安くし、一夫一婦の貧賤甚しきものに至るまで、なべて飢寒のうれへなくして孝悌忠信も是より行はるべきめでたき道なれば、人々愼んで、よく儉約を守りて無益の奢り費へを禁じ、年々有餘をたくはへ、はからざる災難ありても困窮難儀もなく、長く富み、安樂なるべきはかりごとを致すべし。是則ち和漢の聖王明君の世を治め民をめぐみ給へる政法なり。

又こゝに一種の人あり。吝嗇の心其痼疾となり、唯金銀米錢を妄りに貪り納むることをのみ好み、是を積貯へて更に用ゆることなく、君親の難儀といへども見つぎ助ることもなし。まして親類朋友の困窮を勞りめぐむ心もなく、仁愛慈悲の心絶えはて、一向慾心ふかくして義理の心なき類あり。かゝる人は凡下はいふまでもなし。たとひ高位大祿の富貴を極めたる人といふとも、唯是金銀を守る畜類のごとく人とはいひがたし。古人是を錢を守るやつことといへり。儉約と吝嗇との差別を我身によくわきまへて用捨し、又人の上をも辨へて懇に是非すべき事なり。且奢と吝とは是天の咎人なりと云ふ事をよく知るべし。

山《さん》林《りん》之《の》總《さう》論《ろん》　第十

凡木をうゆる所は深山幽谷の土地厚く深く、尤肥へたるをよしとす。高き岡は是に次げり。若くは平地にても其土地に宜しき木をはかりて栽ゆべし。古より唐の書には十年のはかり事は樹をうゆるにありと云へり。又木を栽ゆる者は用を十年の後に期《ま》つとて、うへて十年ばかりもすれば必ず用に立つものなりと見えたり。本朝にても杉、檜、松、桐、橿、其外ふとりやすき木を肥地に植ゆれば、十年の内外にて必ず小材とはなると見えたり。薪にする雑木は四五年を過ぎずして用に立つものなり。或は桑、漆、茶、楮の四木、又柿、梨、桃、栗などの菓樹は子をうへ、或は接木にして二三年を過ぎずして實を結ぶ物なり。凡有用の材木、菓實の樹木に至るまで、よく其地味をしらずしては心力を盡して植ゆるといへども益なし。委しく各其木の條下に記す。

又田家或は田畠の畦に木をうへ、常にやしき廻りにうゆるにも、西北の風寒を防ぎ、東南の暖かなる和氣を蓄へ、陽氣の内に満つる心得して栽へぬれば、其内に作る物の盛長も早く、よくさかへ、土地も漸く肥へて磽土も變じて後は良田となるべし。假令肥良の土地にても、西北の風寒つよければ、和氣を吹きさまして田畠に糞し養ひを用ひてもその氣を吹きちらすゆへ、作り物にきくことすくなし。喩へば龍腦、麝香などのにほひある藥を、風ふきにをく時は、其にほひ乍ちぬけて性よはくなると同じ理り也。惣じて田舎やしきの廻りに木をうゆるに多くの德あり。風寒をふせぐのみならず、盜賊の防ぎとなり、或は隣家の火災の隔てともなり、枝葉は薪の絶間を助け、しん木は間をぬき伐りて材木とし、落葉は殊に田畠の糞によき物なり。菓樹を西北の方に植へ、竹を東北の隅にうへて、根を西南の方にひかするはつねの事也。

又家宅を始めて造り營む時に杉檜などの良木をうへをきて、後年破損のためにそなへをくべし。是のみならず國に良材四木等の財となる物多ければ、それ〲の工人職人集りて色々の器物を作り出し、或は商人其器物を交易し、諸民のすぎはひあるによりて老弱かたはもの又はより所なき孤獨のものまでも、各其細工等の手つだひつとめに付きて空しく衣食を費す事なく、尤飢饉の難をものがれやすし。其うへ賣買の道も廣くなりて、民富み國ゆたかになるはかりごと、田畠に續きては山林を專らにすべしと見えたり。されば深山の奥、人の通路もなりがたき山中をも、無用の悪木等をはらひ除き、世の助となるよき材木をゑらびてうへ立てぬれば、いつとなくさかへ長じて人遠き奥山にても伐りて持出すに造作まけせずして、近き所の雜木には其利潤劣らず。まして深山には川流も有る事なれば、運送の宜きをはかりて空しくをくべからず。前々より此はかりごとなきゆへに、人里遠きおく山に雜木ばかり多くして古今用をなさゞる所多しと見えたり。此等の山中改めて運送の造作まけせぬ良木をうへまほしき事なり。

扨山は喩へば土地の中にては肉のごとき所にて、神靈の氣もあつまりて其氣厚きゆへに、生長する草木も平地よりはうるはし。是を人の身にたとゆれば、山は脊にて肉あつく、平原は腹のごとくにて肉薄し。されば海邊近き平地に勝れたる大木のなき事は地の薄きゆへなり。

又都の邊或は國の都に近き山林に橿を專らうゆべし。色々器物に作り、又は物の柄にして諸木にまされり。薪にしては雜木に三倍せり。かしの木に十三の能あり。橿の條下にしるしをくなり。德多くして損なき良木なり。實をおほく取りをき必ずうゆべし。

又史記の貨殖傳に、安邑千樹の棗、燕秦の栗、陳夏の漆、齊魯の桑麻、渭川の竹、是等の物を千萬本もうへ生立《そだ》て持ちたる人は、其富千戸侯とひとしとて、一郡をも取るほどの分限にもをとらぬ富なりとしるせり。本朝にてもこれに似たる事あり。紀州、駿州、肥州のみかん、濃州、藝州の柿、防州、濃州の楮、丹波の栗、たばこ、但馬の山椒、東國、北國の絹綿、河内、播磨の木綿、吉野の榧《かや》、伏見の桃、阿波、土佐の材木、薪炭、其外諸所の名物土産品々これ多し。五穀に次いで世を助くるの用かぎりなし。然れば木の實をうへ、山林をそだつるはかりごと年月にしたがひて怠るべからず。

又木竹を伐りとるに時を定め、又栽ゆる時も月日を定め、年中きりとるかはりを倍々仕立てをくべし。凡春の始めいまだ耕作におもむかざる前、村里の人心を合せ、地をゑらび、年々怠らず竹木をうへをきたらんは、いつとなくさかへしげりて材木竹薪に事かゝず、井せき、池、川等の普請にも甚だ人力を助け、或は食物を煮るも心のまゝに調ひ熟し、冬も薪多ければ居室もをのづから暖かになり、夜の勤め早起も心よくして苦労なく、家内に陽氣みちぬれば疫病などのうれへなく、上下男女の氣もすゝみ、朝夕營むわざ怠らず、いつとなく百の殃は退き、をのづから萬福のみ來るべし。且又古語にも、禮義は富足に成り、盗賊は貧賤よりおこるといへるごとく、衣食たりぬれば自然と人の心も正しくして、禮義を守り、恥をしり、孝弟の道も教へずして行はれ、豐饒の家となり、命まで長き計も此内にそなはれり。又木をうゆる事は廻り遠き事のやうなれども、惣て廣く遠き計は、淺近の手立にては事ならぬ道理なり。日本の俗に仕置と云ふことばは、國家の政をするに後年の事を前に委しくをしはかり、かねて仕をく事なるべし。されば中庸に凡事豫めすれば則ち立ち、あらかじめせざれば則ちすたる、言《こと》前に定むれば則ちつまづかず、事前に定むればくるしまず、といへり。萬の人事も前にはからずしては其功なりがたし。其上種藝の事は、四木三草を始めとし、前々より其國所に多きか少きか必ずあり來る物なれば、それを取立て、相續きて絶間なく多くうへたらんは、手の下より則ち用に立つ理りなり。

又山中に穀物を作れば鹿鳥などにそこなはれ、利をうしなふ事おほし。農人其所のあしきならはしにしたがひて、利潤なく地にあはぬ穀物をしいて作る誤りも所々ある事なり。かならず土地の宜きを能くはかりて、四木等を始とし品々委しく考へて利の多き草木を栽ゆべし。地の道は種ゆることを尊ぶとて、五穀に次では冬春の間竹木をうへ生立てをきて、夏秋に伐ることは定まる法と記しをけり。

四木は桑、漆、茶、楮、三草は麻、藍、紅花是なり。

農業全書巻之二

五穀《こく》之類《るい》

稲《いね》第一

稲は五穀の中にて極めて貴き物なり。太陰の精にて水を含んで其徳をさかんにすと云ふて、水によりて生長するゆへ、土地のよしあしをばさのみ云はずして、先水を専にする事也。稲は汚泉に宜しとて、上に流水あるか、又は泉池塘など有りて、水のかけ引自由にて旱にも絶えず、又洪水などの災もなく、殊に村里の濁水の流れ來る地を第一とするなり。さて土の性は黄色、又は黒土のねばり氣すくなく、青黒の小石少々交りばらつきて重く、深くして性強く、悪土少しもまじはらず、水をはづして麥を蒔き、木わた其外何にても畠物を作りても濕氣のきらひもなく、日向《むき》までよくて實りよき高田を上々とは云ふ也。是より以下よき事の不足なる次第を以て、上中下段々の位をはかり定むべし。

稲の種子、早晩、美悪、色々其品限なく多しといへども、其粒白き事霜のごとくすきわたりて味よく、實り多きをゑらびて作るべし。尤風虫などにもさのみ痛まず、其所の土に相應して利分のまされるを考へて用ゆべし。必ずしも前々より其所に作り來りて、此外は求るにたらずと一偏に思ふべからず。種子のよしあし、相應不相應にて、過分の損德ある事、諸書に委しく記し置けり。然るゆへに物種子を收むる總論に詳に其事をしるせり。正月種へて五月刈り、其根より又莖葉を生じ、九月熟する稻あり。又當年から死《か》れて來年をのづから生ふる稻も唐には有りと見えたり。是等の稻たねを求めて作り心みたき事なり。

稻は柳に生ずとて、楊柳のさかゆる歲が稻のよきものなり。本朝にても農民の世話に梅出、枇杷麥とも云ふなり。考へみるに此說大抵たがはず。

稻は苗をうへて七八十日にして穗に出で、さてそれより早田は三十日、中田、晩田は四五十日にて刈しほになる物なり。

凡高田のこしらへ樣は、秋耕にても、春耕にても、又は麥跡にても深くむらなく日和次第力の及び、再三耕して干しをき、時分に雨を得て水をしかけ、かきならしくさらかしをき、苗をさすべき時至りて土わきつぶれ、草靑みてうちて見れば、和らかにねばりてにほひ出來るを待ちて糞をも入れ犂きかへし、たて横二三遍もかきならし、水の上むらなくして苗をさすべし。凡苗の長さ七八寸ばかりの時がよき種《うへ》しほといへども、山田其外風のつよく當る所は短きをうゆべし。深田など水のあつまる所は長き苗をうへて、洪水の時、苗水底にならぬ心得すべし。若し苗水底になりて日數をふれば腐るものなり。

苗をさすかぶ數の事、凡一段の田に三萬を中分とするなり。是一歩に百株なり。されども肥えたる田には薄く、やせ田には厚く、かぶに多少のむらなき樣にうゆべし。但稻により、又は糞しの多少により、同じ村所にても作人の心持にて少々指引はあるべし。これは大抵定りたる中分の法をしるすものなり。

うゆる時分の事、冬至（十一月の中也）より百三十日餘に早苗取るべし（但田を種ゆる事は國により所により甚だ遲速あれば、一樣に定めがたし）、凡中田を五月の節にうへ、晩田を夏至（五月の中を云ふ）の前後種へ終るを大方定まりたる時分とする事なり。されども所の寒暖によりて、五日十日若は廿日の遲速はあるべし。何れも少し早きをよしとす。惣じて稻にかぎらず、草の類は、節氣に先立ちて生ずる物なるゆへ、時にをくるゝに損あり。時にをくるゝ稻は後の手入を盡しても十分の實りなし。殊にをそき稻は秋颶《おほかぜ》のわざはいもあり、時分よくうへたる稻は、莖すくやかにして、かぶ太く、穀しげく、穗馬の尾のごとく籾皮うすく粃《しひら》なし。舂きて米多く減らず。時にをくるゝ稻は、莖よはく、糠厚く、萬づにわざはいのみおほし。必ず天の時を失ふべからず。

さて芸《くさぎ》る事は苗をうへ付けて、十日ばかり過ればよくあり付く物なり。其時は草はいまだ目には見えねども、早草の根は土中にはびこるなり。上の農人《のうにん》は見えざるに芸り、中は見えて後芸《くさぎ》る。見えても又とらざるは是を下の農人と云ふなり。されば一番草をばうへ付けて後十五六日廿日ばかりにてとり、それより又やがてとるを報鋤《ほうじょ》と云ふて、相つづき由斷せずとる事なり。取殘したる草、同じく根ありて手風に觸れて却つてはびこり、苗を妨ぐる事甚し。頓て間もなく取盡せば、重ねて生る草は苗にをされて榮へかぬる。其隙に苗思ひのまゝにふとる物なり。それより段々五番までも芸るべし。後に草なきとてやむことなかれ。稻に浮根浮葉とて無用の根葉がわきにはびこるものなり。是を其まゝをけば、精がわきにぬけて實りあしきゆへ、是をもかぐり去るべし。右に論ずるごとく、惣じて物の實りは立根の精より生ずる事なれば、實をとる物は何れも立根の先にこやしのよく行きわたる養ひを專とし、立根のにが土にあたらざる樣にすべし。上の日によく當りたる細土もともに底に入れて、立根是にあひて思ひのまゝにはびこり、其精を以て上によく發生する心得、是實を求むる第一の工夫なり。わき根はいか程さかへはびこりても、其精氣皆枝葉のさかへとなるまでにて、さして實りの益にはならぬと心得べし。いにしへは水田の中をも鍬にてうちかじり、熊手にてかきあざりて芸る事も有りといへども、近代は手にて委しくかきあざり、莠《はくさ》を懇にぬき去るにしく事なし。

又云ふ、稲にむら枯れ、蟲氣する事は、尤年の豐凶によるといへども、田のこなし疎《おろそ》かにて塊あり、又は糞《こゑ》むら有りて毒氣その間に滞り、此病を生ずる事有りとしるべし。農書に大塊の間に秀苗なしと云ひて、あらき塊の間にはうるはしき苗は生立《そだ》たぬものなり。土よく和せざるゆへなり。春より度々犂《すき》かやし、干しをきたるに、糞を入れ、犂おほひ、よくかきくだき、うへしほになりては前方に水をしかけかきならし、十日十五日もして塊もわきつぶれ、糞と土と和合し、土よく熟し、黒くなりてにほひある時苗をさすべしとなり。

水のかけ引の事、雨年は淺く、旱年は深く、高田は少し深く、泥田深田は折々水を落して、苗は痛まざる程にして苗の根に熱氣のとをる心得する事も年によりては指引あるべし。所によりて陰氣のつよき田は水を落す手立《てだて》もなくて叶はぬ事なり。

凡深田の分はかりそめにも天陽をかり用ゆるとて、春耕すより干田になるべきは云ふに及ばず、始終日にあつる心得、是第一肝要の事なり。水深くして熱氣下までとをらざれば苗さかへぬものなり。然る故に井手かゝりなど水の自由なる田は、随分淺くして底まで熱氣のとをる工夫をなすべし。高田うへ付けてより半日にも水なくては、忽苗痛むものなり。當時痛まざる樣なれども、實りかならずあしく、されど後に刈しほ前よりは水をはづし、稻の根をさらし堅めをき、青穗少しもなくなり能く熟するを待ちて日和を考へて刈るべし。根の土堅ければ實も堅くなる物なり。

刈干す事は高田は其まゝ、其田に攤げほすべし。深田の干すべき地なき所ならば、溝の土手に木をうへをき、其枝またにかけてほし、又は竹を三本結合せ、泥中にしかとさし立て、其さき二方に稻一把づゝさして干す事水所にて專是を用ゆべし。惣じて刈りおさむる物は、稻にかぎらず、由斷なく水火の來るを防ぐがごとく、いかにも速かにすべし。手廻しゆるくては多くの苦勞目前に空しくなる事間《まゝ》多し。取り分き稻はいまだくたれざる中に刈收むべし。但霜稻は一霜にあはせさらし堅めてかるもあるなり。霜にあはざれば青米もあり、其上田にてよくさらさずして早く刈收めたる米は來夏損じ、蟲も付きて甚だ減るものなり。さて一霜二霜もあはせて刈りたるは久しくおさめ置きても損ぜぬものなり。

又是より田を作る一法あり。先種子をゑらぶ事、中分に出來たる田のよく熟して色よきを其田其田にてそれ〲のたねがはりせざるを、來年用ゆべき程をはかりて、ゑり穗にしてつねの米にする籾よりは少し前かどに干し、もみをこなすにも手あらくはうつべからず。穀子必ず痛むものなり。同じく種子をつける時分の事、早田は、かす時より五月の中までを凡そ九十日にあて、或は九十五日百日の間を考へてかすべし。中田晩田も七八日づゝ間を置きてかすべし。其所の風氣又は土地のかはりにて少しの早晩あるものなり。一偏には定めがたし。

同じくかす日數の事、早稻は廿四五日、中田は廿日、晩田は十七八日ほど種子池《たねいけ》に漬けをき、日數になりて取上げ、晴天に二三日干し、うへを下に返し、晩方日高き中に取入れ、下にこもをしき、上に莚にても一重おほひ、ゆる／＼と自然にもやし、芽二分ばかり出づるを待ちて苗代に蒔くべし。

苗代地の事、正月より耕したるを段々二三遍も懇に耕しかきこなし、一畝に付種子二斗五升蒔くを中分とす。糞しに草を入るゝ事、一斗蒔に付十把ほど、馬屋ごゑ四五把ばかり、なをも瘠地ならば凡一斗蒔の地に桶糞を一荷、或は半荷入るとあるべし。是又一偏には定めがたし。土地の肥磽《こえやせ》によるべし。苗のやせたるはもとより悪し。又餘り肥過ぎたるも宜しからず。苗床を少し廣くして菖蒲苗もよけれども、所により蟲氣する事あり。土地の性にはよるといへども、いかさま小筋なるよはき苗は盛長をそく、少しすくやかなる苗をうへたるがよし。

苗代水かけ引の事、たねを蒔きて十日餘りにて青み少しみゆる時水を落し、二日ばかり干し、其後又もとのごとく水を入るべし。水を深くはすべからず。其後も又見合せ干す事もあるべし。但苗代を干す折ふし雨ふる事あらば、水をしかけて根を雨のたゝかぬ様にすべし。

稻田耕しの事、麥蒔きの外は秋耕してよき所もあり。沙地《すなぢ》などは早く犂き水を入れ、くさらかしをきたるもよし。大かたは春耕したるにしかず。惣じて耕す事は深きをよしとする事なれ共、もしは浅きを好む所もあり。凡高田の分は深き程よしとしるべし。

千田を耕すは日和を専とすべし。犂きて二三日も晴天なるべきを考へて耕すべし。大抵耕す事先づは三遍といへども、餘力あるものは幾度も犂返し、底まで能く干しぬきたるよし。

さて水をしかけ、田をかく事は、苗をさすべき十日ばかり前にかきならしをき、うゆべき三日前に代《しろ》ずきと云ふて一遍すきをき、其後うゆる日竪横三遍むらなきやうにかきならし、其まゝうゆべし。是大かた常の法なり。若しやせ地の土うすく、性よはき田をば淡《あは》うへとて代犂《しろずき》なしにざつとかきならし、其まゝ苗をさすもあるべし、是は下田の天水を守る所にてする事也。つねの法にてはなりがたきゆへなり。

麦跡の事、麦を刈りて日和を見合せ、二三遍も犂き、よく干《ひ》たる時、水をしかけ、かき付けをきて腐らかし、其後代ずきしてうへ代三遍かく事、右に同じ。うるほひつゞきの善悪によりて心のまゝならずといへども、大抵かくのごとしと知るべし。

水田の事、春耕しよし。春といへども、草の少し青みたるを見て、一遍すきおほひ置き、苗をさすべき廿日も三十日も前、尾花がきとて一遍かき、其後代ずき一遍すき、さてうへ代をかく事は干田《ほした》と同じ。又あぜをぬる事は春耕してより手すきにまかせ、段々次第にこしらへてぬるべし。

苗代に篠《ささ》の葉を敷きたるは、苗にくせつかずよく生立《そだ》つものなり。凡そ一斗蒔きに常のごとく糞を入れ、其上に竹の葉一荷程入るべし。赤米もなく苗代に無類のこやしなり。

又畿内にて早稲を作る法、先づ種子を雨水（正月中の事也）の節に入りて後、五日めに水にかし、廿日過ぎて取上げ、十日目に干し、手引がんの湯を俵の上よりかけ莚などをおほひ、芽を出し、春分（二月中の事也）の節に入りて苗代に蒔くべし。尤かゞしをさし、縄をはりて鳥をふせぎ、水のかけ引常のごとくして、苗代にをく事五十日にて初苗《さなへ》とるなり。是より中田晩田十日ほどづゝ間を置きて次第に種子を蒔くべし。五月の節より夏至までの間の雨を梅雨と名付く。此雨水を得て苗をさす事、凡そ天下一同の最中なり。此時を失ふべからず。此梅雨の說は農政全書に見えたり。若し手廻し怠り由斷して此よき時分をとりうしなへば、後に手入を盡しても必ず實り少し。いかんとなれば、暖かになるに隨ひて、上に發生する氣のみさかんにして、枝葉にはさかゆれども、立根に精の入る事すくなきゆへ、秋の實り必ずすくなし。少しは早過ぎて少々早とがめし痛むとも、よき糞を用意しをき、一日も早くうへて秋の實りを求むべし。惣じて田畠を作るに、此理《ことわ》りを辨へ、工夫鍛錬せずしては利潤を得る事なりがたし。早過ぐる損は少く、遲き損は限りなし。稲のみにかぎらず、作り物において專ら工夫鍛錬し、才覺手廻しを用ひては、利潤まさらずといふ事なし。殊に稲は天下一同に廣く作る物なれば、少しの出來まし有りても、積りては莫大の穀まさり、天下國家の賑ひとなり、諸民を救ひ助くる根元となれば、一入心を盡すべし。力たらずして事ゆかずとばかり心得るは愚なる事なり。才覺工夫を用ゆべし。

畠《はたけ》稲《いね》　又早稲《ひでりいね》共云ふ、又ゐなかにては野稲《のいね》とも云ふ　第二

畠稲の種子も色々あり。土地所の考へして利分のまされるを作るべし。粳《うる》あり、糯《もち》あり、其中に占城稲《ちやんはんいね》と云ふは糯にて、米白くその粒甚だふとく、穂の長さ一尺餘もありて、其から大きに高くして蘆のごとし。是畠稲の名物なり。土地にあひたる所にてはおほく作りて、過分の利潤を見るべし。凡旱稲を作る地は水田にしては水乏しく、又畠にしては濕氣ありて、兩様ともに宜しからざる地に是をうゆれば、水稲にも勝れて實りある物なり。肥へたる地は尤よし、大かたの土地にても濕氣ありて、少《ちと》深く和らかなる地に宜し。糞のしかけ、手入れ取分きほどらひある物なり。心を盡して作るべし。

苗地の事、冬よりくはしくこなし、雪霜にあはせてさらし置きたるに、熟糞をうちをきて籾を水に浸す事、三日にして取あげ、日にあて口の少しひらくを見て、灰ごゑを用ひて横筋を少し深くきり、麥の蒔足《まきあし》ほどにむらなくまき、土をおほふ事も麥に同じ。若し地かはきたらば、うすき水ごえをそゝぎて土をおほふべし。猶相つゞきて旱《ひせり》せば、其後も度々水をそゝぐべし。苗二三寸にもなりたる時、畦のたかき所をふみ付くべし。但うるほひある時はふみ付くべからず。

同じく種子を蒔く時分の事、二月半より四月まではくるしからず。さて移しうゆる事、甚だ肥ゑたる地を好むにもあらず、荒しをきたるを秋より度々耕し、細かにこなしをきて、苗の長さ七八寸なるを待ちてがんぎを少しふかく切りて、灰ごゑを以て、葱《ひともじ》をうゆるごとく、一科《かぶ》に三四本、磽地《やせち》ならば四五本づゝうゆべし。かぶ殊の外ふとる物なれば、肥地ならばかたのごとく薄くうゆべし。中うち芸ぎり培ふ事麥とかはる事なし。中うちの度ごとに色を見てよく熟したる糞水をうすくしてかくべし。惣じて甘味のつよき物なるゆへ、濃糞《こきこえ》又はあたらしくつよき糞をば必ず用ゆべからず。蟲氣する物なり。

唐にて毎度旱損する國に、此旱稻のたねを他國より求め來りて作りてより後、飢饉のうれへを助《たす》かりたりと農書に記せり。是占城稻のたねと見えたり。然れば何れの村里にも田には水乏しく、畠にしては濕氣ありて思ふやうに耕作のなりがたき所かならずある物なれば、畠稻の作り様心あひをよく考へて作り試むべき事也。思ひの外相應して水稻の利分におとらざる事もあるなり。前に述るごとく、惣じて其所に前々より作り來りたる物ばかりと思ひ入り、舊きならはしにまかせ、更に廣く才覺工夫をば用ひずして、偏に管の穴より天をうかゞひたるふぜい、又は怠り無精《ぶしやう》にして他の作り物は此地にはあはぬとばかりおもふは無鍛錬の至り、口おしき事なりと、古人も譏《そし》り戒めたり。尤土地風氣の違にて、かつて其所に合はざる物も有りとは見えたれども、それは稀なる事にて、大かたは手入しかけによりて出來る物なれば、五穀は云ふに及ばず、あらゆる品々の物たねを求め、其法をならひて心を盡し作りて見るべし。間には其の名物と云ふ物程こそなくとも、思ひの外に利を得る物もあるべし。土の性も人の才智と同じ心にて、必ず得手不得手ある事なれば、委しく心を用ひて其地の相應を能く見わけ、能く其手入をならひてつとめたらんには、只今まで作り來れる纔の田畠の內にても、其利潤そくばくちがひあるべし。

麦《むぎ》第三

麦は秋うへて夏熟す。四時の氣をうく。舊穀のつくる時いできて、民の食をたすけつぎ、新穀の出來る時に至る。されば稲に次で五穀の中にて貴き物なり。此ゆへに聖人是を重んじ、春秋にも稲と麦との損毛をば書《しる》させ給へり。實《まこと》に近世靜謐にて、人民多くなりぬ。麦作のつとめ疎かならば、食物乏しかるべきに、都鄙是を作る事専なるゆへ、麦の多きこと甚だいにしへに勝れり。されば今民のやしなひの助となる事、是に續く物なし。實にめでたき穀物なり。麦は黒墳に宜しとて、黒土の性の強きを好みて、弱く薄き地は大麦によろしからず。

其種子色々かず多き物なり。はだか麦の内には米むぎやす、京むぎやす、赤むぎやす（此むぎやすと云ふはゐなかのはだか麦の事をいふ）又は廣嶋はだかなど云ふあり。稲麦も色々おほし。所の相應を考へ撰びて作るべし。尤霧雨しげき所にては、毛の短くたはまずして、雨霧を含みて穂の痛む類をば作るべからず。されども六角にして毛のなき稲麦を糞培をよくしてよき地に作れば、過分に實り多きものなれば、下人牛馬を養ふにならびなき物なり。彼是色々作るべし。

麦地こしらへの事、畠ならば夏ごしらへを深く四五遍も耕し、細かにかきこなしやすめをきて時分を待つべし。田ならば早稲の跡をうるほひよき内に犂《すき》返し、少しかはきたる時、耙《むまくは》にてかきくだき、若し塊かたくくだけかぬるをば土わりにて細かにうちくだき、畦《うね》作りし後の作り物の勝手にまかせてたてよこの筋を切るべし。來年木綿《きわた》其外夏物を作る地ならば、間を廣く、又麥を作らば少しせばく、尤土地の肥瘠により肥地はひろく、磽地は麥のかぶしげらぬものなれば、そのこゝろえして筋をきるべし。但筋の底薬研のそこのごとくにならぬ樣に、底廣にきる事肝要なり。底せばければ、たねもこやしも小筋になりて、麥の根一所に生じ、せりあひてから細く弱く、風雨にたをれやすく實りよからず。又がんぎ淺ければ、第一は風寒雪霜に痛みやすく、其上冬は陽氣土中にあるゆへ、麥の根少しにても底に深く入りて暖かなる氣に合ひてをのづからはびこる事なれば、夏よりこなして日によく富りたる細土そこに入りて蒔くときの肌糞とよく和合し、麥の立根是とつれて底に深くいれば、冬中は上は寒氣にせめられ、葉あかくなりて痛む樣なれども、立根は却つて底の陽氣にあひはびこりて、春に至りて陽氣地上に滿つる時、其溫氣を得て思ひのまゝに盛長し、稈《から》すくやかに強し。又根の土かひ厚ければ、少々の風雨にもたをれず、實りよき事疑ひなし。然るゆへに麥畦を作り、筋をきる事深さ三四寸程に底廣にきるをよしとす。若しがんぎのきりやうあしく、麥たね一所にかたまり生じ、一つ穴より多く生出《をひい》でたるは、後の手入なり難し。農人此所に懇に心を用ゆべし。非農人のならひにて厚くしげきを貪り、間をせばく蒔きたるは、中うち培ふ事もなりがたく、うへ物の足もとに日風のとをる事なきゆへ、日かげ草のごとくにて實り必ずうすき物なり。

種子を下す時分の事、秋の土用に入りてまくを上時とし、土用の終り十月上旬を中時とし、十月半廿日比までを下時とす。又八月上の戌の日より小麦を蒔きはじめ、それより段々に大麦をまき、九月下旬十月初めに蒔終るをよしとするなり。何れも所の風氣によるべし。木綿跡、大根跡などは此限りにはあらず。やむ事を得ざれば、小麦は冬を過ぎず、大麦は歳を不レ越と云ふて、暇なければ、小麦も冬にもかゝり、大麦は歳の内はまきてもくるしからずと云ふことなり。さわり有りて九十月の後うゆるならば、必ず灰ごゑ、馬糞などのよきこゑを多く蓄へをき、肌糞をよく用ひ、種子おほひを厚くしをけば、雪霜に痛まずして、春になりてさかゆる物なり。されども實りは少し。

又麦のこやしの事、先づ蒔くときの肌糞には鰯のくさらかしよし。同じく粉にして灰に合せたるよし。油糟、人糞何れも灰に合せたるよし。麦に灰なくば蒔くことなかれともしるしをけり。取分け小麦に灰を以ておほはざれば、寒氣に痛む物也。

又云く、鰯は沙地に用ひてしるしつよし。眞土には油糟よし。濕氣地は木綿さねのあぶらかすよし。土地により糞のしかけ委しくは總論にしるしをけり。

同種子の分量の事、凡一段の畠むぎやすは四五升、稻麦は八九升、是先中分なり。田の溝のひろせばと秋冬と地の肥瘠とかれこれ指引して思はく少し薄く蒔きてこやし多く用ひたるに實り多しとしるべし。又冬ぶかになるほど少し宛厚く蒔くべし。種子おほひも早きは薄く、晩き程あつくおほふべし。尤種子おほひむらなく、塊をよくくだきて細土ばかりにてたねのよくかくるゝ様にすべし。蒔くにも種子おほひするにも、跡に心を留めて、だめをさゝざれば、必ず多少むら有るものなり。少しの手間にて蒔きむらあれば、積りては過分の損あり。よく心を用ゆべし。惣じて蒔物は土神に渡す心なれば、機嫌を能くし、つゝしみてかゝりそめにも疎略にすべからず。則ち此方の精神をうへ物が受取る道理明らかなる事なれば、心に他念なく清淨にして、直に土神に對すると思ふべし。耕作の業におゐては何事によらずかくのごとしとはいへども、取分け種子を下す事は大切なるつとめなれば、いたらぬ下人などに打ちまかせ置く事は、忽ち損を見るのみならず、土地の神のせめをうくる道理あれば、尤恐れ愼むべき事なり。

同じく中うちの事、一二寸針生ひの時、早かるき鍬にて淺く一遍うつべし。是を馬耳《はに》鏃《ぞく》と云ふ。苗のわづかに生ひ出づる時、ちいさき矢の根のごとくなる鍬、又は熊手の類にてうつによりてかくは云ふなり。鏃の字は矢じりとよむ、細き鍬の類と見えたり。いか樣おもき鍬にて、苗のいまだちいさき時あらくはうつべからず。然るゆへに中うちに段々の次第あり。先初一番はかるくさら〳〵とうちて、草の已にめ立たむとする時、削り殺しをき、二番をばいかにも深く、三番よりは又少しづゝ淺く、春になりてはなをかるくうつべし。二番めふかくうつ事は麥の根いまだわきにさかへずして立根ばかりの時なればふかくしても麥痛まず。其上底の塊もくだけ、上のかはきたる細土は底に入りて陽氣内にこもれば、麥の根是にあひて其氣さかんになり、よくさかへはびこるべし。ましてうへ物の根の下やはらぎくつろぎあれば、土中の氣もよくめぐる故、盛長する事うたがひなし。又三番めより淺くうつ事は、麥ふとりさかゆるに隨ひて根はびこり、うき上るゆへ、深くあらくうてば、かならず痛むものなり。春になりては猶かるくうつべし。秋冬より度度中うちし芸ぎり培ふ事、凡三度するは大抵なり。大溝のかはきたる土をさらへ、かくるまでは先四度と心得べし。人手間あらば幾度にはかぎるべからず。中うちを十遍すれば八米を得るといへり。古昔ある福農人のいへるは、黄金が多く望みならば秋より麥の中うちを細々せよとをしへたりとなり。さもあるべき事なり。麥と云ふ物は、手入糞養によりて一段半段の內にても、過分の取實かはる物なり。畿內の老農のいへるは、大形の土地にても糞し手入を思ひのまゝにして、年なみも大かたなれば、畿內はいふに及ばず、近方の國々も凡一段にむぎやす四五石はある物也。其次といへども、三石なきは稀なり。然れども大麥は取分けやしなひ手入にあらざれば、思ひの外に實りなし。秋蒔きて冬の雪霜をへて生長するゆへ、やしなひ疎略なれば手を空しくする物なり。極めて作り立てがたき物なるゆへ、手入れ糞し等のいとなみ、其身にあてゝたしかになるべき程を能くはかりて、分際に過ぎては必ず多く作るべからずとなり。

又麥をうゆる法、夏至の後七十日麥を蒔くべしとあり。凡八月初めに當るべし。所の風氣により五日十日の違ひはあるべし。但早過れば節蟲あり、遲ければ穗小さく實薄し。やせ地に小麥を蒔く事は此時節よし。秋の氣のいまだ暖かなる中にまきて、春の陽氣の上る時を得て盛長せざれば、薄く痩せたる地はさかへかぬる物なり。やせ地は一日も秋早く蒔くべし。

又麥をまく時分雨うるほひなく、かはきたる土にたねを入るれば生じかぬる事あり。何にてもしほけの物を貯へをきて、たねにかきまぜうゆべし。又は鹽氣ある物を水ごゑにして、蒔きたる上よりそゝぎたるもよし。又麥種子を鹽氣の汁に夜半より浸して、朝取りあげ朝露と共に蒔きて土をおほひをけば、生ひて後旱にも痛まず。若し麥の蒔きしほに成りて、うるほひなき時は此手立を以て時分を取失ふべからず。又麥をうゆるに蠶の糞を用ひて肌糞とすれば、寒氣をふせぐものなり。

又云く、麥もしあつくしげり過ぎて、黄色になりたる時は熊手にて中をかき、厚き所を間引きて薄くなすべし。其まゝをけば實少し。又麥にほどろ、あくた糞或は牛馬糞などを多くおほひ培へば、跡の田よく肥ゆる物也。

中うちする事は風日の清き日、土の白く干たるを見て由斷なくうちこなし、其かはきたる土を根におほひ置きたるは、しめりたる時三五度もうちたるにまさるものなり。

又草を懇に芸ぎりて、其草をからしをき、重ねて中うちする時、麥根におほひ、其上に細土を以て培へば、取分けよく肥るものなり。是を農書にては芸《くきぎ》り耔《つちか》ふと云ふて、取分け大切にする事也としるせり。其内へはうへ物の根にかはきたる細土をかきよせ、糞をかけて懇に中うちし、雨を得れば内は陽にして、外陰を得て陰陽がよく和合し調ふゆへ、生物の盛長甚しき道理なり。此理りは作り物におゐて、物ごとの上に工夫なくてはかなはざる事なり。されば農書にも是を耕し種《う》ゆるわざの上にて取分け秘藏の事なりと記せり。此說總論にも書き載せ、又此所に書きしるす事、農圃をつとむる人此心得なくしてはみだりに力をば勞すといふとも、莫大の功をばなしがたきゆへなり。内は陽にして外陰を得ると云ふ事、大切至極の說なり。よく／＼得心すべし。

又寒中に雪を覆ふと云ふ事あり。雪のふりつみたる時、箒にて麥根に雪をはきよせ、おほひをけば陽氣とぢこめ、土中に包みをく心にて、春になりて發生の氣さかんにして、よくさかゆる物なり。されども雪多くふらぬ年もあれば、さやうの年は水をそゝぎてうるほひをたもたするも一つの手立なり。

麥を漫撒《ちらしまき》にする事、是は極めて肥へたる地ならでは惡し。蒔きて後中うち芸り培ふ事もならず。されども肥良の深く和らかなる地を能くこなして畦作り、龜の甲のごとく丸く高くして小麥を蒔きて灰を多く用ひ、牛馬糞にておほひ、土をかけをけば過分に實りある物なり。此時はたねを筋うへよりは五わりほども多く蒔くべし。但大かたの地ならば田に小麥をば蒔くべからず。其跡の稻の出來必ずよからぬ物なり。

又云く、麥をうゆる事、時にをくるべからず。右に云ふごとく時にをくるればかならずみのりよからず。其上田に遲く蒔けば、來年の稻までをくれて色々損多し。殊にをそき麥は刈しほ梅雨にあひて穗腐りいたみ粒落る事あり。麥跡の耕し遲ければ、苗をさすの間、日數なきゆへ、土くさりつぶれずして苗盛長しがたし。就中苗のさかり極熱の時分にあはざれば、稻かぶ小さくしげりさかへず。又は大風の難もおそろし。彼是遲き麥には跡までも災難多し。然ればまき付くるにも刈取るにも水火の來るをふせぐがごとく、晝夜となく由斷すべからず。

又麥は陽に屬すとて、大麥は高き田の濕氣少き所に宜しき物なり。前に記すごとく麥は秋蒔きて、冬長じ、春秀で夏熟し、全く四季の氣を得て穀と成る物ゆへ、よく人をやしなふ性ありと本草にもほめて記せり。殊に秋の大風の難にあふことなければ、人力さへ調へば大かたは損毛もせず、人民を助る上穀なりと古人もいひおけり。農人たるもの土地の力を盡して是を作る事、十分の功を用ひて必ずゆるがせにすべからず。

又麦のでき過ぎて穂に出でゝ後、たをれんと思ふには、山近き村は木の枝を多く筋の間に指して助とするあり。又力ある作人はくいを打ち小縄を張るもあり。其縄を納め置き、年々用ゆるとかや。但上方其外上手の作人は皆麦を長すぢに作り、其すぢをひろくまき、筋の間を廣くして春の半にかゝり、兩方より高く土かひてたをれぬやうにするなり。

小《こ》麦《むぎ》　第四

小麦を種ゆる事、地のこしらへ、其外大麦にかはることなし。大麦より十日二十日も早く蒔くべし。さのみ肥へたるを好まず。若しすぐれて肥へたる地に肌糞を多く用ゆれば根腐る事あり。専ら灰糞を以てうゆべし。少し濕氣を好み、又は底の土をあげて作る事を好みて、高くかはきてかるき土に宜しからず。大麦よりも初め終り仕舞を早くすることを専らにすべし。春になりて修理のをそきは實りよからず。其上春穂に出でゝみのる時分、地の堅く引しむる事を好みて根の土のかはきうつけたるを嫌ふものなり。

小麦は取りわけ念を入れ種子をゑらぶべし。種子あしければ生ひかぬる物なり。まじりなくみのりよきを夏の土用によく干し、粃、雀麦を簸《ひ》さりて、濕氣のなき所に収めをき、蒔く時も虫喰をよくさるべし。是又種子色々ある物なり。能々土地の相應をゑらびて作るべし。山畠など、猪、鹿、鳥の當る所には毛のあるを作るべし。又風のはげしき所には、穂もからもつよくみの落ちざるをゑらびて作るべし。

又云く、むぎをまく地は、かりそめにもしめり氣のつよき時は、耕し蒔くべからず。當年地かたまりて麥の盛長あしきのみならず、來年の稻まで出來よからず。但小麥は少ししめり氣の時蒔きたるがみのりよし。

又小麥跡は田瘠するものなり。田に小麥を作る事は所によりて延慮すべし。小麥のから田に入れば毒なるゆへなり。かりかぶをも土ぎはよりつめて刈り、耙にてかく時、田にある麥かぶをかきさるべし。

蕎《そ》麥《ば》第五

そばを種ゆる事、五月に地を耕し、廿日廿五日もして草腐りたゞれて後、又耕す事二三遍、晴天を見て細かにかき、立秋（七月の節の事也）の前後、たねを下すべし。厚く蒔くべし。薄ければ實《み》少し。大かたはちらし蒔にすべし。灰を合せたるこゑを以てうゆべし。瘠地ならば横筋をせばくきり、糞を多く敷きて、灰や牛馬の糞を以ておほふべし。

そばはしほけを好むゆへ、若し鹽屋に近き所ならば、鹽竈の焦灰、又は其邊りの鹽じみたる土を

用ひてうゆれば實甚だ多し。又云く、そば地は耕すこと三遍なれば、三重に實がなる物なり。下の二重は黒く、上の一重はいまだ青き時刈り收むべし。殘らず上まで黒きを待つべからず。刈しほをそければ實落つる物なり。

又蕎麥を蒔くに必ず雨濕にあはざるやうにすべし。蒔く時雨にあひ、又はしめりたる地に蒔きたるは、いか程こやしを用ひても盛長しがたく、瘠せて實少し。そばを蒔く時、路次にて水汲にあひても其實のりよからずと野俗云ひならはせり。ことの外水濕を忌むとしるべし。

又山畠燒野などに蒔く事あり。山中などは夏土用の中に早く蒔くべし。遲ければ風霜にあひて損ずる事あり。かならず一日も早く蒔くべし。燒野に蒔くにはなたねを入れ、子まきにしたるがよきものなり。そばはあくけの有る物にて、草の根是にあひて痛みかれ土も和らぐゆへ、春になりて蕪菜さかへ實り多し。跡の地和らぎてあら地もこなしよく、彼是利分多し。

又そばと芋とは土地餘計ある所ならば、農人ごとに必ず多く作るべし。芋は虫氣其外天災にあはぬものにて、水邊又は日當のつよからぬ地にうへて、牛馬糞あくたかれ草などおほひ培ひ置けば、別の手入さのみ入らずして、過分の利を得て穀の不足を助け、上もなき物なり。然るゆへに此二色は必ずかくべからずとしるしをけり。是のみにかぎらず、農人年中段々絶間なく、時分時分の物を種ゆべし。先夏の終り、秋の初め、そば大根蕪菁、八月になりて蚕豆より大小の麥苑荽《ゑんさい》に至るまで、うへざる月なければ、又おさめざる月もなし。實を取る物あり、根をとる物あり、葉莖をとる物もあり、次第段々の工夫をろそかにすべからず。其中にもそばはさまで農事の妨共ならずして、手廻しよくうへ合はすれば、過分の利を得るゆへ、唐人も其能を譽めて具さに書き載せたり。蕎麥粉を餅にして蒜《にんにく》と合せ煮て食し、又河漏とてそば切のやうにこしらへ、賞味すると見えたり。又そばは農人飽くほど食すれば力の付く物なり。但脾胃虚寒の人は食すべからず。凡そばは蒔き付くるより取収め食物にこしらゆるまで人手間入らずして、農人の助となる事尤多き物なり。地の餘計なき所にては跡の地冬ぶかにあくゆへ、麥を蒔く妨げとなるといへども、糞を多く用意し置きて、麥より前に一毛《ひとけ》作りて取るべし。又そばを春蒔きて夏の末實ると農書に見えたり。日本にても試にうへて見るべし。不審《いぶかし》。

猪と同じく食すれば悪疾を生ず。愼むべし。

粟《あは》　第六

あはに大小あり。夏秋早晩段々あり。其種子數かぎりなく多き物なり。又粘るをば秫《もちあは》と云ふなり。稲に次ぎ、麥にをとらず、上品にて古より貴き穀とするなり。大《ふと》きは狐の尾のごとく、小きは鼬の尾のごとし。

うゆる地の事、黄白土は粟によろしとあり。黒土赤土も肥へたる深きはよけれども、黄白の肥へたるが取分けよきものなり。惣じて粟は薄く、瘠せたる地にはよからず。山畠にても平原の畠にても、かたのごとく肥へたる性のよき地ならでは盛長し難し。菉豆《ぶんどう》小豆のあとを上とす。麻胡麻の跡は其次なり。蕪菁大根の跡を下とす。（是農書の說なり。）若又野畠などの新らしく開きたるも、冬より數遍うちこなしさらしをきたるを、春に至りなる程くはしく塊のなき樣にこなし置きて、時分を待つべし。是もいや地を嫌ふものなり。年ごとに地をかへて作るべし。年貢なしの燒野、或は山畠などをあらし置き、一二年も休めたる地を委しく拵へ、糞を灰に合せうるほひ能きに蒔きたるは、過分に實りあるものなり。

種ゆる時分の事、夏粟は二三月桃の花始めて咲くを上時とし、卯月を中、五月を下時とす。秋粟は六月下旬、七夕の比までよし。其年の節により五七日の遲速はあるべし。同じく種子の分量の事、凡一段に五六合、やせ地は少し多く蒔くべし。

又春うゆるは少しふかくすべし。もしまく時分にうるほひなくば、まきたる上を少し踏付くべし。夏は淺くうゆべし。ふまずして其まゝをきても頓《やが》て生ふる物なり。春はいまだ寒くして生ふる事遲し。上を踐まざれば生ひ付きがたし。生るといへども大かたは死《か》る。夏の氣は熱くして生る事速なり。夏は雨多き故、踐みて後雨にあへば、地かたまりて生じがたし。踐むべからず。

又粟は雨の後のしめりけを得て蒔く物なれども、小雨はよし。若し大雨の後ならば、草の少しめだたんとするを見て、犂き返し、細かにかきこなしうゆれば、苗草より先に生じて成長する物なり。若し磽地にて糞を用ゆといふとも、新しくつよきを用ゆべからず。必ず節蟲を生ず。灰ごゑ其外よく熟しかれたる糞を用ゆべし。吹込《ふきごみ》などの所につよきこゑを用ゆれば、蟲氣するなり。か樣の所には河の泥を能くほして糞をうちからしをき、灰を合せて用ゆべし。

中うちをば必ずあらけなくすべからず。かるき鍬にて懇に草を削りをけば、其後芸り間引くに手間入らざる物なり。

ほぞろへの事、肥磽にはよる事なれども、思はく薄く間引くべし。大かた三四寸に一本づゝ立つるを中分とするなり。但小粟はむらなく、少し厚きに利多し。粟は蒔く時分と地ごしらへよくして時節よくうへ合すれば勝れて實多き物なり。誠に一粒萬倍とも云ひつべきならびなき上穀なり。土地よけいある所にては、力を盡して多く作るべし。

又云く、時節をはかりてうゆるは、物ごとの肝要にて作人かならず心を用ゆる事なれども、此等のたねの至つて細かなる物は、とかくうるほひなくては生ぜぬ物ゆへ、時分とうるほひを取り失ふべからず。

又すぐれて肥へたる粟畠は、いか程も畦はゞがんぎも廣くし、いかにも薄く間引きて、苗の時は牛馬もとをるやうにし、後はさかへ茂りてきる物をなげかけても少しもたをれぬ程に作るべし。かくのごとく作り立てたるには、其實一段に夫婦年中の食物程あるものなり。

又苗の小き時きえたる所に念を入れ、うへつぎたるよし。或は雨の中にへらにて和かにほり取り、根のそこねぬやうにうゆれば、痛まずして其まゝ生ひ付く物也。

黍《きび》　第七

黍は黄白の二種あり。粘るをもち黍とし、黄にしてねばらざるを粳《うる》とす。又赤き黒きもあり、四月始めうゆるを上時とし、同じ中旬を中時とし、下旬を下時とす。これつねの法なり。小きびは五六月蒔きてもくるしからず。早過ぐれば蟲氣する事あり。是も地心は粟に同じ。薄く瘠せたる地には宜しからず。種へて六十日にして秀でて六十日にして熟す。

又云く、きびを種ゆる事、三月上旬を上時とし、四月上旬を中時とし五月上旬を下時とするなり。又椹《くはのみ》あかき時黍を種ゆべしとも云へり。又黒墳は麥と黍とに宜しとて、性の能き黒土に取分けよきと知べし。又新に開きたる地を冬より度々細かにこなし、さらし、こゑをうちてからし置きたるに、灰ごゑ又は熟糞を肌ごゑにして薄くまき、二三寸生ひ出でたる時、中うち芸り、しげき所をば間引きて手入三遍すべし。其外は粟に同じ。其所々により、蒔きしほ殊に大事の物なり。時分違へば穂に出でぬものなり。若し穂に出でても實らぬ事あり。是も地により過分に實ある物なり。

蜀黍《もろこし》　黍《きび》　第八

是を唐きび《もろこし》とも、又甚だ高くのびぬる故、高黍《たかきび》とも名付くるなり。地の薄く瘠せたるには宜しからず。春はやく苗地をこしらへ、肥し置き、二月たねを薄く蒔き、苗七八寸の時移しうゆべし。種ゆる所は少し濕氣ごゝろの地、いか程も深くこゑたるを好むものなり。

又屋しきの內、畠の端々或は下濕の地、五月雨に水あつまりて、他の作り物は水底になり、日

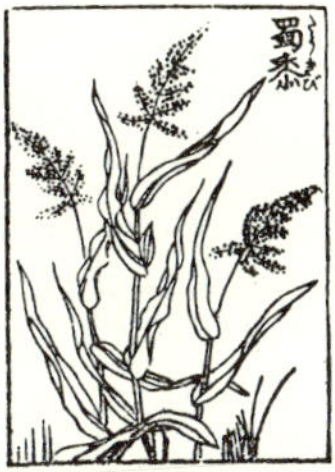

數をふるゆへ作りがたき様の所などに多く種へて利を得る事ある物なり。蜀黍は色々に用ひ、能多き物なれば、農人の家に必ず是を作るべしと唐の書に記せり。莖の高さ一丈もあれば、水難の地に作りてよし。其粒蟹《かに》の目のごとく、其穗は薄の尾花の大きなるがごとし。實を取りて稈《から》をば簾にあみ、筵にうち、又民家の箒にも用ゆべし。或は隣さかいの籬にもたて、其破をふさぎ、米は色々食物に調へ、尤餅にして味よし。殊更性のよき物なり。米も稭《から》も皆すたる物なし。但一の難は、大方の地にうゆれば跡甚だ瘠せるものなり。又根よりわきに出づるめを度々切りさるべし。

又一種あり。たけひきく穗の少し下の方よりくきかゞむあり。此黍實多く早熟す。是上種とすべし。

又一種玉蜀黍《なんばんきび》と云ふあり。種ゆる法前に同じ。其粒玉のごとし。菓子にすべし。是も早くうゆるをよしとす。遲ければ風難あり。且實りも少し。是又肥地を好む。瘠地には實らず。根より出づるひこばへを去る事前と同じ。

稗《ひへ》　第九

ひゑに水陸の二種あり。是尤いやしき穀といへども、六穀の内にて下賤をやしなひ、上穀の不足を助け、飢饉を救ひ、又牛馬を飼ひ、殊に水旱にもさのみ損毛せず、田稗は下《ひき》き澤などの稲の

よからぬ所に作るべし。畑ひゑは山谷のさがしく、他の作り物は出來ざる所にやきうちなどして多く作れば、利を得る物なり。但山に作る時はあらく、毛のあるを作るべし。鹿鳥の犯さぬ物なり。又年なみあしく、稲の苗をさして後相續きて旱《ひでり》し、苗悉く枯れたる時か、又五月洪水にて苗流れ、或は水底になりて腐りたる時も、稗はでくる物なれば、水損ある所はかねてたねを蓄へをき、又は苗をもうへ置き、うへつぎて此難をのがるべし。

又干潟をひらき、穀田となさんとすれども、初の間は潮水もれ來りて苗かれうせ、稲は盛長せず、毎々手をむなしくする所がらにしゐて稲を作り、妄に費を益すべからず。先づ此稗の苗を長くして種ゆれば、大かたは潮氣にも痛まずしてよく榮へ、其功をなす者也。其後に稲を作るべし。又云く、是下品の穀にして、世人賤め輕しむといへ共、なみ／＼の地にも能くいでき、實多く飯にし、粥にし、餅に作り、其功粟にもさのみ劣らざるものなり。土地の餘計ある所にては必ず多く作りて上穀の助となすべし。相應の地に作れば、甚だみのり多き物なり。されば極めて下品の穀なりといへども、貧なる民を救ひ、大きに農家の益となるものなり。

又云く、潮干潟に作りたらば、刈りとる時子《み》のこぼれざるやうにすべし。その實おつれば次の年稲をつくるに莠《はぐさ》となりてはなはだ妨をなすものなり。

大《ま》豆《め》　第十

大豆色々あり。黄白黒青の四色あり（此外つぶの大小、形のまるき平き、其外さま〲多し。又つる大豆あり）。又かき色なるもあり。此内黄白の二色を夏秋の名をつけて専ら作る事なり。赤土は大豆に宜しとて、豆の類はあか土に取分けよき物なり。

種ゆる時分の事、三月上旬を上時とし、四月上旬を下時とす。秋大豆は五月中旬より六月上旬まで種ゆべし。但其年の節に随ひて五日十日は斟酌あるべし。極めて肥地の深きをば好まず。でき過ぎて實りよからず。又地のこなしの餘りくはしきもよからず。先づ大かた夏大豆は麦の中にうへ、秋は麦迹にうゆるをよしとす。麦の中に筋をふかくかき、一段に凡種子五升まくを中分とす。是も肥瘠により、やせ地は少しあつく蒔くべし。又瘠地に大豆をうゆるには灰を用ゐてうゆべし。豆にはならびなきこゑなり。いかにもむらなく蒔いて、土を覆ふ事は深くすべし。豆は極熱の時分、底土のしめり氣に根先とゞきて其うるほひにより實る物にて、地浅き沙地は旱のつよき年は必ず痛み枯るゝ故、蒔付くる時其心得して少し深く蒔くべし。

さて中うち芸ぎる事二度、但麻は地を芸り、豆は花を芸るとて、麻は草のいまだ目に見えざる内に早芸り、豆は花を見ても猶芸りてくるしからざるものなり。

又豆は初め終り地のこしらへより、中うち芸るに至るまで、手入の餘り委しく、念比《ねんごろ》なるは却つてよからぬ物なり。

豆のにた蒔きとて他のうへ物にかはりて大豆ばかりは、ぬれ土に蒔きたるがよく生長し、蒔きて其まゝよく生ふるものなり。

又大豆を毎年同じ地にうゆべからず。いや地を嫌ふものなり。

蒔く時分其所のよき時節に蒔き合はせざれば、實りよからぬ物なり。時分よく蒔きたる豆は尤よくさかへ、枝も多く付きて足もとよりさや多くつき、節の間もしげくよく實るものなり。又早過ぎたるはつるとなりて、さや小さく實少し。又時にをくれたるは莖短く、本にさやならず。又大豆は槐に生ずとて、ゑんじゆの木のさかゆる年が、豆のよき物と農書に記せり。凡蒔きて百廿日にて刈り收る物なり。

又夏大豆を蒔く時分の事、杏のはなざかり、椹《くはのみ》の赤き時、又四月雨の後大小豆を蒔くべし、ともによし。秋大豆を夏至（五月の中を云ふ）の後、廿日ばかりの比種ゆべしとも云へり。たねにより所により、早晩段々ある事なれば、一偏には定めがたし。第一は其所のためし心おぼえしていか様ちと早きをよしとす。中うちする事、大豆生ひ出でゝ甲を戴いて出づる時深くうつべからず。長じて後、中うちせば根に土をうちおほふべし。旱の時根の下に日のとをらぬためなり。

同じく刈る時分の事、大豆は場《には》に熟すとて、末のさやは少々青く、下は大かた黒くなりたる時、晴天を見てぬきとり、たばねさかさまに立てゝ、根をからせば、さや早く枯るゝ物なり。よく干たるを見て打ちて收むべし。但おほく作るものは、そばや胡麻を干すごとくやねをふく様に下地を作り、日のよく當るやうにふき置きてよく干たる時打ちてとるべし。積み置きて久しく日數をふれば損ずる物なり。もし又日和のあしきに取り込みてつみ置けば、くさる物なり。此ときはこぎ落して攤《ひろ》げをくべし。

又豆は花の咲く時旱をにくむ物にて、花黄色になりて根こがるゝ物なるゆへ、根の土のかはかぬ様に兼ねて心得してうゆべし。

又大豆を區《まち》うへする法は、畦作りし、穴を深さ廣さ各六寸斗りにほり、糞と土とかきまぜをき、うゆる時其穴の中に水多く入れ、水盡きて後能き程に糞土を入れ、豆を三粒其中にうゑ、又右のこゑ土を上におほひ、手にてをし付け、土と思ひ合せ置くべし。但此區《まち》と區との間各一尺餘りにすべし。かくのごとくすれば榮へふとる事、常の三倍もあるものなり。土地のすくなき所にてする法なり。惣じて此まちうへは手間入りて多く作る事成りがたければ、がんぎを深く切り、糞し手入をよくし、薄くむらなく作れるは、區うへとさのみ替る事なし。

又杖のさきにて五七寸に一つ二つづゝあなをつき、一二粒づゝうへ、灰にておほひ置きたるも取りみ多し。

二月蒔きて四月はや實るあり。是を梅豆《はいつ》と云ふなり。煮て菓子によく、料理にめづらしき物なり。都の近く、又は城下など、凡て人多き大邑に遠からぬ所にてはよく作り、青豆にてうるべし。

又大豆を芸ぎる時雨露のあるおりには必ず手を觸るべからず。葉に蟲の付くものなり。

赤《あ》小《づ》豆《き》　第十一

赤小豆、是又色々あり。赤白緑の三色（尤形の大小色づき所により品々おほし）、中にも少し粒

のほそき赤小豆を専ら種ゆる事なり。小豆は李に生ずとて、すもゝのさかゆる年、小豆よく實るものなり。うへて六十日にして、花咲き、又六十日にして熟する物なり。

種ゆる地の事、大かた麦跡を用ゆべし。是も夏秋二色あり。夏小豆は麦跡は遲し。畑餘計あるものは去年の粟跡を用ゆべし。又秋小豆は夏至の後十日過ぎてうゆるを上時とし、土用の入を中時とし、同じく半を下時とす。是を過ればおそし。麦跡にてもかきこなし、磽地ならば少し灰糞を用ゆべし。種子を凡一段に二升或は二升五合横筋を切りても、又ちらし蒔きにても薄くむらなくさかへ茂りて後、枝葉のつき合はざるを好む物なり。中うち芸り二遍ばかりして、葉ことごとく落ちて後ぬき取るべし。小豆は三青四黄と云ひてさやの三つはいまだ青く、四つ黄なる時ぬき取るといへども、小豆は霜にあふまで置きても落つる事なし。本より末まで粃《しひら》なくよく實る物なれば、勝手にまかせて取り収むべし。

又椹黒き時、雨の後小豆を種ゆるとも云ふなり。又春蒔きて夏熟し、さやの黒きばかりをさゝげをもるごとく、段々もりて取るあり。常の小豆に味はおとれり。是を夏小豆と云ふなり。

又一種蟹の目小豆とて、其粒細ながく蟹の目に似たり。是はつる長くかきや竹などにはゝせ、糞養によりてことの外さかへはびこり、實り多き物なり。味は秋には劣れり。又緑色の物あり。是又味よからず、蔓長くそらに榮へ、土地の費すくなく、實り多き事を好む者は是を作るべし。又白豆あり、菉豆のごとくにして子《み》長し、四五月種ゆるのよし、本草に見えたり（白豆をさゝげと云ふはあやまりなり)。総じて小豆は八新の内の一種にて、出來代りて後は性あしく味もよからず。古きは用ひがたし。

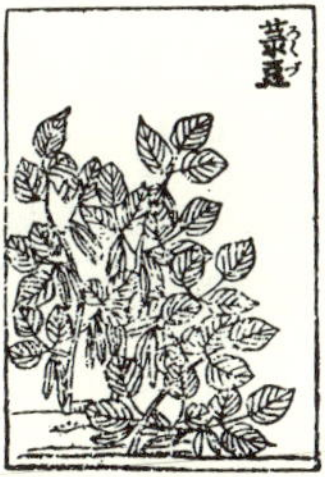

菉《ろく》豆《づ》　いなかにてはまさめと云ふ　第十二

綠色なるゆへ菉豆と名付くるとなり。農家是を多く作りて粥にし、飯にも合はせ、餌《だんご》とし、炙《あぶりもの》とす。或はすりて粉とし麪《めん》となすべし。又酒に造るべし。其外餅のあれによし。味甘く藥の毒をとり、性のよき物なり。種ゆる地の事、肥へ過ぎたるを好まず。糞をば用ゆべからず。四月に蒔きて六月に收む。其たねを蒔きて八月に收む。此ゆへに農人是を二《ふた》なりともいふ。又菉豆をもやしにして味甚だよし。

蚕《そら》豆《まめ》　大和に多く作るゆへ大和豆とも云ふ西國にてはたら豆と云ふ　第十三

そら豆さやの形かいこに似たるゆへ、蚕豆《きんづ》と名付く。又は蚕の時分に熟するゆへ、かくは呼ぶとも云ふなり。百穀に先き立ちて熟し、青き時莢ながら煮て菓子にもなり、又麥より先に出來るゆへ、飢饉の年取分き助となる物なり。又麥と合はせ飯にして宜し。又豆は多く、麥は少く粉にして餅に作り、食するもよし。肥えたる濕氣地に八月初うへて臘月厚く培ひ置きて、三月中旬にぬきとるべし。又云く、蚕豆は大かたの地にはできかぬる物なり。こやしを用ゐる事を忌むと云ひならはせり。されどもよく熟し、久しくかれたる灰ごゑを用ゆるはくるしからず。八月中分に蒔きてよしと知るべし。

種子に二色あり。江戸豆とてふとくひらめなるは味よからず。小粒にして丸きを用ゆべし。味よく取實もおほし（一說に大なるが味よしと云ふ。然れば大なるにも二色あるにや心み考ふべし）。是もいや地を嫌ふ故、年にかへてうゆべし。損毛の年多くうへて飢を救ふべし。麥に先立ちて實るゆへなり。其利分も又麥に劣らず。畿內にて多く作る。一段に五六石も出來るものなり。取分け大和國に多く作る。いりて皮をさり、茶に用ひ、粥にもしたゝめ、又みそに造るなり。

又是を菜園の邊、又は花園に花がらをきながら、其中にうへて霜をふせがせ、三月花の苗生ずる時分ぬきとるべしといへり。是は濕氣をにくむといひならはせども、水田の稻の跡におほく作ると見えたり。しかれば大かたの濕氣にはさのみいたまず、却つてつよくかはきたる所にはよろしからず。是下品の物といへども、農家にかくべからずとしるしをけり（凡畿內邊の土地を大切にする所にて多く作るを見れば、よく農の助となる物とみえたり。何の國にてもおほく作るべし）。

樂軒云く、上方の國々にそら豆を多く蒔く事は、其利麥とひとしき故なりと思へり。しかるに去年より洛陽に寓居し、今丑の春攝州有馬に往來し、路次にて農人の語るを聞きてそら豆を多く作る故をしれり。たとへば麥を一町作る農夫は、其內二段或は三段餘もそら豆を種ゆる事は、其利麥にまさる故にはあらず。凡麥作は種付くるこやしより後段々糞を入るゝ事尤も多し。又其地こしらへ初の耕より度々中うち草かじめ、土おほふにいたるまで、萬に人でまの費ゆる事甚だ多し。されば其考へをよくする時は、たとへば一町の地を三段はあらして、其人でま、其こやしを以て殘る七段の麥を能く作り立てたるは、一町を皆作りて段々の手入あしく其糞し不足したるよりも麥を取る事却て多し。去ながら、何國にても農人のくせにて妄りにおほく作りちらし、其手入糞し不足すれば、甚だ損なる事を聞きても、只半段も多く作るを悦ぶならひなれば、各其麥作の段數をへして、殘る田畠によく功を用ひて、慥に利を得る術を勤る事なし。又そら豆は初地ごしらへを少し念を入れて種へ、糞をちと加へたるもよし。其後四月初引取るまで中うちこやし、草かじめなども用ひず（もし草あらば春になり一度ざつとひきすつるまでにて人力ついへず）。さて右七段の麥に手入をよくして糞をましぬれば、彼《か》のこやしの不足なる一町の麥よりも取實多し。其上そら豆中分に榮へたらば、三段に六石有るべし。少しよく出來たらば八九石あるべし。然れば麥は多く出來、甚だこゑ人でまを省き、其上又大分のそら豆を作出し、是を以て米の代とし、麥飯に加ふれば味よく、或はみそとし、又麥もちのあんに入れ、又所によりなら茶に用ひ、樣々食となりて利を得る事多し。殊に麥に先き立ちて熟し、農人の仕舞よく、又麥より早くいでくる故、凶年には飢を助くるに便あり。此樣々の徳分あるゆへ、能き作人は其考をなし、そら豆を多く種へて利を得る事少からずと也。されば諸國にても此事をよく考へ、そら豆を多く作り、其餘力を取りて麥をよく作り立て、兩樣の利を以て粮米の助となすべし。そら豆は大坂に多し。種子を求むべし。

豌《ゑん》豆《どう》 第十四

ゑんどうは二三月種ゆるとあれども、是も八月まきて寒中をへて花咲き、春に至つてはやくもろ〳〵の豆にさきだちて實るを賞翫とするなり。又おほくうへをき、春になり其苗をとり、田の糞に用ひてすぐれてよくきくものなり。ことに苗代のこゑとして無類のものなり。

豇《さゝ》豆《げ》 第十五

凡て豇豆と云ふは本は籬にはふ蔓《つる》さゝげを云ふと見えたり。畠に種ゆる短きも、形、味も皆よく似たれば、同じくさゝげと云ふ也。豇豆と名付くるは、紅色多き故なりとも云ふなり。莢かならず二つづゝ双び生ず。

畑に作る短き豇豆三月初灰ごゑを少し用ひて種ゆべし。肥地ならば糞は用ゆべからず。六月實るを收め、其まゝうゆれば、又八月實る物なり。生長して後つるのさきをつみ切るべし。其まゝをけば蔓みだれ合ふて多くみのらず。實をば朝露にもり取るべし。日たけてとれば、實おつるものなり。是腎の穀なりと云ふて性もよく、賞翫する物なり。白さゝげ取分きよし。又一種霜さゝげとて、六月の末に種へて十月霜をおびて取るあり。早き菜跡又は早《わ》苗《せ》の跡にも蒔くと見えたり。所によるべし。

籬豇豆には白きあり、青きあり、赤きあり、長短かれこれ品々多し。三月の節より五月の中まで、其間十日十五日を隔てゝ漸々に種ゆべし。しかれば七八月まで段々に實る。但餘り早すぐれば寒に痛み生ぜず。又生じても生長しがたし。沙地なれば苗のやはらかなる内、きり虫切りてそだちがたし。其根のまはりに苣《ちさ》の葉などを置き、朝ごとに其葉に虫の食ひたる跡あるを見て虫を殺すべし。此長豇豆種ゆる地は冬より溝をたて、それに能きこゑ土を入れ、或はこゑをもうちからし置き、右に云ふ時節にうゆべし。間一尺ばかりをきて三四粒づゝうゆべし。又其間も二寸あまりへだつべし。よく生長して後は二本か三本に定むべし。段々うすきこゑをそゝぐべし。

蔓の長さ四尺ばかりの時さきをとむべし。枝おほく出づるを悉く籬にまとはすべし。まとはざれば實ならず。夏の菜の内、第一の物なり。家々に欠けずつくるべし。猶手入多し。小民なべて作る物にて、人みなしれる所なれば、くはしく記さず（沙地にをそく種ゆれば切虫きりてそだち難し。早く蒔くべし）。

稨《へん》　豆《づ》　第十六

稨豆又たう豆とも云ふ。民俗には八升豆とも云ふ。甚だ多く實り、一本に八升もなると云ひならはせり。又天竺豆近時渡る南京豆、隱元、さゝげなど云ふも此類なり。

扁豆に黒白の二種あり。白きは白扁豆とて藥種に用ゆる物なり。凡此類甚だ多し。其中に南京豆極めて味よし。秋の末冬の初おほく實り、莢ともに（但莢のふちの筋を去れば實入りて後もよし）日用の食物に用ひて益多き物なり。農家多く作るべし。此扁豆の類は、其根さへ肥地によくはびこりぬれば、其つるは民家の軒屋の上にはひ、或は籬にはゝせ、棚をかまへてまとはせ、又屋敷境の嶮き岩ばなさがしき片岸の野山、枯れたる立木などにもはひひろごり、都べて農家無用の地に生長し、みのり多くよろしき物なり。

此類の豆うゆる時分の事、三月の節たねを下し、少し土をかけ、灰を以ておほふべし。土をおほくかくべからず。芽立三四寸も出づる時分けて種ゆべし。尤も種付にするは猶以宜し。

刀《なた》豆《まめ》　第十七

なた豆是を刀豆と名付くる事は、劔の形に似たる故なり。三月初めうへ、灰にておほひ、古き筵ぎれ其外何にても此類のくさり物など覆ひをくべし。

又種へやう、冬より穴をほりこゑ土を入れ置き、春になりて一粒づつ目の方を下になしてうへ、少し土をかけ、灰にておほひ、土おほくかけず、其上にふるきざうりの類何にてもかるき物をおほひ置き、五七日の後は去りてよし。めだち出で、根葉少し生ずるを見て、糞水をそゝぎつる長くなるを待ちて竹を立て、是にまとはせ、又籬《かき》をゆひかきにはゝするもよし。風にうごかぬ様につよくすべし。うごけばおほく實ならず、是又肥地に糞を多く用ゆれば、過分に實なる物なり。但かきに種ゆるには其間を近くうゆべからず。

胡《ご》麻《ま》 第十八

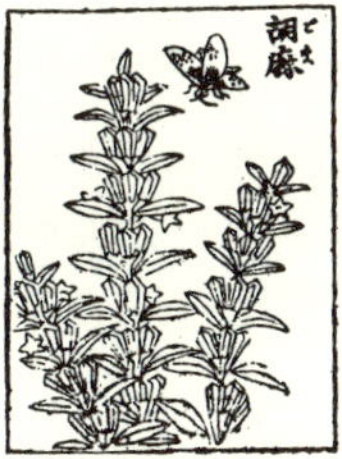

胡麻は五穀の内に入りて食物となる物なり。是は油麻脂麻などとこそ云ふべきを、古へ漢國の使者が胡國より種子を取り來る故、かくは號すると也。

早晩の二種あり。白黒赤の三色あり。黒きが食するには藥なり。中にもすきとをりて白きが油多し。其さや六角なるもあり。是は實の色うすあめ色也。

蒔き時分の事、三四五月雨の後しめり氣のあるに蒔くべし。白地は胡麻に宜しとて、細沙の肥へたるによく出來る物なり。上半月胡麻をうゆべし。下半月は實少し。春蒔きたるは虫付きて生立にくし。よくそだてば實多し。夏まくは長じ安し。されども實は少し。地のこしらへいか程も細かにこなし置き、うるほひよき時分を待ちて畦作りし、一反に凡種子を五六合の積りして、沙と合はせむらなき様に蒔くべし。蒔きたる上をこまざらへにてさら／＼とかるくかき、或は柴をたばね、一方に繩を付け、蒔きたる上を引きならしたるもよし。種子おほひ厚ければ生じかぬる物なり。中うち三度許《ばかり》し、見合せよきころに間引くべし。肥地は薄きが取實多し。尤蒔糞を多く用ゆべし。

かる時分の事、本なりのさや一つ二つ口をひらかんとするを見て刈取り、下に筵などをしき、上にもこもむしろにてもおほひ、二三日も蒸しをき、其葉腐り落つるをふるひすて、小束にたばね、多き時はやねの如くふき、少きは兩に木を二本立て、風にたをれぬ樣に念を入れ、それに長き竹を横にゆひ渡し、此竹に兩方よりたばねたる胡麻を立てかけ、口のひらくを見て打ちとり、又本の如く兩方より立かけ干し、二三日も間を置きて又うつべし。此のごとく四五遍うちて悉く盡すべし。

又胡麻を夫婦にて同じく蒔けば實多しと云へり。是妄言に似たる事といへども、陰陽變化の理りしゆべからず。芸ぎり中うちたび〳〵して、畦の中いかにもきれいにすべし。相應の地ある所にては、多く作るべし。厚利ある物なり。旱を好みて雨年によからず、他の作り物は少し旱痛みする所も胡麻にはくるしからず。

薏《よく》苡《い》 第十九

薏苡是二種あり。其粒細長く、皮うすく、米白く粘りて糯米のごとくなるが、眞《しん》薏苡なり。藥にもこれを用ゆべし。一種又丸く、皮厚く、實は少くかたきあり、うゆべからず。又一種菩提子《ぼだいし》

とて大きなるあり。珠數とす。

うゆる地の事、尤濕氣を好む物なり。何にても糞しを多く用ひ、旱《ひでり》せば水をそゝぎ、常にうるほひを保つべし。畦作りつねのごとくし、五六寸に一本づゝ見合せうへ、厚く土をおほひ、芸ぎり培ひ別法なし。苗ながく心葉出づるを節をかけてぬき捨つべし。心葉をぬかずして置きたるは實少し。九月霜ふりて實を取收め、よく干して米にする事は蒸し乾し、すりくだき米のごとくこしらゆるなり。宿根《ふるね》より生ふるは、から堅く、子《み》少し。二三月蒔き置きて移しうゆべし。實は薏苡仁と云ふ。藥種なり。性のよき物なり。病人の食物に調へて用ゆべし。粥になり、飯に交へ、だんごにしたゝめ、樣々料理多し。葉を米にまぜ、飯に調ずれば、その香早稻米の飯のごとし。茶を煎ずるに葉を少し入れば香よく味もます物なり。

農業全書巻之三

菜《さい》之類

蘿《だい》蔔《こん》第一

大根は四季ともに種ゆる物にて、其名も亦各替れり。されども夏の終り秋の始めに蒔くを定法とす。是れあまねく作る所なり。

其種子色々多しといへども、尾張、山城、京、大坂にて作る勝れたるたねを求めてうゆべし。根ふとく本末なりあひて長く、皮うすく、水多く甘く、中實《なかじつ》して脆く、茎付き細く、葉柔かなるをゑらびて作るべし。根短く、末細にして、皮厚く、茎付きの所ふとく、葉もあらく苦きは、是れよからぬたねなり。

又宮の前大根とて、大坂守口のからの物にする細長き牙《は》脆《もろ》き物あり。又餅大根とて、秋蒔きて春に至り、根甚だふとく、葉もよくさかへ味からき物あり。三月大根あり。はだ菜あり。又夏大根色々あり。又摂州津賀野大根とて彼地の名物なり。此外蕎麦切に入る。甚だからきをもとめつくるべし。

種子をおさめ置く事、霜月の初め大根多き中にて、なりよくふときをゑらび、毛をむしり、葉は其まゝをきて一両日も日に當てゝ、少ししなびたるを畦作りし、がんぎをふかく切り、肥地ならば凡一尺に一本づゝうへをくべし。もし瘠地ならば、折々糞水をそゝぎ、春になりて葉茎もさかへたる時、畦の中に柴か枝竹を立てゝ、廻りにも竹を立て繩をはり、雨風にたをれぬ様にすべし。たをるれば子少し。うゆる時少し日に當てゝ痛む事は、花遅く付きて、餘寒にいたまず、實り能きためなり。三月に至り、九分の實りと見る時、刈りて樹の枝につりをくか、又は軒の下につりてさやのよく干たる時折りてとるべし。かくのごとくすればまきて後蟲付かざるものなり。又霜月抜取上げ、干してもみて取るもよし。又刈りてたばね、池川などに五七日も漬けをきてきていけをき、正月うへてたねとするも實りよきものなり。

うゆる地の事、大根は細軟沙の地に宜しとて、和らかなる深き細沙地を第一好むものなり。河の邊、ごみ沙の地又は黒土赤土の肥へたる細沙《こすな》まじり、凡かやうの所大根の性よき物なり。

同じく地ごしらへの事、五月いか程も深くうち、濃糞を多くうち、干付けをき、其後度々犂き返し、かきこなし埋めごゑをもして、六月六日たねを下すべしと云へり。然れども大かた梅雨の後糞を打ちほし付け、能々地をこなして蒔くべし。凡土用中に蒔くを上時とし、七夕盆の前後を中時とし、八朔を下時とす。地により所によりて、各其よき時節ある事なれば、是れ必ず一遍には定めがたし。早過ぎたるは、根ふとく入る事ありといへども味よからず。山中野畠などの外、屋敷内などにうゆる事は、前に云ふごとくいく度も委しくこなし、干しをきて凡八朔の前後大抵能き時分なり。

畦の廣さ四尺ばかりにして、横筋をきり、油糟、鰯、濃糞などを多く用ひて蒔き糞とし、灰糞に和してうゆるよし。牛馬の糞のよくかれ熟したるも、土和らぎて根よくふとる物なり。鼠土にて蒔きたる尚よし。九耕麻、十耕蘿蔔とて、麻畠はいか程も耕しこなす物なれども、是よりも大根畠は猶一入よく耕しこなし、こしらゆる物なり。麻地九遍耕せば、麻に葉なし。大根畠を十遍も耕せば、鬚少しもなしと云へり。

種子の分量の事、一段の畠に凡五六合を中分とすべし。但市町近くて小なを間引きうる所ならば多くも蒔くべし。さて二葉三葉の時より段々次第に間引きて、凡一歩の内に四、五十本ある程を中分とすべし。是一段の畠に一萬二三千ある積りなり。但大《ふと》きを望むものは猶うすく間引くべし。

又種ゆる法、深く耕し、牛馬糞を多く埋み、底も上も塊少しもなくこなしさらし休め置きて、まくべき十日も前に糞をうち千付け、かきこなしうるほひを得て畦作りし、蒔くべき時分、雨うるほひなくば、畦に水をそゝぎ、其水ひいるを待ちてかきこなし、がんぎにてもちらし蒔きにても、種子を灰か燒土などに合はせ蒔きたるもよし。又ちらし蒔きにしてよくかれたる馬糞をおほひ、其上より土を指の厚さほどおほひ置きて、苗二つ三葉の時より早りせば、水をそゝぎ、中うち時々してふとるに隨ひて間引き立て、草あらば抽きさり、小き時は小便に少し水をまぜてそゝぎ（葉にかくる事をいむ）、晴日は度々中を熊手にてかきあざり、下葉の赤く成りたるをかぎ去り、由斷なく手風を入れ、葉三四寸にものびたるより、水糞小便を見合せそゝぐべし。かくのごとくすれば、大かた蟲も付かぬものなり。若し蟲付きたらば苦參《くじん》を多くたゝき、水にいせ、かき灰を少し合せてしべ箒にて日中にうつべし。必ず蟲死ぬるものなり。又西國にてよしみ柴とも小林とも云ひ、三月白き花さく柴あり。上方にてはあせぼの木と云ふなり。此柴の葉をせんじてうつべし。又此柴をせんじ、牛馬などに虱のつきたるを洗ひても極めて妙なり。又人の手にじやくろと云ふ瘡《かさ》を生ず。此柴を煎じあらへば、蟲死していゆるものなり。

又云く、大根は正月より六月まで、毎月上旬に蒔きて六十日にしては根葉ともにさかへ、年中絶間なき物なり。たねの餘計をおさめ置きて次第に蒔くべし。取分き食物の助となるべし。夏大根は別に一種あり、種子を求め作るべし。

又大蘿蔔を作る法、地を深く掘り耕し、二三尺も底までなる程細かに度々こなし、糞をうちくさらしをきたるを大きなる棒のさきをとぎり、土中に打ちこむ事二尺餘り、ならびの間も一尺餘りにして筋を直ぐにし、凡四尺餘りの横筋に四本生立《そだ》つべし。右のつきうがちたる穴の中に、馬糞のよくかれたる細かなるを半分過ぎ入れ、其上より糞と土とを合せて少し高くなる程に埋み、たねの中にてふとく丸く色よきをゑらびて一穴に二三粒ひねり、上に灰を少しおほひ、をし付けて置くべし。生ひいでゝ後の手入右に同じ。但間引く時、中にて性のつよきすくやかにふとるべきを立てをき、其餘はぬき去るべし。旱りせば水をそゝぎ、度々水ごゑをもそゝぎ、小熊手にて廻りをかきさらへ、根に少しづゝ土をよせあか葉を取りのけ、段々手入をして霜月掘り取れば、其根其穴にみつる程に大きになる物なり。かくのごとくしたるは味もよのつねに勝れり。是土地餘計なき所にて作りて一入勝手よき法也。又山城にて大大根を作る其の太きは棒のごとく、長さ二三尺もありて、其重さ十斤に及ぶと云ふなり。又唐の書には其重さ二三十斤の物ありと見えたり。又大根を臘月正月の間四つに切りわり畦を作り、五六寸間を置きて深くうへ、糞養をつねのごとくすれば、莖ふとくさかへうるはしく盛りの時に劣らず。料理によき物としるべし。かぶ大根を芸ぎり間引く事、朝露又は雨ののちぬれたる時は手を觸るべからず。必ず葉に蟲を生ず。又蕪大根のたねにうなぎを干しをき、粉にしてまぶし蒔けば、蟲付く事なき物なり。同じく洗ひ汁にたねをひたし、又はゑの油に一夜漬けて灰に合せて蒔きたるは蟲を生ぜず。

干大根十月の末、いまだ寒氣の甚しからざる中にぬきて洗ひ、鬚を去り、二把をくゝり合せ、のきの下或は樹木の枝またにかけて干し、又は竹木をわたしかけて干すもよし。しゝびに干《ひ》たる時もみなやしもとのごとく干し、二三度かくのごとくして其後よく干《ひ》てそこねまじき時、ともに包み、濕氣なき所におさめ置き、折々出し干棚にて干してかびのねざる様にすべし。又は極めてよく干して壺に入れ、口を封じをき、梅雨前に取出し、少し干して前のごとく壺に入れをくべし。又よき程干《ひ》たる時、盤の上に置き、よこづちにてしか／＼と打ちておさめをくも中うつけずして味よし。打つ時頭の方より尾の方へ取り替し打つべし。甘汁尾まで行きわたりて中うつくる事なし。初め先づゝみやはらげ、其後うちたる猶よし。

又漬物にする事、糟に藏め、味噌に漬け、其外漬け樣色々ありて何れも賞翫し、家事を助くる益多き物なり。

又唐人は國によりて多く作りて、根葉ともに漬けをき、雪の中是のみ菜に用ひて朝晩のさいとなし、尤飢をも助くると書きたり。いか樣山野の菜蔬多き中に是に勝れる物少し。土地多き所にては必ず過分に作るべし。

一種小大根あり、野に生ず。正二月ほりて漬物とすべし。伊吹菜又ねづみ大根と云ふ。其根の末細く鼠の尾のごとし。近江伊吹山にあり。彼地の名物なり（又干大根の法、能き大根を寒中三十日の間木のゑだか或はなはを引き、それにかけ外にさらし置き、其後猶ほし納めをく事は前に同じ。はなはだ味よし）。

蕪《かぶら》菁《な》第二

蕪菁又は蔓菁《まんせい》とも又諸葛菜《しよかつさい》とも名付く。かぶらな是れなり。諸葛孔明の軍のさき〴〵しばしの在陣にても必ず地をゑらび、是を蒔かせられし故に、かくは名付くるなり。多くの德分ありて、大根におとらぬ菜なり。

うゆる地の事、若しは家の跡、かき、かべの崩れ跡などの古き土を好む物なり。其故床の下などの舊き土を用ひて蒔き、糞とする事よし。いか程も肥熟したる地を耕しこなし、塊少しもなき樣に委しくこしらゆる事、大根に同じ。大根は久しく地を晒し置きたるがよし。蕪菁は當時によくこなしてもくるしからず。灰糞を以て蒔くべし。種子おほひいかにもうすくすべし。蒔きたる上を鍬にて少しをし付くるか、足にてかるくふみたるもよし。つよくふむは大きにあしし。雨の後などしめりたる時は其まゝ置くべし。たねと土と思ひ合すべきためなり。うるほひつよくは蒔くべからず。生ひ出でゝは中うちすべからず。草あらばぬき去るべし。前に記すごとくたび／＼よくこなし置きて、七月末八月初蒔きたるよし。早く蒔きたるは根はふとしといへども、葉に蟲付きて根まで味よからず。但蟲のつかぬ所ならば少しは早く蒔くべし。根葉ともに見事なるを得んとならば、前方より地をよくこなし置き、細かに熟したるに、時分のうるほひを得て其まゝ蒔くべし。若し時分に雨なくば、畦に水をそゝぎて蒔くべし。少しのうるほひにて程なく生ふる物なり。

種子を收めをく事は大根と同じ。是もうへ付けはあしし。又多くうへて油にするも苦しからず。秋より苗地をよく肥し、苗をふとくして根莖もふとくつよきを冬になりて移しうゆれば、よくさかへ子多し。うへ付けにしたるは實り劣れり。但油をとるには油菜にしかず。都又は人家多き市町近き所などにて苗うへにし、手入をよくしぬれば冬春葉をかぎて販ぎ、又自分食物の助けとし、其餘りを春に至り手入れをすれば、子甚だ多くして麥を作りたるより利分勝るゝ事あり。

扨此かぶら菜の他の菜に勝れて功能の多き事を、何れの農書にも具にしるし置けり。第一は飢饉の時穀をまじへて煮て食しては甚だ益あり。他の菜は久しく食すれば菜色とて其人いたみ、色まで青くなる物なれども、此物はいか程多く久しく食しても病を生ぜず。人の色相替る事なし。殊に其味穀食に似て色も赤くうるはしきゆへとなり。まして穀を加へて食すれば凶年を助くる事はかりなしと、唐の書に甚だ譽めてしるし置けり。旱、洪水、蟲、風などの災も必ず秋以前の物なれば、若此等の凶年ならばつねにたねを多く貯へをき、應じ〳〵に力を盡し、多く是を蒔きてその難をのがるべし。

又唐土後漢の桓帝と云ふみかどの時、天下相續き大きに飢饉に及びしを天下に詔し、郡國の奉行に仰せて蕪菁を多く作らせられしにより、餓死のものなかりしとなり。さも有るべき事なり。されども民は愚かなる者なれば、我と其心付きありて其心遣する事まれなり。しかれば、各其領主たる人は凶年飢饉の兆見えば、心を用ひ、かく命ぜらるべき事にこそ。其上秋の末になりては麥の外は生長しがたきに、是はうへて頓《やが》てさかへ、はや間引菜の時より料理にもなり、用に立つ物なれば、長陣の時必ず其陣所に作れるも理りなり。

又菜園にうへて冬春葉をかき取り、くゝたちを折りて料理にし、漬物にして貧民の食物には無類なる物なり。すべて此類色々おほし。又天王寺かぶと云ふあり。根短くて青く、葉も青く柔かにして料理に取分けよく、干かぶにして名物なり。是をもつくるべし（又あふみ蕪とて京へ江州よりおほく出づるあり。極めて味よし）。

菘《うきな》　蕪菁に似て別なり　唐の書に何れも別に出せり　第三

うき菜と云ふ、京都にてはたけ菜と云ふ。田に蒔きて溝に水をしかけぬるを水菜と云ふ。近江の兵主菜《ひやうずな》、田舎にて京菜と云ふ。ほり入菜と訓ずるは誤なり。江戸菜は其根大根のごとく長し。其蒔きやううへ様共に蕪菁に同じ。其味蕪菁にまされり。菜の上品とす。其品類多しといへども、京都、近江、江戸にあるを尤よしとす。根大きなるあり。小きあり。薬中に甘草あるを服する人菘を食すべからずと云ふ。凡菘かぶらの類脯醤しらずして、大根と同じく地黄にいむと云ふ。あやまりなり。又菘の實の油をとりて刀劔にぬればさびず。

油《あぶら》菜《な》第四

油菜一名は蕓臺《うんだい》又胡《こ》菜《きい》と云ふ（其始だつたんより來るゆへに胡菜と云ふとなり）。其葉莖かぶらな、水なに同じ。能くこやしてもその根大きにはならず。又其味もおとれり。されども田圃に蒔きて榮へ安く、虫も食はず、子多し。油を搾るに利多きゆへ、農民多く作る。三月黄なる花をひらき、さながら廣き田野に黄なる絹をしけるがごとし。其實り麥に先立ちて熟し、跡の地早くあきて、藍其外夏物を作るに便よし。惣じて麥ばかり多く作りぬれば、刈り取る事一度につどひ、跡のこなしも一同に仕廻ひなりがたき考をなし、油菜を作るは一つの手立なり。右のゆへ、所により麥の三ケ一は油菜を種ゆる里もあり。是を作る法かぶらなに同じ。但秋より地をこしらへ糞して苗をしたて置き、十月の比《ころ》別の田畠に移し、種へたるはよくさかへて子多し。されども農人いとまなくして苗種へならざるは力なし。蒔付けにすべし。

しかれども苗うへの利多き事を考へしるべし。
かぶらな、水なも皆其子《み》に油あり。されども油菜の榮へ安くして子おほきにしかず。

芥《からし》第五

からし、此たねも色々あり。先づ青紫白の三色あり。又高ながらしとて莖甚だ高く、枝葉ことの外さかへ、葉の廣き事芭蕉のごとし。

うゆる法、八月苗地を度々打返し、能くこやし薄く蒔き、しげき所は間引きさり中をかきあざり、糞水を時々そゝぎ、苗四五寸ばかりの時肥地を畦作りし、横筋を切り、其間一尺許りに一本づゝうへ、濃糞をかけ、灰糞其外水糞など力の及び、いか程もそゝぐべし。冬春葉をかき淸く洗ひ乾し、水氣なくなりて後こもに包み、三四五日もむし、少々色付きたる時取出し、鹽漬にし食すべし。春月農家膳に用ひて魚味を助くべし。くゝたちを折取りて漬けたるは猶宜し。されども、子をおほくとらんとならば、くゝたちは折るべからず。四五月よく實りたる時、刈干してもみ取るべし。但すりがらしには葉のひろきはよからず。常に料理に用ゆるには葉せばく、其實紫と白きが實多くして味も辛し。藥種には白きを用ゆ。又二月芥菜をうへて葉をかき食し、五月諸菜皆かれたる時も是はよくさかへて菜の絶間を助くる故、人數多き家は取分け是と韮《にら》とをおほく作るべし。中にも芥菜は菜に用ゆるのみならず、料理の餘りは子も油となすべし。是兩樣の利潤あり。作るべし。

胡《にん》蘿《じ》蔔《ん》第六

にんじん、根の黄なるをゑらびて作るべし。白きは味も劣れり。

たねを取る事、春莖の立つ時中にて細きはぬき去り、ふとくして根の黄なるばかりを立てをき、花の付く時枝をも皆切りのけて、本莖ばかりの子を取るべし。

同じくうゆる地の事、大根に替はる事なし。いか程も細かにこなし、糞を多く打ちからし置き、うるほひを得て種を沙と灰とに合はせ、横筋を五六寸にきりて薄く蒔くべし。糞水をなる程多くそゝぎ、種子覆ひを指の厚さ程にして旱りせば、猶もさい〳〵水をそそぎ、草を取りさり、二三寸にもなりたる時は間引き立て、間を熊手にてかきあざり、段々間引きて後は五六寸に一本宛ある程に薄くすべし。薄き程根ふとし。よき程さかへたる時、上をしかとふみ付くべし。かくせざれば土和らかにうきて葉のみしげり、根却つてふとからず、ひげもありて中うつけ柔らかにして牙《は》脆からず。

種子を殘し置きて來三四月早く蒔きて手入を委しくしたるはよくいでき、根大きなり。にんじんは土地のつよくかはきてあらきを好まず。常に畦の中少しうるほひ有る事よし。いか程も薄く間引きて一本づゝのわきをほりて油糟を入るれば、大かたの大根ほどは太る物なり。是菜中の賞翫にて味性も上品の物なり。菜園にかくべからず。但にんじんは其種子を家におさめずとて、其地を前よりよくこしらへをき、子を取りて家に入れず、其まゝ蒔く物なり。

茄《なすび》第七

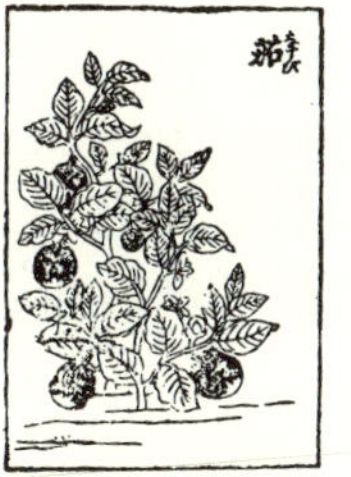

なすびに紫白青の三色あり。又丸きあり、長きあり、此内丸くして紫なるを作るべし。餘はおとれり。丸きは味甘く和らかにして肉實《みじつ》し、料理に用ひ能く、煮てもみだりにとけくだくる事なし。かうの物其外にも専ら是を用ゆべし。

又長き茄子にをそく老いて大きなるあり。是又よきたねなり。

種子を収め置く事、二番なりのうるはしきに札を付け置き、九月よく熟したるをわりて、子《み》を水にて洗ひ、沈みたるをゆり取り、其まゝよくさらし乾し、さら〳〵とする程よく干《ひ》たる時収め置くべし。又丸ながら庭の火たくあたりに埋み置きて春ほり出し、洗ひゆり取り灰に合せ蒔くもよし。是早く萌ゆるなり。又二つにわり、かづらなどにつらぬき、軒の下につりをきて、蒔く時ぬる湯にひたし、しばし有りて子を洗ひ取り、灰沙に合せ蒔くもよし。

苗地の事、冬より度々うち細かにこなしをきたるを、正月早くこゑをうち、よく〳〵こやし、細かにこなし、塊《つちくれ》少しもなくして畦作り、横三尺あまりにして正月雪きえて蒔くべし。所により二月の中を以て蒔きたるもよし。又一説に苗地をいかほどもよくこしらへ熟しをき、三月の初、雨を得て蒔きたるは二月蒔きたるにをとらず。却て早く生ずる物なり。或は成長の早きを望む者は、種子を灰と肥ゑたる細土に交ぜ、ゆるりの邊り火氣近くをき、又あたゝかなる日は、外の日にあて、家の内にて萌えたるを、世間漸く暖かになりて後、よく才覺して苗地にうつすべし。

さて苗地のこしらへは馬糞を埋み、こゑをうち、冬より晒し置きたるに何にてもやき草を用意し置き、寒氣も漸く退きたる比《ころ》・土のこがるゝ程やき、細かにかきならし、むらなく蒔きて灰糞と肥土とを合せ、種子おほひ指の厚さにしてかるく踐み付け、古むしろ古ごもにてもおほひ置き、晝間はおほひをのけ日にあて、泔《しろみづ》に小便を少し合せ、或は水糞を合せてわらのはゝきにて日中に小雨のふりかゝる樣に度々ふりかくれば、夕立のする心にて苗ほどなくふとりさかへ、時ならずうへしほとなる物なり。尤暖かなる肥地やしき内などの肥熟したるに移しうゆれば、四月に早くなる物なり。

さてうつしうゆる事、早麥を間を廣く蒔きて、中うちを細々しをきたるに一本づゝうゆべき所に穴の深さ五六寸程にほり、やき土を一盃入れ、其上より濃糞をかけをきて、さて苗のふとるにまかせてうつしうゆべし。尤燒ごゑなくば他の糞土にても入るべし。麥の中なるゆへ、うるほひなくても晝過よりうへて泔《しろみづ》を少しそゝぎをけば痛む事なし。茄は移しうゆる事、少しは遲くなるとも苗よくふとり、草のせいつよくなりてうへたるは早くあり付きてさかへやすき物なり。いまだちいさくよはき苗を、いそぎて早くうへたるはありつきおそき物なり。すべて苗を取りうゆるにうるほひある時、ほりくひにて根のきれぬ樣にほり取るべし。うるほひなくば、水をそゝぎてほり取るべし。手あらく引きとればいたみてありつきおそし。

又うゆる法、茄子をうゆる麥畦は麥を蒔く時より凡其間の能き程をはかりて、たてのならびは一尺二三寸、横の間は一筋は二尺ばかり、一筋は三尺餘にし、草を取り、糞をする時も廣き筋を通り、せばきはとをらずして培ふ事も廣きすぢばかりより土をかい上ぐれば、せばき筋の中は小溝と成りてうるほひをよくたもち、又は糞水をそゝぐにも此みぞよりながし入るればうるほひともなり、根の土廣く厚ければ、わき根よくはびこり、風雨の時たをれず、其上根に日風とをらず、旁以てよくさかへしげりて、實多くなる物なり（但茄子一つ二つなるまでは、少し土かいて根に糞だまりをくぼめ置き、水糞と小便をたび〳〵かくべし。小便は五日に一度ほどかくべし。凡なすび二ッ三ッもとる時分、草だち大きになりて後、右にいふごとくひろみぞの方よりおほく土かふべし。小便は秋までもかけたるがよし）。茄子たばこなど葉ひろくさかへ、上の重き物の類は何れも木の動く事を嫌ふゆへ、培ふ事を厚くし、少しは堅くすべし。

又麥をまかず、菜園などにうゆる事は、細雨の中か晴たる晩方、苗の土ぎはの所を紙にて卷きてうゆべし。日おほひはふきの葉、桐の葉、何にても少しおほひてよし。尤こもなどにておほふは上もなく宜し。覆ひよければ旱りにうゑてもいたまず。茄子は肥へ過ぎてあしき事なきゆへ、夏中は云ふに及ばず、秋に成りても糞水を五七日もをきてたび〳〵そゝぐべし。しかればますますさかへ實多し。

又云く、苗を移しうゆる時、立根の先を少しばかりきりたるは、わき根に力入りてよく有り付く物なり。又は立根の先長ければ、底のにが土に當りて痛みかるゝ事あり。いか樣長き立根あるをば少しばかりづゝ切りてうゆべし。

糞しを用ゆる事はくろきしん糞、少し出てよくあり付きたるを見て根のわきをかきくぼめ、鰯にても油糟にても入れて土をおほひ置き、ふとるに随つて段々多く入るべし。されども二色の糞の求めなりがたくば、わきを能き程ほり粉糞を入れ、其上に濃糞度々かくべし。又硫黄を粉にして根のわきに少し入るればよくなりてふとく、味も常にまされり。凡一本に豆粒ほど置くとあれども、薄き茶一服程も入るべし。甚だ験あるよし、農書に記せり。

茄子は小き時つよき雨にあへば、根の下の土をたゝき上げて、葉をけがせば痛む事あり。うゆる時大雨ならばうゆべからず。苗を種へて後根の廻りの土をきれいにをし付けて置くべし。切虫の用心ともなるべし。

又茄子を區《まち》うへする事は、冬の中うゆべき畠の中にはゞ二尺四方、ふかさ一尺四五寸に穴をほり、其中に牛馬糞其外何にてもこやしに成るべき物を半分も入れ、其上に土を一重かけ、其上より又濃糞を多く入れ、土をおほひ置きて、さて雪のふりつみたるを穴の所にかきあつめて上をふみ付けをき、春苗のふとるを待ちてうゆる事前のごとし。一區に三四本うゆれば、草立の高き事五六尺もありて、枝葉殊にさかへ、其實り勝れて大きにて甚だ多くなるなり。芋、瓜などもかくのごとくしてうゆる法あり。土地のすくなき所にて取分き用ひてよき法なり。雪をあつめをし付けてをく事は、一つには地中に陽氣をとぢこめをく心、二つには春夏まで地に潤ひ残りて、久しく有るゆへ、旱に痛まず、三つにはきり蟲なども死して地の氣新しくなるべし。雪を豊年のためしと云ひならはせり。雪必ずしも豊をなすにあらず、地の氣寒に凝《こ》りて外にもれず、しかる故春の陽氣發生する力つよくさかんにして、生物是によりてよくさかゆるとなり。

茄子の種子を畠にまき置きて、其まゝうへ付けにして、糞培の手入をすれば早くなるゆへ、人によりてする事あれども、惣じて苗にしてうゆる物はなすびにかぎらず、苗うへが必ずさかへやすく利分も勝れり。いかんとなれば、うへ付けにしたるは何と念を入れても種へ所の寸尺も違ひ、種付けのすぢ出入ありてよからず。其上草だち大小ありて手入をよくしても、後まで同じ大さに成りがたし。とかく苗を能く仕立て中にて勝れたるをゑり抜きて、大抵揃ひたるを種《う》ゆれば、則ち移し種《う》ゆる苗、其地かはり土地の新しく珍らしきを得て能く盛長し、大小もなくひとしく榮ゆるにはしかず。

瓜《うり》の類《るい》　第八

甜瓜《あまうり》　桊瓜《きいくわ》　越瓜《あさうり》　胡瓜《きうり》　冬瓜《とうぐわ》
西瓜《すいくわ》　南瓜《ぼうぶり》　絲瓜《へちま》　瓠瓜《ゆうがほ》

瓜に大小あり。小き物甘く大きなるは淡し。甜瓜、甘瓜と云ひ唐瓜といふ、夏月貴賤の賞翫する珍味たり。暑氣をさり、渇きをやめ、酒毒を解す。

種子を収め置く事はさかりの熟瓜の味勝れたるをあとさきを切さり、中程の實ばかりを取りて段々灰にまぜ、多くあつめをきて後、ゆかきに入れ、清く洗ひ粘り氣少しもなく成りたる時、浮きたるをさり、なる程よく干して布の袋か箱に入れ、おさめ置くべし。若し其まゝあとさきの種も共にうゆるか、本なり又は末なりのたねを用ゆれば、必ずたねがはりする物なれば、中なりの味よく形よきをもちゆべし。さきの方の子は瓜短し。本の方の子は口ゆがみ曲りて細し。

又種子を収むる法、瓜を食して勝れて甜《あま》きをゑらび、すりぬかにまぜて、日に干し晒して揉みて、ぬかと粃を簸去りておさめ置くもよし。

瓜を種ゆる地の事、黒土赤土黄色の少しは砂交りて光色ありて粘り氣すくなきがよし。さのみ肥へたるを好まず。土性よく、強く濕氣はなくして旱に水を引くに便りよきをゑらぶべし。土地肥へ和らかにしてふくやかなるはよくさかへ、ふとるといへども味よからず。瓜を作るべき地は前年に小豆を作りたるよし。其次は黍跡もよし。冬より耕し、雪霜にさらし幾度もうちこなし置くべし。

又瓜だねのわきに大豆を二三粒蒔きてをくべし。瓜の性はよはき物にて生じかぬるを、わきより大豆の性のつよき物が生ひ出づるにつれて生ふる故に、かくはする事也。但瓜生じて三四葉の時大豆をばつみさるべし。是又料理になる物なり。其まゝ置きたるは、後瓜のさまたげとなるなり。

さて根のわきを度々打ちこなし、心葉出づる時四五寸わきに手のはらほど少しながく穴をなし、但深さ二寸餘り其中へ濃糞のよく熟したるを一盃入れ干付け置き、其後やがて土をおほひ、又五七日も間を置きて右の所より五六寸も遠のけて穴を廣くし、糞を入れ、土を覆ふこと前の如くし、又其後も段々かくの如くすべし。凡そかやうに四方に穴をなし、先四度入るゝを中分とするなり。

又糞は二番までは桶糞を用ひ、其後は廻りを丸くほり廻し、油糟を入るべし。かくのごとくする事二三遍なれば、瓜の味勝れてよき物なり。惣じて糞を入るゝにはうへ物のわき根の先と、こゑの氣と五六日も過ぎて後、行き合ふ心得するものなり。急に根の上にかくれば、却て痛みくせ付く物なり。さきを留むる事は三葉四葉の時しんをつみさるべし、長くのばすべからず。さて葉の間より出づる枝を四方八方へ手くばりするなり。其蔓又四五葉の付きたる時、各さきを摘み去るべし。此度出づるつるになる瓜よし。もとの一番蔓にはよき瓜はならぬ物なり。枝ごとに二ッばかり瓜のなり花あるを見て、又さきを留むるもよし。とかく初め終り絲のごときつるの出づるを見て、其後梢をつみ去るべし。凡枝ごとに葉を付くる事、四つ五つには過ぐべからず。若し又なり花もなき細くよはきつる間に出づるをば土ぎはより切りて捨つべし。此つるにはたとひなり付きても用に立つべからず。其まゝ置けば是に精ぬけて残るつるまで妨ぐる物なり。惣じて瓜は一畾に一本づゝ立て置くべしといへども、畦の廣さと間の遠近によりて二本宛或は一畾は一本、一まちには二本をきたるもよし。大かたの畦にては二本の上は必ずをくべからず。蔓つよくしてうすきが枝ごとによくなる物なり。しげくもつれあひぬれば、いか程こやし手入れをしてもよき瓜ならぬ物なり。其上永雨旱りには早く痛む物なれば、つるのしげからず健やかにてなり付きたるは、瓜のなりよく、疵なく、十分熟し落つるなり。瓜の多くなる事を好みて、蔓數多く生立てをきたるは、必ずうるはしくなりのよき瓜はならぬ物なり。

又つるの手くばりをする時、小麥わらを下に敷くべし。四五尺ばかりのはゞの畦なれば、わらの本と本と、中にてつき合ふ様に敷きて、蔓のかたよらぬ様に八方に手をくばるべし。瓜づる其わらにまき付きて風の吹返へす事なく、又なりたる瓜にわらを敷きぬれば、土に付きたる所蟲の喰ふ事なく濕氣にそこぬる事もなし。

又瓜を作る法、田畠によらず、瓜によくあひたる地を吟味し見立てゝ、前の歳晩粟《おそあは》をまき、熟して刈り取り其かりかぶを一尺も長くして耕す事、順に一度逆に一度、とかく瓜の畦に作る時は、かり株上に出づる様に犂くべし。其後かきならし、平かに畦作りし、區を作りたねをうゆる事は右の如し。瓜つる粟のかぶに巻き付きて、是を力にして甚だ多くなる物也。粟のかぶの多き程、瓜の數も多くなるなり。其上風雨のあらき時もまとひ付きぬる故、さのみそこぬる事なし。惣じて瓜は風に蔓を吹返へされては殊の外痛みてならぬ物なり。假初にも蔓をうごかし、葉を返へすべからず。

中うちする事は花初めて咲くまではたび／＼打つべし。畦の中は云ふに及ばず、近き廻りにも草少しもなく取り去るべし。粟のかりかぶにかぎらず、小枝の多き柴のわか立などを多く切りて畦に敷きて土をかけ、つるをまきつかするもよくなる物なり。同じ事にても早粟は作るべからず。早粟の跡は地やせて作り物よからず。

又瓜を作る法、六月綠豆を蒔き、苗ながく成りたるを、八月犂きかやし腐らかし、十月又一遍すき返し、十月の末畦を廣く作り、大きなる丸盆ほどに深さ五六寸ばかりに穴をほり其土をのけ、なる程性のよき土を以て其穴を埋めならしふみ付け、大かた地とひとしくしてうるほひをもたせ置き、瓜たねと大豆と各十粒ばかり穴の中にばらりと蒔き、其上に糞を二三升土を少し加へ廣げ、其上にも又糞をうすくちらし少しふみ付け、雪の時いかほども多くかきおほひ高くして置き、春になりて草の萌え出づる時、瓜も葉莖を生ず。肥へさかゆる事、尋常の瓜にてはなし。尤寒中より土中に陽氣のやしなひつよく、雪にて蟲けらも死し、地の氣さかんなるゆへ、五月は早く瓜熟するものなり。

又冬より瓜たねを熱き牛糞に交ぜをき、凍らせて後取りあつめ、日かげの少し濕り氣の所におほひをして置き、正月地とけて瓜田を常のごとくこしらへ、二月早くうゆれば、甚だ肥へさかゆる物なり。

又東寺鳥羽にて瓜を作る法、たねを取りをく事右に同じ。うゆる時分の事、二月の中より十日ばかりを定むる時とするといへども、其年の寒暖又は霜の考へをして少しのさしひきはあるべし。畦作り横はゞ一間、溝一尺餘、横一間の内兩方の端に少しよせて竪筋をかき、麥を蒔き置き、中のあきたるところを冬より深く打返し、さらし、春に成りてよくこなし、三尺づゝ間を置きて、さし渡し五六寸に小まちを作り手にて少したゝき付け、わきの地よりは少し高く成りて水たまりなきはどにして、其小區の中にたねを十粒ばかりばらりと蒔き、其上に片手一盃ほど砂土をおほひ、生ひそろひて少しづゝ間引き、心葉二つ出るまで段々間引きて心葉ふとく成りてより、中にて性の強く大きなるを一本をきて殘りは皆ぬき捨つべし（右は上方にて上手の作る法也。よのつねの手入にては一くろに瓜二三本うゆべし*）。

頭註　又云く、東寺あたりの瓜うね、よこ一間ばかり、たてのならび一尺二三寸、あるいは、四五寸、一本づつ立てをく也。うゆるくろの所一二寸たかくするなり。

一番糞は四五寸わきに少しながく穴をなし、こき糞を一盃入れ、一日二日干し付け置き、よく乾たる時、上に少し土をかけをくなり。其後又一方に穴をなし、右のより廣く深く作り、薄きこゑを少し入れ、其上に油糟にても鰯の粉にても一合ほど入れをき、其後も又十日ばかりして、右より遠く穴をなし、前のごとくこゑを入るべし。ふとりはびこるに随ひて次第に遠のけて穴をなし、こゑをも次第に多く入るべし。かくのごとくして漸くさかへたる時、麥も刈しほに成るべし。麥をかりとりて麥かぶを打返し、塊をよくくだき、畦の上を少し中高く水はしりにならし置くなり。

さて末を留むる事、本蔓のさきを五つ六つ葉を置きて、小葉を二つばかりかけてつみ切るべし。其五六葉の間より、蔓出づるを左右に二筋三筋づゝ手くばりして餔はせをく。是を大手と云ふなり。又其枝の間よりひたと出づるを小手とは云ふなり。是を漸々手くばりして、畦惣様に餔はする也。節々に土ををくと云ふ傳もあれどもそれはあしし。さて又糞を段々四度まで入れても、未だ末葉色思はしからずば、今一度もよきこゑを入るべし。こやしにあきはなしといへども、餘りに肥へ過ぐれば雨の後急に旱りしたる時痛むものなり。其外色々くせも付くゆへ、八分に肥したるがよし。瓜作りの功者極めて上手ならでは、十分に肥す事は成り難しと知るべし。

小麥わらを多く下に敷かせ、手をとらせ、なりたる瓜をわらのうへにをきて細々うち返し、濕氣にそこねざる様にすべし。つよく旱りせば用水ある地ならば水をしかけ、溝半分ばかり夕方より入れをき、曉方に成りて水を落すべし。久しくためをけば瓜痛む物なり。凡そ種を下して百十日に當る比、初めておち瓜ある物なり。右三尺に一かぶ宛ぅゆれば、一段に八百區《くゑ》なり。一かぶによき瓜七つ八つ或は十ばかりもなるべし。多くならするは却つて悪し。一段の瓜數六七千あり。此價三百目是中分の年なり。此上は年によるべし。

瓜の蠅を追ひはらふ事はゝき、又手板を以てうちはらひうち殺し、又は鳥もちにて付けてとるもよし。つばなの穂を多くたばね、是にてはらへば取り付きてとびさる事ならざるを殺すもよし。又葉に蟲の付く事あり。朝露に灰を多く用ひて片手にては瓜づるを上げ、かた手にて灰をふりかくべし。畦中に灰をふれば瓜の糞にもなるべし。又瓜悉くなり付きたる時、瓜を一つをく程わらをわげて多く瓜田の畦中にちらし置き、なりたる瓜にしかすれば瓜に疵なく、又腐る事なし。上瓜は念を入れ、さい〳〵うち返し、日によく當つべし。日にあたらぬ下の方は味もうすき物也。瓜にかぎらず、惣じてなり物の日かげにて熟したるは味もあしく、人にも毒なり。

瓜田のふせぎに垣をゆひ廻し、さゝげをうへ、或は蜀黍をうへて利とすべし。

菜《つけ》瓜《うり》第九

其作りやう甘瓜に同じ。

越《あさ》瓜《うり》第十

越瓜又白瓜とも云ふ。京都にてはあさうりと云ふなり。あつ物にし、膾に加へ、あへ物にし、ほし瓜とし漬物とす。常の瓜より大にして、わかき内は色青く、後は色白く、肉あつく、皮うすく、食味に用ひて味よし。殊に常の菜瓜より早くうへ、先立ちてなる故料理にめづらし。地のこしらへ區作り、甘瓜に同じ。二月上旬、早く植へて四月取り、糟に漬け其外菜の絶間に出來て取り分け賞翫なり。色白き故是を古來白瓜と云ひならはせり。南向の暖かなる所をゑらびて、一しほ早く作るべし。

凡そ瓜の類に兩鼻ある物、人を殺すと醫書にみえたり。花の付きたる跡二つならびたるをば必ず食ふべからず。

黄《き》瓜《うり》第十一

黄瓜又の名は胡瓜《こくわ》、是下品の瓜にて賞翫ならずといへども、諸瓜に先立ちて早く出來るゆへ、いなかに多く作る物なり。都にはまれなり。

うへ様大かた菜園の廻りなど、多より地をこしらへをき、種子を下す事、正月晦日又は二月も三月も晦日にうへて土を少しおほひ、或は灰糞をおほひたるは猶よし。但きうりは早きを専にす

る物なれば、なるほど早くうゆべし。又所によりて多く作る事は甘瓜のごとく、畾うへにし、こやしをよくすれば、過分になるものなり。さきをとめ、手くばり其外甘瓜にかはる事なし。たねにおく物は中なりよし。本なりは子少し。うへておほくならず。

冬《とう》瓜《ぐわ》　第十二

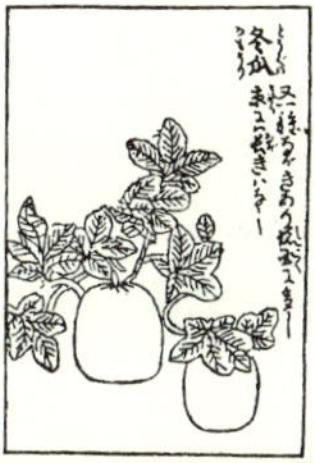

冬瓜うゆる法、灰に小便をうちしめし置きて、是を泥とかきまぜ、地に厚くしきはゞ二尺（ばかりに筋を切り間四五寸程に）一粒づゝ蒔き、たねの上にも、又右の灰ごゑを厚くおほひ、水をそゝぎ置きて、其後又水糞をそゝぐべし。乾く時は水をそゝぎたるよし。芽立ち灰をいたゞきて出づるを見て、灰をもみくだき、根のわきに覆ふべし。其後も糞水をそゝぎ、三月中旬苗ふとく成りて移しうゆべし。

うゆる地の事、畦のはゞ五尺ばかりに作り、又其間を四五尺をきて穴を作り、肥土を入れ置き、雨を見て一本づゝ土をつけてほり取りてうゆべし。灰糞を多く置き、水ごゑは度々そゝぐべし。さてつるながく出づるを棚をかき引上げをくべし。又地にはゝせたるもよし。是も柴などを立て手をとらすべし。凡黄瓜とかはる事なし。冬瓜はふとく成りたりとも、未だ白き粉を生ぜざるをばとるべからず。早くもぎたるはくさりやすし。霜下りてのち、よく熟して白粉のよく出でたるは、春まで置きても損ずる事なし。鹽味噌の類に漬け又は干瓢のごとくしても夕がほにをとらず。殊に性のよき物なり。又切干にするはうすく切りて、灰にまぜて干せば、日よはき時も早く干るなり。に物あへまぜ等に用ひて歯もろく味よし。

西《すい》瓜《くわ》 第十三

西瓜、水の多き物なる故、水瓜と云ふにはあらず。是もと西域より出たる物也。故に西瓜《てんぢく》の號あり。

うゆる法、甘瓜にかはる事なし。種子下す時分も大かた同じ。少し遲きも苦しからず。又苗をうへ置きて移しうゆるもよし。畦も區も甘瓜より廣くこやしもなる程多く用ゆべし。海藻ある所ならば是を多く入れたるがよし。區ごとに立てをく數も畦のひろきせばきにしたがひ、一本若しは二本も置くべし。多くはをくべからず。又子をば一本に二つ三つまでは置くべし。甚だ大なるを好まば一つをきたるにはしかず。わきのつるも花も皆々つみ切るべし。是は甘瓜のごとく先を留る事はなし。無用のつるの出づるをきりさるべし。其まゝ置けば瓜ふとからず。甘瓜の終りて後熟し、味よく暑氣をさまし、酒毒を解し、渇きをやめ、多く食しても人にたゝらず、いさぎよき食物なり。たねに色々あり。じやがたらと云ふあり。肉赤く味勝れたり。是を専ら作るべし。海邊ちかき南向

の肥へたる砂地を好む物にて、山中など取分け宜しからず。

大根を作る地の餘計なき所にては、西瓜をば斟酌すべし。甘瓜より地晩くあくゆへ、甘瓜の跡の早くあきて、大根を早く蒔き、其利の多きにしかず。西瓜は昔は日本になし。寛永の末初めて其種子來り、其後やうやく諸州にひろまる。

南《なん》瓜《くわ》　第十四

南瓜、是南方よりたね來る故、かく云ふなるべし。甘瓜、西瓜のごとく菓子になる物にはあらず。猪肉鶏鴨のあつ物、其外魚鳥と合せて煮て食し、料理色々あり。唐人甚だ賞す。西國にては賞翫する物なり。農書に陰地によしとあれど、日あて能き所よし。うへ様西瓜に替る事なし。區を廣く深くし、蒔き付けにも又苗うへもよし。取分き海邊汐風の當る南向の肥地砂地に宜し。鶏家鴨の糞など多く用ひてなる程肥し、草屋の上にはゝせ、又高き岸などに引上げ、或は棚をかき、冬瓜夕がほのごとくするもよし。柴など折しきて平地にははするもよし。根の廻り五三尺の間、いかにもよく肥やしてつるのゆくさき〱は芝原猶よし。土手などある所ならば是又宜し。或は屋敷の肥地に根を種へ、民の屋の上にはゝせ、又は前に云ふごときの空地屋敷の邊にあらばはゝすべし。勝れてつる長くはふ物なれば、よき畠には作りがたし。但やせ地に糞すくなくては盛長せず。又是もさきを留る事なし。深き肥へたる砂地に糞に

あかせて作りたるには、甚だふとき瓜一本に二三十もなる物なり。いか程もふとく外堅くすね、色あかく成りたる時取りて、下に竹のす又は蘆すゝきなどの簀をしき、日のあたらざるにはの内などにならべ置くか、又かづらにて痛まぬやうにからげ、屋の内につり置くもよし。冬まで久しく置きても損ぬる事なし。南瓜は西瓜よりは早く日本に來る。京都に植うる事は寛文の頃よりはじまれり。

絲《へち》瓜《ま》　第十五

絲瓜、わかき時は料理にして食す。同じく漬物にして極めてよき物なり。老いて皮厚く、堅くなりたるを干して其後水に漬け置けば、肉くさり上皮のきて、其筋あらき布のごとく成りたるをもみ洗ひ乾し置き、是にて器物をあらへばたとひぬりたる物にても引めも付かず、物のあかを能くとり、又湯手に用ひて甚だよし。うへ様雑瓜に同じ。垣にはゝせ、かや屋にはゝせたるよし。此瓜は痘《ほうそう》疹《はしか》の薬なり。其外にも功多し。

瓠《ひさご》　第十六

瓠、夕顔とも云ふ。丸き長き又短きもあり。又ひさくにするはつる付の方いかにも細長く、末の所丸し。長き方を柄にして水を汲み、手水のひさくにしておかしき物なり。唐の許由が木の枝

にかけしが、風に鳴りたるをむつかしといひし事、つれ〴〵草にも書きたり。則ち此物なり。又丸く大きなるは水を泳ぐに用ゆべし。炭取にし、或は器物とし、菜のたねなどを入れ置きてよし。又腰のほど細きは古より酒器に用ひ来れり。ひさごに苦きと甘きと二色あり。甘き物わかき時、色々料理に用ひ、干瓢にして賞翫なる物なり。

種ゆる法、肥地を深く耕し、區を作り、深さ廣さ各一尺ばかり、杵にて土をつきかため、うるほひの下にもれざる様にして、其中に肥へたる土を入れ、蚕のふん或は鷄家鴨の糞などを多く入れ、をし付け、水をかけ土と思ひ合せ、たねを四粒宛入れ、灰糞を以ておほひ、生ひ出でゝ後も力次第糞水を度々そゝぎ、つる長く成りてはなり花を見て先を留むべし。あやしき屋の上にはゝせ、或は棚をゆひて其上にまとはするもよし。地にはゝする時は瓜の下にわらなどをしかせ、折折上を下に取り返しをくべし。又手にてなでさすればながくはならずして厚く成るものなり。

三月うへて八月收むべし。器物にするはよく熟し、堅くなりたるを取りて、水濕なき地を四五尺も深くほり、わらかこもを土肌にしき隔て、下には尚厚くしき、瓢を其中に頭の方を下にしてならべ、土を二尺ばかりおほひ、廿日ほどして取り出せば、黄色に成りたるを口をきりあけ、さねを出しそれ〴〵の器物とすべし（口をひろくあくるは初よりくちをあけさねを去りたるよし）。

又甘き瓢の葉をわかき時よくゆびき料理に用ひてよし。古より詩に稱し、歌にも詠ぜられ、諸書に出でゝ見かけよりはやさしき物也。

又大瓢を作る法、穴を深さ廣さ各三尺ばかりに掘り、其中に糞と土とを等分にまぜ合せ、穴の中一盃に入れ、ふみ付け、底までしめりとをる程水を入れ、水のひいるを待ちて、たねを十粒ばかりばらりと蒔き、土糞をおほひ、生じて長さ二尺餘の時、十筋のつるを一つに取り合せて、土きは五六寸ばかりを布にて卷き、其上を苧《を》を以てまとひ、其上を泥を用ひて厚くぬりをけば、十日も過ぎずして卷きたる所、付き合ひてつる一筋に成るなり。其莖の中にてうるはしく、性の强きを一筋殘して餘は悉く切り去るべし。其後一つのつるを棚に引上ぐれば、やがて花咲き實を結ぶ。其内にて性のつよく難なくふとるべきを一つ二つ殘し、餘は枝をも皆々つみ去るべし。つるのさきをも長くはのばすべからず。但もとなりの一つ二つは、つる付きよはくて、ふとりて後あやふし。中なりのふとるべきを二つ殘し置くべし。もし旱せばたび〳〵水をそゝぎ、つねにうるほひを持たすべし。かくのごとくすれば、水の四五斗も入るふときが出來るものなり。十筋のみにかぎらず、二筋三筋にても右のごとくゆひ合せ、糞を多く用ゆれば、如形ふとし。又苗をうへをき三月移しうゆる事、冬瓜に同じ。

農業全書巻之四

菜之類

葱《き》　第一

和名きと云ふ。きは一字なる故後世にひともじと云ふ。わけぎ・かりぎ　ねぎなど云ふも本名きと云ふ故なり。

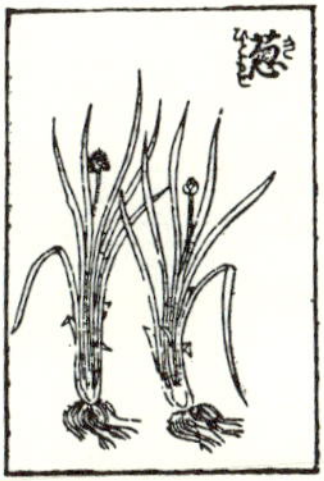

葱は冬を大葱《たいきう》と云ふ。春夏を小葱《きう》と云ふ。春夏葱は糞培手入れ次第に、いか程科《かぶ》の内を分け取りても、又もとのごとく數多くさかゆるゆへに、わけぎと名付くるなるべし。大葱はたねを取るべき分は、根のふかきを好まず。大かたに培ひよき程に肥しをき、三月よく實り、たねの黒き時取りてよく干し、もみて取るべし。二三日も莚などおほひ、少しむしをきて取出し、日に干してうちとるもよし。

苗地の事、旱にいたまざる物かげのしめり氣ありて少しひきめなる細沙地をよくこなし、糞をうち乾しさらしをきて、四月蒔くべき前猶も細かにこなし、塊ちりあくたなど少しもなくして、畦のはゞ三尺ばかり少し深くがんぎを切り、さて河の細沙と灰とに小便をうちさらし置きたるにたねを合せ、をよそ一畝の畠ならば、種三升ばかりの積りにて蒔くべし。がんぎは間をいかにもせばく切るべし。生ひそろひては小き熊手にて畦の高き所をかるくかきあざり、草少しもなくしをき、旱りせば水を畦の溝より夕方入れて曉は落すべし。水の便りなき所ならば、高さ一尺ばかりに棚をかき、莚にてもこもにても、又は蘆すゝきのすだれにてもおほひて日をふせぐべし。又四月たねをまく時、がんぎを深く切り、鹽氣のある沙糞などを下にしきてたねを蒔き、たなおほひ少し厚くし置きて、上よりもわらの灰をおほひ置きたるは、少しの旱にてはかれざる物なり。又四月たねをもみ取りてよく肥し、こしらへ置きたる苗地に其まゝ早く蒔きたるは早く根にも入りふとるゆへ、六月極熱の時分、上は少々痛めども、大かた根まで枯るゝ事はなき物なり。随分手をつくし、早く蒔きてつゆの中によき程さかへふとれば、大概のかはきたる地にても日おほひなくて苦しからず、又葱たねは蒔く時分うるほひなければ、生《をふ》りかぬる故、うるほひを見合せて蒔くべし。又蒔く時五穀を何にても炒《い》りてたねと少し合せてまけばよく生ゆる物なり。

同じく移しうゆる地の事、此類何れも細沙の肥深き地よし。ねばく堅き土に宜からず。地を深く耕し、糞を多くうち、極めて干晒し、數遍かきこなし、熟しをきて七月中旬、八月初めうるおひを得て苗を取りうゆべし。大葱はうへて後小便を度々そゝぐべし。鰯、人糞、或は粉糞の類みないむ。又はちりあくたなど少しも畦中へ入るべからず。凡て小便の外の糞を甚だいむ物なり。

畦のはゞ三尺五寸、四尺ばかりにしてがんぎを一尺餘りに極めて深く切り、苗の大小をゑりそろへ置き、四五本を一手にとりて一かぶとし、六七寸間《あひ》を置きて三尺五寸の畦ならば五かぶ程うゆべし。四韮《きう》三葱《きう》とて、韮は四本、葱は三本づゝといへども大葱は子さかざるゆへ三本は少し。又うゆる時がんぎの底に小便をうちたる灰を敷きてうゆれば、よくさかゆるなり。うへ付けてほどなく有り付くものなれば、能手にて間をかきあざり、草少しもなくすべし。有付きて後、五七日に一度小便を根にそゝぎ、折々間をかきやはらげては小便をかくべし。

白みの長く見事にて味のまさらん事を好まば、地深きよき畠をがんぎを一尺あまり深くほり、其間二尺餘りにして、能き苗をゑらび、一かぶに四五本かぶの間を六七寸ばかりにうへ、がんぎの底にて根に土を二三寸ばかりもかけ、よく有り付きて後、根に小便を少しそゝぎては土を一寸餘りかけ、又五六日過ぎて小便をかけて前のごとく土をかくべし。凡五六日に一度づゝかやうにし、十度も其上もかけて六七十日に餘りてはがんぎのみぞを皆うづみ、其後も猶根に小便をそゝぎ、少しづゝ土をよせ後にはねぶかの根、却つて次第に高くなる様にすべし（凡薗菜にかくる小便は久しく桶に入れをきて次第に久しきより用ゆべし）。念を入れ、かくのごとくし、ぜん〳〵に土をよせ、小便をかくれば勝れたる能き地にては白み、一尺四五寸程も有り、是を酢みそなどにて食すれば歯もろき事、雪のごとく口中にてぼろ〳〵と消え、味よく、何のにほひもなし。奇異の味比類なき賞味なり。但ほりて二時も過れば柔かになり、ぼろつきもすくなく、少しにほひも出るなり。間あらば早く日かげにいけ、水をそゝぎをくべし（此作り様は取分き肥へたる砂土よし。又濕氣あらば畦を高くしてつくるべし）。

又一法あり。がんぎの間を八寸斗りにして四五本を一かぶにしてうへ置き、糞し培ひ、手入をしをきたるが、十月の頃早白みもよき程出來たる時、間のがんぎ一すぢをぬき取りて料理にし、其土を兩方へ漸々に培へば白み甚だながし。初めうゆる時、餘り間遠にしたるは、土地多く費ゆるゆへ、此法を用ゆるも費なくしてよし。又一かぶに三四本づゝうへ、手入をよくすれば、甚だふとくなるを、正月の比になりて、皮をむきて心の白みばかりをゆがきて料理にしたるは、やはらかにして賞翫なり。とかく青みは料理によからず。根深と名付くるに心を付けて白みを長く作るべし。前に記す如く間もなく小便を根にかけて、いつとなくぜん〳〵に培へば、白みいか程も長く出來る物なり。凡葱の畦中はいかにもきれいに掃除しをくべし。

又大葱を春より秋まで其まゝをき、三四度かり取りて料理にし、小便泔をそゝぎ置けば、跡よりやがてわかく和らかなるが出づる物なり。中をかぢり、芸《くきぎ》り置きて秋に成りてはふかくうへて冬葱となすべし。唐人は度々かりて用ゆる事をのみ專らにして、根深に作り、白み長きを賞翫する事はなきと見えたり。唐書葱をうゆる法の所に白みを賞する事見えず。

わけぎ是に春と夏との二色あり。又かりぎとて細くして韮をかるごとく、度々かりて用ゆるものあり。

先春葱をうゆる事、是は三四月には葉は枯れてつぶだちたる根土中にあり。夫をほり出し、其中にて實りのよきを日に干し、よく干たる時、ふごなどに入れて火をたく上につり置き、七八月畦作りし、是もがんぎを少し深く切り、大葱よりは少ししげくうへ、糞水を幾度もそゝぎ、中うち芸《くきぎ》り、畦の中をきれいにしてをくべし。是をわけぎと名付くる事は、糞養手入によりて、段々いか程わけ取りても又もとよりもしげりさかゆる故なり。又秋うへて十月苗よくしげりさかへたるを、悉くほりおこし、一かぶを二つ三つにも見合せ、分けて畦作り右のごとくしてうへ、灰を多くかけ、糞水をさい〳〵そゝぎ、手入をよくして春段々分取るべし。正二三月の間、いか程分けとりても又々さかへしげる事かぎりなし。三月盡きて枯れて根に入るものなり。葉あかく成るを踐付けをきて、根よく入りたる時たねにとるべし。

夏わけぎもうゆる法前に同じ。灰糞を多く用ゆべし。是は春に成りて分けてうゆべし。四五月さかへて六月枯る。是根土中にありて春に成りて新葉靑く出でゝ夏さかゆ。春葱にくらぶれば細く味も劣れり。蕎麥切にいれては是にしく事なし。三月分けてうゆべし。

かりぎは韮のごとくうへ付けにして、年中かりとり灰小便をかけをくべし。夏葱よりなほ細し。

韮《にら》第二

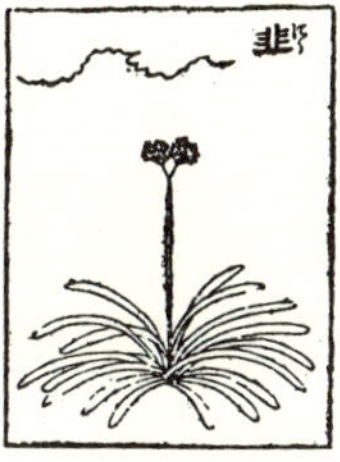

にらは古來名高き物にて賞翫なり。陽起草とて人を補ひ、溫むる性のよき菜なり。又一度うへをけば、幾年も其まゝをき付けにしてさかゆる故、怠り無性なる者のうゆべき物とて、懶人菜とも云ふなり。古かぶを分けてうへ、又は秋たねを取りをきて春苗としうゆるもよし。されども多くさかへしげる物なれば、たねをうゆるに及ばず、かぶをわけてうへたるが、しるしすみやかなり。三葱四韮とて、にらは四もとづゝ一かぶにしてうゆると也。うゆる時、灰ごゑにてうへ、九十月又わらの灰を以て二三寸もおほひ、其上に土を少しかけ置くべし。たねを二月蒔きて、九月わけてうへ、十月かくのごとくするなり。韮は上品の菜にて唐人は甚だ賞翫し、常の膳に多く用ゆるとみえたり。されば都近き所などは過分に作りて利を

得ると也。千畦の韮圃を作りて持ちたる者は、其人の分限千戸侯と同じとて、一郡もとる大名の富にかはらずと史記にもしるし置けり。畦の中を細々能手にてかき、古葉ちりあくた等、少しもなくきれいにして水糞をかけ、又時々熟糞或は鶏の糞を置けばよくさかへ、年中幾度ともなく刈りて、廿日ばかりにては、本のごとく長くしげる物なり。

又冬に成りて韮のかぶをおこし、屋のかげなどにならべ置き、馬屋ごゑにて培へば、其畯まりにてながくさかへ、風寒にもあはぬゆへ、其葉黄色にして和らかなり。是を韮黄《きうわう》と云ふとなり。つねのにらよりはすぐれて賞翫にてめづらしき菜なりとしるしをけり。又にらは少し深く筋をきりてうゆべし。根上にあがる性の物なれば、浅くうゆればかならず瘠するなり。又かぶをわけてうゆる時、古根のしやうがの如くなりたるを、かきてのくべし。其まゝうゆれば、是又やする物なり。又にらを久しくうへ付けにして置きたるは、變じて莧《ひゆ》となる。又葱も變じて韮となる事間多し。

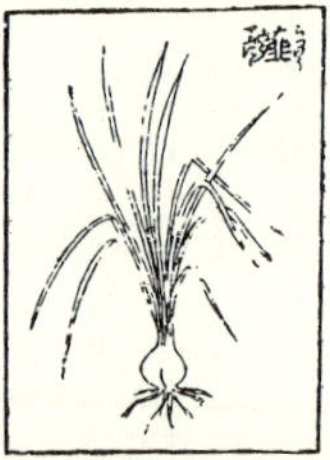

薤《らつけう》　第三

薤、是を火葱とも云ふ。味少し辛く、さのみ臭からず、功能ある物にて、人を補ひ温め、又は學問する人つねに是を食すれば、神に通じ魂魄を安ずる物なり。

うゆる地、白沙の軟かなる肥地を二三遍も耕しこなし、二三月分けて一科《かぶ》に四五本づゝうゆべし。さい〳〵中うちし、根の廻りをかきさらへ、畦中をきれいにしてをくべし。濕氣のつよきをにくむ物なり。是もわけぎのごとく分けてとるべし。根を鹽醬《みそ》に漬け置きて用ゆべし。又煮て食し、或は糟に漬け、醋に浸し、又少しゆびき醋と醬油に漬けたるは久しく損ぜず、味よき物なり。又は醋味噌にて食す。牙音《はおと》ありて氣味おもしろき物なり。たねを取りをく事も春葱と同じ。時珍が云く、八月に根をうへ、正月にわかちて肥地にうへ、五月に根をとるべし。

蒜《にんにく》　第四

にんにくに、たね大小あり。大きなるたねをゑらびて作るべし。

種ゆる地の事、良軟に宜しとて性よく肥へてやはらかなる地によし。白く和らかなる地にうゆれば、味甘く、根莖も太し。黒く堅きこはき土などにうへたるは辛くして瘠せて小し。

地のこしらへ三遍耕し細かにこなし、畦作りし小筋にがんぎを切り間を二三寸づゝをきて一粒づゝならべうへ、牛馬糞の久しくかれたるを多くおほひ培ひ、其上より水ごゑをそゝぎ、生ひ出でゝ後、草あればぬき去り中をかぢり、熊手にてかきあざりなどさい〳〵して、其度ごとに糞水をそゝぐべし。

うゆる時分の事、八月中旬九月初めまではよし。小蒜《きん》は少し早くうゆべし。

にんにくは農家にかくべからず。麥を刈る時分より後は漸く暑氣つよく、農人暑氣に中てらるる事あれば、先づ農事に出づるごとに毎朝少しづゝ食すべし。かくすれば其日は霍亂、其外暑氣におかさるゝ事なし。

又うゆる法、畦作りし、がんぎを深くきり、麥ぬかを底に敷きて、其上にたねを二三寸間を置きて並べうへ、糞水をかけ土をおほふべし。

又實をとりをきてうゆれば、其年は小蒜《きん》となる者なり。來年根ふとりたるをわりて、一粒づゝうへて、糞養をよくすれば、ふとさ拳のごとくにもなる者なり。葷菜《くんさい》の類に人糞を多く用ゆればにほひ少し。

又是を貴人風雅の人はいやしき菜にして用ゆる事なしと雖も、よく肥して和らかに牙《は》脆きは、生ながらも煮ても、凡下の食には殊に賞翫なり。取り分き鷄、しゝなどの料理になくて叶はざる物なり。唐人はそばを餅にして、にんにくを入れて煮て食ふと見えたり。食毒を解し、腫物にしきて灸をし、衂《はなぢ》血にはすりて足の裏にぬり、はな血止まば早く去るべし。又痔に數灸をしてよし。源氏物語箒木の巻にごくねちのさうやくをふくすとあるも蒜の事也。是暑を解する物なる故の詞なるべし。是熱藥にて樣々功能おほき物なり。人家かならず作るべし。

薑《はじかみ》 第五

しやうがは、すぐれたる上品の物なり。論語にも不撤《すてず》して食すとあり。史記にも廣くうへて其

利の過分なる事を載せたり。

うゆる地は細砂の肥地に宜し。深く耕し糞を多くうちて度々犂き返し、塊少しもなく、縱横四五遍もかき熟しをき、三月うゆる時又かきこなし、さて種子の疵なく芽の少し出んとするを分けて指三つのふとさ程を一かぶとし、がんぎを間一尺ばかりをきて深く切り、ならびの間五六寸にしてうへ、土を少しおほひ、其上より馬屋ごゑのよくかれ熟したるを四五寸もおほひ、少し培ひ置くべし。さて芽立ち少し出づると芸《くさぎ》り、中うちし、人糞油糟は云ふに及ばず、馬糞麥ぬかなどを厚くおほひ、中うち培ひ段々して後は高き所を溝のごとくし、萬手入れをよくすれば、利潤他の作り物の及ぶ物にあらず。されども旱りに痛み、又寒氣のつよき所、又は濕氣のつよきをばにくむゆへ、日あてのつよき所ならば、六月は日棚をかき、薦すゝきなどを葉ながらあみておほひ置くべし。濕氣つよくば畦を高くし、溝を深くして濕をもらすべし。ひでりに早くいたみ、又濕氣をも嫌ふ物なるゆへ、初めうゆる時しやうが畠はよく吟味し、日當つよからず、濕はもれやすく、沙がちなるによしと知るべし。

さて四五月芽立ち漸くさかへしげりて後、竹のへらにて根の一方を掘り、薑母をもぎ取り（四五月古根をもぎ取る事唐の書にあり。しかれどもこれははやかるべし。）鹽漬、醬《みそ》漬、糟にも藏し、又は乾姜《かんきやう》にこしらへ薬屋にうるもよし。扨七八月根薄あかく紅をぬりたるごとくなるを紫薑と云ふなり。此時料理によし。市町にも賣るべし。其後莖葉枯れいろになり、根によく肉いりて九月の末、十月の節に入る頃ほり取り、屋の內の暖かなる濕氣なき所に穴をほり、わらを合せて埋みをき、用にまかせてわきより手風の觸れざる樣にとるべし。又雪霜のをそくふる國にては、十月まで置きてほり取れば彌からくなる物なり。又ほり取りて穴には入れずして棚をかき、下にも廻りをもこもにてよくしとみ、其中へ生姜を入れ、下にぬか火ををきてふすべ、濕氣さりて、しとみたる口をよく塞ぎをくべし。尤畠よりほり取る時、土をよく去るべし。又生姜《しやうきやう》の時賣餘りたるを干姜にすべし。淨く洗ひ、ざつと湯煮してかき灰にまぜ、乾し上げて籠などにもりをきて藥屋にうるべし。生姜にてうりたるに價をとらぬ物なり。若し自分に用ゆるは灰を交るに及ばず。功能ある物にて、日用かくべからずといへども、秋姜を食すれば天年を損ずと醫書に見えたり。されども世俗なべて秋よく用ゆるものなり。但秋は用捨して多くは食すべからず。

惡《ご》實《ばう》第六

牛蒡は細軟砂の地に宜しとあり。山ごみの雜りたる細砂いか程も深く底まで一色にして、土性よく重くしてつまりたるをよしとす。八幡などの土ごゝろ是なり。畠を掘りうちにする事、深さ四五尺、糞をかくる事多きをよしとす。幾度もうち返し底まで塊少しもなくすべし。埋糞はわかき草木の枝葉又靑松葉を小枝ながら埋みたるは、牛蒡のにほひよく風味ある物なり。さて上を數遍かきならしうね作りし、横筋にても又ちらし蒔きにても

薄くむらなく蒔きてこゑをうち、土を覆ふ事五分ばかり、凡たねを一段に一升の積りにて蒔くを中分とする也。但きりむし多き畠ならば少しは多く蒔くべし。又種子おほひを灰にてし、其上に土をおほひ、上を鍬のひらにてたゝき付けをくべし。さて二葉より心葉出づるとひとしく、間引きてむらなくし、若し一つ穴より二本生ひたるをば早くぬき去り、一本宛にすべし。芸ぎり細《きい》々中をかきあざり、草少しもなくすべし。牛蒡は取分き草に痛む物なり。

さて糞は鰯のくさらかし、桶ごゑもよし。其外水糞にても始終たえ間なく用ゆべし。冬掘取るまでも糞を用ゆれば、味よく和らかにしてふとし。小き時は糞に痛むゆへ、葉に少しもかゝらぬ様にわきよりかくべし。又云く、牛蒡はうるほひを見て蒔くべし。若し雨なき時ならば、水をそそぎてうゆべし。さてほり取る事は、十二月までも置きたるが根よくふとるものなれど、寒氣つよき所か又は跡の地麥をまくか、急用あらば霜月早く掘るべし。

又牛蒡を作る上田にて、利の多き所はいふに及ばず、よく根入りてをそく掘り取るべし。

同じくいけ置く事、莖葉を其まゝ置きながら、大小長短をゑり分け、一尺廻り程にたばね、濕氣なき所に穴を深くほり、頭の方を上にして穴の中に竪にならべ、葉は外に見ゆる様に入れ、土をおほひをくべし。穴に水入れば損ずる物なり。自分の料理に用ゆるはたばねずして埋めをき、用にまかせて端よりぬき取るべし。いけたる上よりも肥へたる土をおほひ置けば、穴の中にてもやしなひとなりて、肥へて牙脆く味もよし。

又種子にするをばうへ付けにし置きて、春に成りて糞を少々かけ、虫付けば取去るべし。朝露に灰をふるひかけたるも虫ののく物なり。七月かれて子の色黑く成りて、かりとり、もみくだき、粃を簸去りて、箱か袋に入れをきて二月早く蒔くべし。是先づつねに定りたる蒔き時分なれども、冬より地ごしらへし置きて、正月早くまきたるは夏早根に入るゆへ、菜の絶間に出來てめづらし。されども早過ぎたるは間に木牛蒡に成りて味も思はしからぬ事もあれば、二三月蒔きて虫のいまだ地に生ぜぬさきに、生長する心得するも一つの手立なり。寒氣の和らかなる所は、冬より蒔くもよし。惣じて牛蒡はいつ蒔きても少々根の入らぬ事はなきものなり。

又牛蒡をうへをき、莖葉のわかきをきりて菜に用ゆる事韮のごとし。

又牛蒡大根𦬇などはいや地を嫌はず。却つて舊地をよしとす。毎年同じ所にうゆべし。

同じく種子を取りをく事、八幡牛蒡のたね、其外よきたねを求めて作るべし。よきたねは内に筋もなく、牙もろくにほひあり。味甘く和らかなり。又去年の古たねよし。當年の實は蒔きても生ぜず。たとひ生じてもこはくして料理にならず。たねにする物、冬掘り取りて大根のごとくうへをきたるもよし。其まゝうへ付け置きたるも苦しからず。

又甚だ太き牛蒡を作る事は、細沙の勝れたる肥地を掘打ちにする事、深さ五尺ばかり、埋糞を多くして一畝の畠を塊少しもなき樣にし、濃糞を二三十荷もうち、よく干し晒しをき、其役も又上下に幾度も打返し、細かにかきこなし、寒中さらし、正月に至り寒氣和らぎて上を平らかにかきならし、がんぎを一尺餘りに廣く切り、たねの中にて大きにてよく實りたるをゑりて、灰糞を以て蒔くべし。土をおほふ事四五分ばかり、うるほひを得ざれば生じかぬるゆへ、雨を見かけて蒔くべし。生ひて後ぜん／＼間引きて、一尺に一本ほどをきたるよし。其外手入替る事なし。是は取分けこやしをたび／＼多く用ゆるゆへ、葉甚だ肥へて根うつくる事あり。莖葉さかへんとするを、折々ふみ付けをくべし。根のわきを少しほりくぼめ、油かすを入れて土をおほひ置きたるは取分け和らかにして、にほひもよく牙もろし。うねの中に草少しもをくべからず（又一説には八幡の牛蒡のたねは越前より取來り用ゆと云ふ）。

菠《はう》薐《れん》草《さう》第七

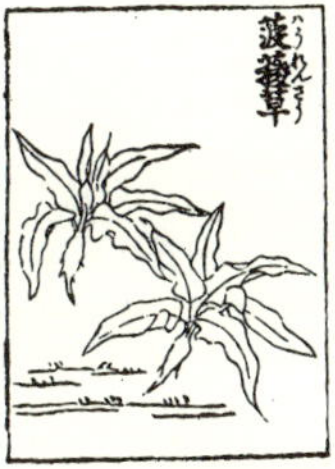

はうれん草は蒔きて月朔を過ぎざれば、生ひぬ物といひならはせり。然るゆへに月の廿日以後蒔けば、來月初早く生ふるなり（今心むるに月朔に種へて月半に生ふるなり）。蒔く時たねを土ともみ合せ、畦作りし、がんぎを少し深くして蒔くべし。八月早く蒔きて乾馬糞をおほひ、雪霜をふせぐべし。九、十月さい／＼水をそゝぎてうるほすべし（六月に地をよくこしらへ、こゑをうちからし置き、七月に蒔きたる殊によし）。又種ゆる法、七、八月の比まく時たねを水に浸し和らげ、取上げかはかし、灰に合せちらし蒔きにし、其上に糞水をそゝぎ、萌え出でゝ泔《しろみづ》をそゝぎ、苗長くなるを見てしきりに糞水をそゝげば、よくさかゆる物なり。冬春葉をかき取り、春の暮に成りては莖葉老いてこはき時切とり、熱湯に漬けやがてとりあげさらし乾し、菜園の皆々枯れたる時用ゆべし。又たねを殘しをきて、正二月まきたるも

よし。又七、八月苗をしをきてうるほひを得て、移しうへたるもよし。

莙《ふだん》薘《さう》　上方にては、たうちさとも云ふなり　第八

莙薘又の名は甜菜《かんさい》共云ふ。畦作り種子を蒔く事、大根と同じ。二月蒔きて四月苗のふとるに任せてうつしうゆるもよし。菜の絶間にあるゆへ、料理色々に用ゆべし。乾しても用ゆる物なり。又八月蒔きて十月苗ふとるを畦作りし、五六寸に一本づゝ種へ、糞水を頻りにそゝげば、甚だしげる物也。四季絶えずあるゆへに、不断草と名付くるなるべし。又本草には茎を灰にやき、あくにたれて衣を洗へば、其白き事玉の如しと記せり。

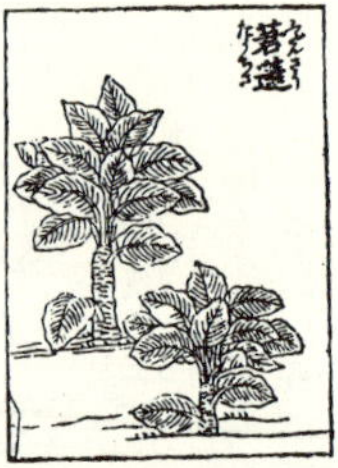

萵《ち》苣《さ》　第九

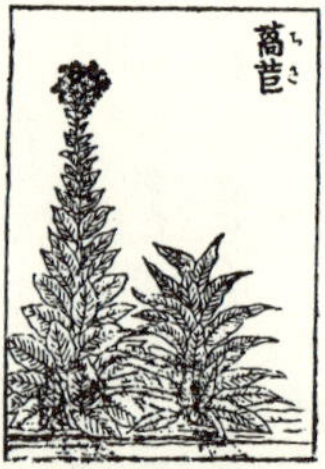

ちさ種々あり。葉の丸きあり、長きあり、長くとがりたるあり、緑色なるあり、うす黒きあり、紫もあり、中にて葉丸くひろく、たうをそく立ち、久しくさかへ、和らかにして味甘く、五六月まで葉のさかんなるあり。之を求めてうゆべし。是は六月にたねを取りをきて、八月早く蒔くべし。肥地をこしらへ置き、苗さかへたる時、畦作りし、よきほどにがんぎを切り、六七寸に一本づゝうゆべし。糞水を根のわきよりそゝぎ、泔水《しろみづ》小便を

二三日に一度づゝ少しあて、朝そゝぎたるはよくさかへ、やはらかにして、いか程かぎとりても盡くる事なし。苗ふとり次第、十月霜月正二月にかけうゆべし。されども年内うへて細根よく出であり付きたるは、春になりてよくさかへはる物なり。春になりてうへたるは葉しげからず。其さかへをとるものなり。

是も四季ともにたねを蒔きて苗を食し、いつもやはらかにして腹中をなめらかにし、色々料理に用ゆる物なり。又四月たうの立ちたるを折りて皮をさり、水に漬け、苦みをぬかし、酢に浸し、膾のつまにし、紫蘇漬などにして珍敷き物なり。種子を取るには花咲き實らむとする時、末を折かけて置くべし。其まゝ置きたるは粃多し。蚊花を吸ふ故に實り少し。梅雨の時分、外に有りて花房雨を受けて黒く朽るが故也。何れにても枯れぬ程に折り懸け置くべし。

蘘《みやう》荷《が》第十

みやうがは樹の下、其外日かげ陰地を好む物なり。二月に根を分けてうゆべし(一説に鐵をいむ、鍬にてほるべからずともいふ)。一度うへて年久しく其まゝ置きてさかゆる物なり。二月比草あらば取去り、糞土をおほひ置き、秋花を取り、十月上をふみ付け、莖葉を枯らし、ぬかあくたなど多くかけをけば、來年よくさかゆる也。又是に夏秋の二種あり。五六月根のわきより花を生じ、秋までも相つゞきて生ず。是を夏みやうがと云ふ。又

七八月花出づるを、秋みやうがと云ふなり。ともに料理によき物なり。夏を取分け作るべし。諸菜の絶間にありて賞翫なり。

みやうがは専ら樹木の下などに種へたるがよし。若しさやうの地なくば、つねの畠にうへ、其わきにかきをゆひ、上に棚をかまへ、薯蕷《やまのいも》、葡萄、其外何にても蔓のはひまとひて上をおほふ物の類を側にうゆれば、みやうがさかへ、兩様の利あり。

欵《ふ》冬《き》　第十一

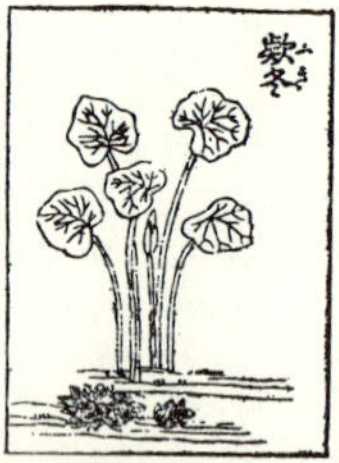

欵冬は旱をおそるゝ物にて、終日よく日の當る所に種ゆべからず。樹のかげの肥地其外陰地の深く肥へ和らかなるにうへ、さい〳〵泔をそゝぎ、或は酒の糟の汁をかくればよくさかへ、和らかにふとくなる物なり。尤水ごゑ、かれこれ多く用ゆるにしかず。九月に打返し、土を和らげ、改めうゆべし。又は熟地をかまへ、畦作りし、冬春早く分けてうへ糞水をしきりにそゝぎ、泔、糟の汁をかくれば、肥へたる陰地なれば甚だふとく長くなりて、市町近き所は是を賣りて利潤多き物なり。纔のせばき畠にても、他の菜のおよぶ事にあらず。又是に二色あり。莖のもと少し赤く筋おほく、皮厚く、少しかどたちて葉あらく、しはみてみゆるは料理によからず。今一種あかみなく、皮うすく、葉うすく、丸く、莖もかどらしからぬあり。是れ内にすぢもすくなく、和らかにして、味よし。えらびて作るべし。おほく作りては、

春錢ぶきの時、料理にめづらし。花は藥とし、みそとし、漬物とす。又一種つはと云ふて、ふきに似て秋黄なる花さくあり。茹《ゆび》きて食す。其味欵冬のごとし。諸毒を解す。尤魚毒をころす。河豚の毒に中りたるものつはをよくもみ、其汁を服すべし。甚だ驗あり。秋に至り、花もやさしき物なり（或は欵冬ふきにあらずと云ふ説あり。あやまり也。李時珍が食物本草につまびらかなり。欵冬のふきたる事うたがひなし）。

紫《し》蘇《そ》　第十二

しそは八九月たねを収め置きて、正月熟地に苗床を作りて灰沙に合せ、うすく蒔きてこゑを少しかけ、土を少しおほひをくべし。あつくば間引きて、莖短くふときを三月畦作りし、肥地ならば間を遠くうゆべし。廣く作りては、藥屋に賣るも利分あり。屋しき內菜園の端々、或は穀物は牛馬のさはる道ばたなど、肥へたる空地には少しうへても多くさかゆる物なり。少々糞水など用ゆるは猶よし。又是に二色あり。葉ちゞみて裏表なく色のこきをうゆべし。ちゞまずして葉のうら靑きは作るべからず。藥に入るゝにはなほ宜しからず。四五月葉をつみて梅漬其外醬《みそ》につけ、虀、ひやしる種々料理多し。生魚に加ふれば魚毒をころす。又藥に用ゆるには、梅雨のやみたる後、二三日過ぎて未だ極暑に至らざる時、朝とく葉をつみ、日に干すべし。暑にあへば、葉の色靑くなる。靑くならざる內に、早くつむべし。或は曰く、

六月梅熟の中にかりて半日日にほし、其後かげ干にし、ほし上げて俵に入れをき薬屋にうるべし。又葉よくさかへて是を取り、多くかさねまきわらにてゆひ、みそにつけたるは甚だよき物也。是も八新の一ッにて古きは用ひず。明る年の新しきが出來るまで用ゆる物なり。未だ實の房枯れざるを刈り取りて鹽漬にし、炙りてさかな茶うけなどによき物なり。紫蘇子を取るには猶よく實りて已におちんとする時刈り取り、下に莚かき紙などを敷きて干し、小竹にて打ちて實を取るべし。是又藥屋にうるべし、葉も實も氣を散じ、氣を下し性よき物なり。子は少いりてあへ物に加へてよき物なり。

白《ゑ》蘇《こ》　上方にてはゑごまと云ふ也　第十三

白蘇は子を取りて油にする物なり。雨具などを調へ、さし笠にひくも皆此油なり。其外用多し。燈油にして光よき物なり。是も白黒の二種あり。二色共に宜し。肥へたる細沙地取分けよし。すべて何土にても深く耕しこなしをき、苗四五寸の時、畦作りし、地の肥瘠を見合せ、がんぎを切り、一本づゝ種ゆる間七八寸、或は肥へたる地は一尺餘も隔て、少し深くうへ、糞は何にても有るにまかせて多くも用ゆべし。厚く培ひ、芸りなど大かたにしをきても少しも草痛みもせず、よくさかゆるものなり。是なほ牛馬のさはる物にあらず。畠の端道ばたなど、牛馬の喰ふ穀のふせぎとなるべき所にうゆべし。木かげ、物かげ、屋敷廻りの

他の作り物のかつてよからぬ所にも大形には出來、殊に旱なが雨にも痛まず。秋大風時分はいまだ花咲かずしてつぼみ、葉の間にあるゆへ、風損も大かたはなし。小鳥は少々付くといへども、他の鳥けだ物はそこなはず。大抵の地にてよく作り合せぬれば、雑穀等の利分の及ぶ物にあらず。作るに造作なくして、極めて勝手よき物なり。土地餘計ある所にては、多く作るべし。刈收むる事、時分の見合せ肝要なり。若し刈る時分過れば、忽に零落す。葉悉く黄になりて、本なりの子はやこぼれんとする時、朝露に刈り取り、下に莚を敷き、其上につみ置き、又上よりも莚などをおほひ、むして四五日して葉くさりたる時ふるひあげ、葉を落し、下にむしろをしき、照る日に一日二日干してうちとるべし。其後又干打つ事二三遍にして悉くおち盡くべし。唐人は此油にて餅をあげ、又和物のかうばしなどにもすると見えたり。凡五穀三草などの外の作り物には利潤是に及ぶ物すくなし。土地多き所にては廣く作るべし。若しおほく作りては、内に取込む事なり難きゆへ、胡麻の如く外にふきをき能く干たるを見て莚を敷きて打ちて取るべし。

罌《け》粟《し》　第十四

けしは花の白き一重なるが實多くかうばし。料理には是を用ゆる物なり。又花紅紫色々あり。是を米嚢花と云ひて、詩にも作れり。花殊に見事にて、菜園にうへて尤も愛すべき物なり。されども千葉の色あるは實少なく、子の色も雑色にて料理によからず。

蒔き時分の事、秋の半いか程も地を細かにこなし、中分に肥し、畦を平らかによくならし、八月半比蒔くべし。地を少したゝき付けて薄く蒔きたるがよし。たねを灰と沙に合せ、筋うへにても、ちらし蒔きにても各々心にまかすべし。種子おほひはするに及ばず。わらはゝきにてさら〳〵とたねのかたまらざる様にはきをくべし。生ひて後芸ぎり間引き、中を度々かきあざり、ふとるにしたがひて段々正月までまびきて菜に用ゆべし。又云く、

若しむら生ひせば蒔きつぐべし。小きをへらにてほりて移しうゆるも生ひ付く物なり。人糞など多く用ひて、餘り肥へ過ぐれば葉に虫付きて實らざる事もあり。冬中よき程に見合せ糞し培ひ、春雨の中たをれぬ程にすべし。肥へたる沙地におほく作りて利あるものなり（但花の咲くころ葉に虫の付く事おほきゆへ、よく心を付け、もしむしの付くべきならば、いたまぬやうに葉を切りさるべし。むしおほく出來ては葉をくひからし、後には實をもくひつくし、其むしなほも其ほとりのうへものに害をなす事、はなはだおほし。ゆだんなく葉をきりてさるべし）。

莧《ひゆ》　第十五

莧種々數多し。二月に種子を下し、三月の末うゆべし。其色青きあり、赤き紫又まだらなるあり。料理には青きを用ゆべし。味もよし。是葉菜の絶間に盛長しめづらしき物なり。七月以後は食するに宜しからず。種ゆる事は四五月園の廻りにうへ、又は茄子のわきにうへて同じくこゑを少し用ゆればよくさかへしげりて、味もよく和らかなり。赤き莧は霜にあひて色濃く愛すべし。

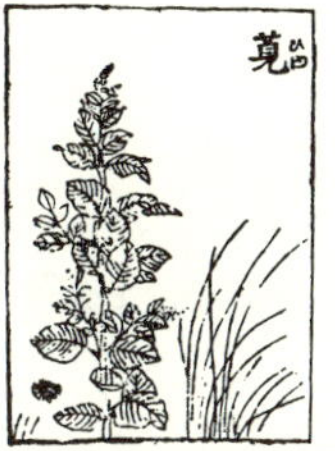

治す。茹《ゆび》きてあへ物さしみなどに用ゆべし。脾胃よはき人にはよろしからず。

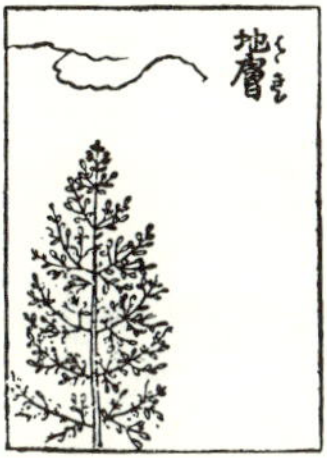

但此時は食味には用ひず。又瓜と莧と黿と同じく食すれば、甚だ病を生ず。おなじ時分に多き物なれば同食を愼むべし。

馬歯莧《すべりひゆ》とてあり。是莧の類にあらず。葉馬の歯のごとく、其性又莧に似たれば、馬歯莧と書けり。和名すべりひゆと云ふ意は、其性なめらかにして莧に似たるゆへなり。其葉をすりて腫物脛瘡にぬりてよく治す。茹《ゆび》きてあへ物さしみなどに用ゆべし。脾胃よはき人にはよろしからず。

地《はゝ》膚《きゝ》　はゝきくさ　第十六

はゝき草、葉を食にもし、あへ物あつ物種々料理に用ゆ。園に畦作しうゆるに及ばず。屋敷の内庭の端々能く肥へたる所、又は菜園の道ばたかきぎはなど物の妨げならぬ所を見合せうゆべし。大小二色あり。南蠻箒《なんばんはゝき》とて枝こまくしげきあり、又前々よりあり來る枝のあらく木のごとく、太く甚ださかゆるあり。二色ともにうゆべし。莖枝細くしげきはしなやかにしてよけれども、莖よはくして荒莚などをはくにはあしし。然るゆへに太きをもうへて共に用ゆべし。

切取る時分、少々見合せあり。わかく青き内はよはし。おひ過ればはしかくておれやすし。秋實りて葉あかくなりたらば早く切るべし。凡七月末より八月中比切りて、しばし外にさらして後取り入れをき、篩に用ゆべし。子は地膚子《ちふし》とて薬にも用ゆる物なり。子をとりたねにするは、九月の半霜のふるまでもをくべし。凡かやうの物、皆其出來の遲速によるものなり。時を定めがたし。

蒲《たん》公《ぽ》英《ぽ》　第十七

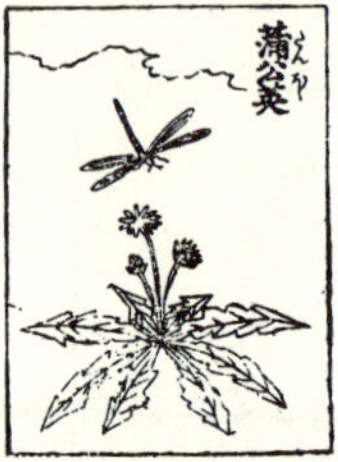

たんぽゝは秋苗を生じ、四月に花さく黄白の二種あり。花は菊に似てあいらしき物なり。夏種を取りをき正月蒔きて苗にして移しうゆるもよし。山野におのづから生ふるを苗にするもよし。味少し苦甘く料理に用ゆる時、葉をとりて茹き、ひたし物、あへ物、汁などに料理してよし。是を食すれば大用の祕結をよく治するなり。圃の廻り菜園の端々、多少によらずかならずうゆべし。食毒を解し氣を散じ、婦人の乳癰《にうよう》を治す。

茼《かうらい》《しゆん》蒿《ぎく》《ぎく》　第十八

倭俗かうらい菊と云ふ。又春菊とも云ふ。本草には八九月に種子をまき、冬春取り食ふ。莖肥へて味辛く甘し。四月に薹《こくたち》生じ、黄花あり。花はひとへなり。菊に似たり。其性平にして毒なし。心氣を安くし、脾胃を養ひ、痰を消し、腸胃を利すとあり。農業通決には二月にこふるとあり。是は春の食とせんためならん。苗の時ひたし物あへ物となして味よし。冬春たびく〲につくり用ゆべし。花も又見るにたへたり。

百《ゆ》合《り》 第十九

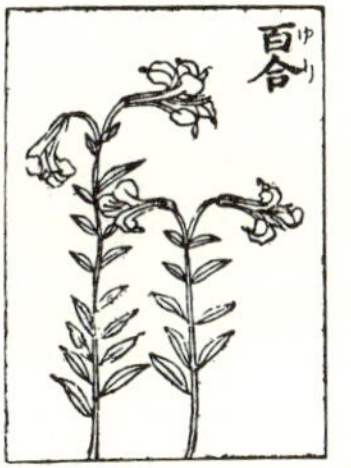

藥種にも用ゆる物なり。本草を考ふるに花白きを用ゆと見へたり。今の世に關東ゆり、薩摩ゆりなど云ふ類なり。又一種莖高くして葉の間に黒き子を生じ、五六月紅黄花を開く、花の上に黒胡麻をまきたるごとき黒點あり。是卷丹《おにゆり》なり。子を土に埋み置きて、零餘子《むかご》のごとく春種ゆべし。居家必用に云く、行をなして種へ、科《かぶ》ごとにこゑを置き、水をそゝぐべし。間五寸許にし後しげくは、別のうねに移すべし。三年の後大さ盃の如し。年々次第して種ゆべし。よくわきの草を去るべし。本草に百合新なるはむして食し、肉に和して又よし。乾きたるは粉にして餅となして食す。人に益あり。

ゆりの根を取用ゆるには外よりかき取りて、下の方を三ケ一も取殘してそれを種へこやし養へば、次の年は又大かた前のごとくなるなり。生ける物を皆殺さず、毎々か様に心を殘すは仁愛の物に及ぶ心なり。又子を年々種へ置けば、いか程も多くなる物なり。又ゆりの根を鹽湯にてゆびき、菓子に用ひてよし。吸物、にしめ物かれ是料理おほし。

百合は子をうへ、根をそだて、年々にこやして作れば、殊の外多くなる物なり。右に記すごとくかれこれ料理によく、其性もよき物にてことに作りでま入らず。其花も暑月に咲きてうるはしきものなり。民家にも必ずうゆべし。第一民の食を助けて飢饉をすくふ。又山林にしかかくれゆりと云ふ物あり。葉はいもの葉のごとく光ありてひろく長し。根は即ちつねのゆりのごとし。是又煮て食する事つねのゆりのごとし。

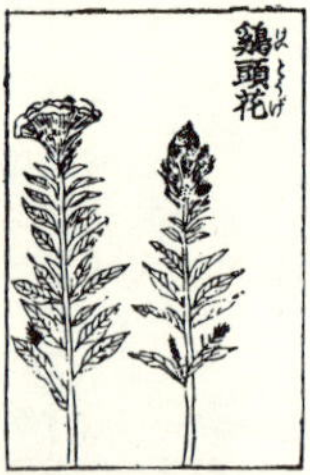

鷄《けい》頭《とう》花《げ》　第二十

肥地に宜し。手入れよくこやしぬれば、茎葉大きになり、茹きてあへ物、ひたし物とし、味よし。花さま〴〵見事なるあり。其味も莧には増れり。其性も能きものなり。

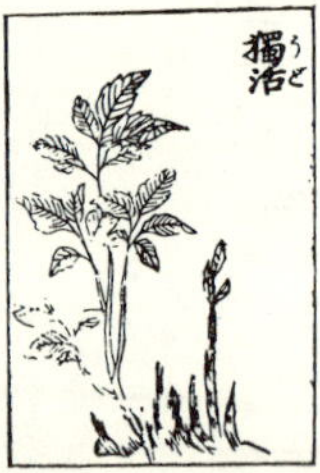

獨《う》活《ど》　第二十一

三四月芽立を生ず。貴賤あまねく賞味する物なり。里遠き山野に生ず。冬より土中なる芽を取りて食品とす。されど時ならざるを食ふは、よからぬ事にや。山野の空地多き所にては、地をひらきよくこなし、其根を取りわけて多くうゆべし。其地味よき所にては、甚だ早く榮へ、殊に味よし。貴賤皆このみ用ゆるものなれば、都近き所、又諸國の國都など、大邑ある近方にて、山野の餘地あらば、多く作り立てゝ市中に出すべし。

薺《なづな》　第二十二

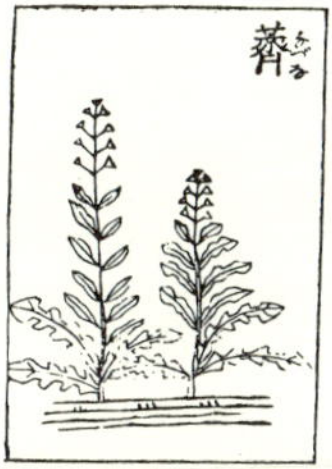

本草に、冬至の後苗を生ず、二三月に茎出でゝ、四月に子を結ぶとあり。是は種へずして、田畠の內、又道のほとりなどにもをのづから多く生ず。羹とし、あへ物、ひたし物に用ひてよし。東坡甚だ賞せし物也。種子を取り蒔きたるは殊更うるはしく味もよし。

藜《あかざ》　第二十三

本草に嫩《わか》き時食ふべし。老いてはその茎を杖となすべしと云へり。茹《ゆびきもの》とし、あへ物ひたし物によし。種へずして多き物なり。唐にてはあかざの羹貧なる者の專ら食とする事なり。日本にても肥土に生ひたるは大きにして、又輕きゆへ、老人の杖によきものなり。是下品の菜なるが、詩にも文にも作れり。

胡《こ》荽《すい》　第二十四

南蠻の語にこゑんとろと云ふ。食物等の惡臭をよく去るものなり。猪肉、鶏肉などの料理に加ゆれば、あしきかを消し、甚だ宜し。其子は痘疹の出でかぬるをよく發す。さまぐ\其用ゆる法

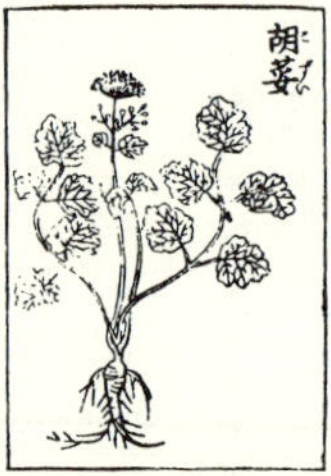

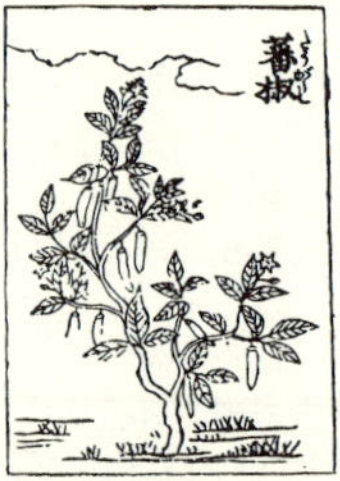

あり。痘疹の時けがれにふれてわづらふに、此實を酒に煎じ、病人の邊りのかべ帳などに吹きかくれば、能く穢を去る。又魚肉などの惡氣を殺す。不時に用ある物なり。必ず少し作るべし。

防《ばう》風《ふ》　第二十五

是は藥種の防風にてはなし。海濱の和らかなる白砂に生ず。其莖あかく、その葉も其香も防風に似たる物なり。莖を取りてわりて膾の具に用ひ、或は酢にひたして食ふ。甚だ其香よく味よし。實を取りて砂地の畠に種へて少し手入れすれば、よくさかゆるものなり。大邑に近き所は、多く實を蒔きて作り、市町に出すべし。

蕃《たう》椒《がらし》　第二十六

苗を種ゆる事、又地ごしらへの時分も皆茄子と同じ。苗長じて後移しうゆべし。其實赤きあり、紫色なるあり、黃なるあり、天に向ふあり、地にむかふあり、大あり、小あり、長き、短き、丸き、角なるあり、其品さま〲おほし。手入れよければ、一本にも多くなる物なり。盆にうへて雅玩《てあそび》をたすく、人家おほき大邑に近き所は多くつくりて賣るべし。其性つよきものなり。つかへたる食氣を消じ、氣の滯るを散じ、脾胃をくつろげ、魚肉などのあしき氣をけす物なり（其性本草にはなし。瀕生八牋時珍が食物本草などに見えたり。世俗は甚だ毒あるやうにいひ侍れども、時珍と張介賓が說にはさはみえず。叉是をくろやきにし、ゆにておりおり用ゆれば、年久しき下血を治するはなはだしるしあり。但其症にもよるべきか）。

農業全書巻之五

山野菜之類

芹《せり》第一

せりをうゆるは、根を取りて濕地に畦作りしうへ、常に水濕の絶えざるやうにすべし。地かはけばそだたず。又濕ある圃《はたけ》に作りてさかへ、肥たるは殊に甜《あま》く、牙脆く、口中取分き快し。澤などに生ゆるは、葉の間に蟲ありて、見えかぬるゆへ、若し蟲の子を食すれば毒なりと本草に記せり。取分け圃の濕地に、筋うへにしたるは刈りて食し、泥水をさい〳〵そゝげば、跡よりやがて生ず。味も見かけも、野澤に生ゆるには甚だ勝れり。朝鮮には、肥へたる田に多く作りをき、鎌にて刈り取り、常に菜に用ゆると云ふ。

野《みつ》蜀《ば》葵《ぜり》第二

三葉芹うへ様芹に同じ。水濕の邊り、樹下、かきのもと、其外陰濕の肥へたる所に畦作りしてうへたるは猶よし。草かじめ、手入を加ふれば一入さかへ、料理に用ひやはらかにして風味ある物也。膾、ひたし物、魚鳥の汁煮物などに加へてことに能きものなり。子よくなりて生へやすく、程なく多くなる物なり。

蓼《たで》　第三

たでは正二月水邊濕地にうゆべし。たね色々あり。常に水邊に生ずるも、又春のすゑ穂を出し、四季絶えずうるはしきも所によりてありと見えたり。莖葉ともにあかく、葉丸ながきは、和らかにして取分き辛し。又豐州彦山の名物とするは、葉ふとく、厚く、少ししはみて、莖葉青く、見かけ藍のごとし。和らかにして甚だ辛からず。秋になり大きなる穂を一所より十ばかりも出し、見事なり（彦山の衆徒大蓼と紫蘇をおほく作り、二色の葉をおほく取り、醤桶《みそ》の下にしき、なれて後、他の器物にわけ、客をもてなし、或は遠方にも送る。甚だ味よし）。

蓮《はちす》《はす》　第四

蓮は其葉を蕸《か》と云ふ。その花を菡《かん》と云ふ。其實を蓮《れん》と云ふ。其根を藕《ぐう》と云ふ。其外所により名皆別なり。水草の中にてならびなき物なり。其性の能も勝れ、花も實も蘂も上品の物なり。實と根は食とし、藥とし、其餘並に皆藥品也。花に赤白の二色あり。其香ひ人を感じ、君子のみさほ

によく似たりとて古人其徳を譽め置きたる靈草なり。又金蓮黄蓮など數種ありと唐の書に見えたり。

種ゆる法、蓮子八九月堅く黒くなりたる時取りて瓦石の上にて頭の方をすり、肉の大かた見ゆる程にしてねばき土をねりかため、蓮子を中に包み、太さを雉の卵ほどに丸め、少しながくし、すりたる方を平かにし、上の方を細くして乾し置き、泥中になげ入れば、頭の重く平らかなる方下に成りて沉《しづ》めば、水の底にて直になるゆへ、やがて根を生ず。蓮子の皮をすらずして沉めたるは、皮厚く堅き物なるゆへ、生じがたし。又實りたる時すぐに其まゝ泥の中にうゆれば、大かた生ず。根をうゆる事は本根に近き所の疵のなきを掘取り、鮒などのある池の泥の中にうゆべし。其年則ち花咲く物なり。二月半蓮根を三節もつゞけて長くほり取り、他の池に移しうゆる事は頭の方日向に成るやうにすべし。硫黄をあらく粉にして紙よりの中にまきこめ、蓮根の節を一重二重卷きて沈めうゆれば、其年かならず花咲く物なり。又蓮子のからを打ちくだき、皮をよく去り、白米のごとくして飯にして食すれば、氣力をまし、身をかるく、すくやかにする物なり。又根は渇きをやめ、血を散ず、飢をも助け、藥ともなり、料理色々にして賞翫の珍味なり。泥深き池水あらば、むなしくをくべからず。殊に鯉鮒のある池にうへをけば、水獺《かはをそ》おそれて付かぬ物なり。蓮おほき所にては實を取りて藥屋にうるべし。蓮肉は脾胃を補ひ、瀉をとめ、性のよき物なり。

白蓮と紅蓮と一所にうゆれば、白蓮きゆる物なり（但地による事にや、廣き池澤などに本より紅白交りたるもありと云ふ。然れども新儀に種ゆるには必ず紅白まじゆべからず)。

又近年は唐蓮多し。日本の蓮よりはよくさかへひろがり、花色々ありて見事なり。實をうへて生じやすし。但盆や鉢などに種へては、花甚だほそく愛すべし。廣き池にうゆれば、根早くひろがり花殊の外大きなり。根を取るにも、花を賞するにも、唐蓮をうゆるにしかず。

蓴《ぬなは》《じゆんさい》 第五

俗にも蓴菜と云ふ。池溝などに生ず。葉丸く少しながく、形蓮のごとくにして小し。其葉水の上にうかぶ。其莖氷のごとくなる物つき白くしていさぎよし。茹《ゆひきもの》となし、すみそにて食ふべし。又はすひ物、ひたし物とす。唐にては甚だこれを賞し、あつものにして食ふ。本草には醋を忌むとあれども、今の人なべてすみそにて食ふ事多し。又一種荇菜《あさざ》とてあり。蓴に似て同じからず。葉のきれこみありて少し大きなるは荇菜なり。葉のきれこみなくて小なるは蓴なり。蓴も荇も唐の詩文にもつゞれり。蓴は和歌にもおほくよめり。

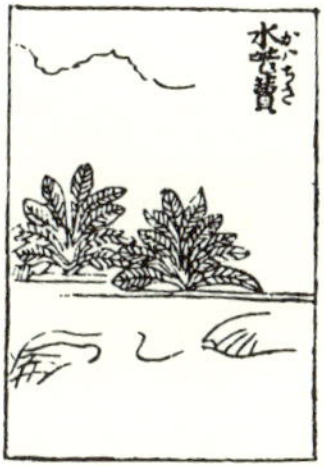

水《かは》苦《ち》蕒《さ》 第六

田間の水邊に多し。泥溝などの地によく生ず。子あり。自づから落ちて春生ず。生なるを醋みそにて食し、又はさしみ等のもり合せにもよし。是うへずして多き物なり。もし溝ばたなどの空地あらば、水近き所にうへたるは、よくさかへ味なほよし。

慈《くは》姑《い》第七

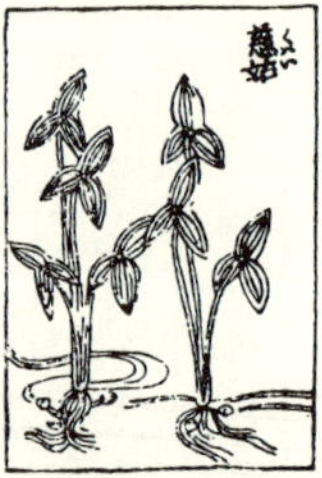

くはいは是泥中の珍物也。先づたねを收めをく事、來年作るべき分量をはかりて水を落せば則ち堅田となる所に別にうへをき、春移し植ゆる時分まで其田にをき、植ゆる時にいたりて掘取り、中にてふとく見事なるをゑらびてうゆべし。

植ゆる地の事、第一は稲は出來すぎてよからず、濁水など流れ入りて他の物は過ぎて實りなき所を上とす。もとより稲に宜しき田なりとも、地心其外利潤をはかりて所によりて作るべし。都或は國都などの大邑に遠き所にては過分には作るべからず。水濕絶えざる所の泥深く肥へたるに糞しをも多く用ひてうゆれば厚利ある物なり。

うゆる時分の事、三月初より四月初まではよし。耕しこなす事、稲田の如くくはしからずしても苦しからず。凡七八寸ほど間を置きて、一つ宛芽の方を上にしてうゆべし。

臘月に水田にうへをき、來年四月苗生じて稲をうゆるごとく種ゆべしと唐の書に記せり。

同じく糞を用ゆる事、稲の出來過ぐる地には入るゝに及ばず。稲によき程の地ならば五月の中に濃糞を一二遍もうつべし。若地の性つよく、和らぎかぬる所ならば、くさりたる草あくた其外土の和らぐ物を入るべし。但長ながらは入るべからず。すさのごとく切りてふるひかくべし。山草ほどろ猶よし。されど肥へ過ぎて茎葉甚ださかゆれば根の實り少し。中うち芸ぎる事も植へ付けては、なりがたき物なる故、うゆる前方こなし、草生へぬ樣にすべし。

さて掘取る事は九十月水をおとし乾してほり取るべし。若し水を落す事ならぬ田ならば廻りをせき、水をかへ乾しをき、一方に鍬にて一筋掘口をあけて手にて掘取るべし。鍬にてほれば、根に疵付き損ずる物なり。但一度に悉くほり取るべからず。市町にうるとても一度に過分には入らざるゆへ、度々におこすべし。清水にてきよく洗ひ、桶に水をため入れて外にをき、日おほひをし日風に當つべからず。夜は内に入るべし。又は泥ながら濕地にいけ置きて、用にまかせて洗ひたるもよし。掘取りて廿日ばかりは折々水をかけ置きても損ずる事なし。

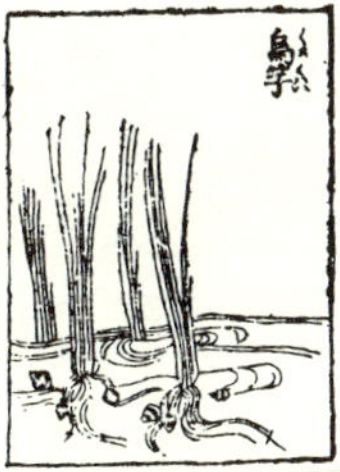

烏《くろ》芋《くはい》第八

烏芋、葧臍《ほつせい》、地栗《ちりつ》とも云ふ。農政全書に曰く、正月に種子をとる。芽を生ずる時、土がめ等に土をまぜて入れ置き二三月になり水田にうつし、扠芽さかへて後分ち植ゆべし。冬春ほり取りて菓子とし、生にても食ひ、煮ても食ふ。唐にては多く作りて凶年には粮《かて》とすると見えたり。津の國河内邊に多く作る物なり。

菌栭《くさびらきのこ》第九

くさびら、きのこの類是おほし。山林幽谷に立ちながら枯れ、又は倒れたる朽木などに自ら生ずる物なり。椎かしなどに生ずる物、人に毒せず、此外の木に生ずるは濫りに食ふべからず。又園に作るは、楮の木同じく葉の肥へたるを濕地の風の吹きすかさぬ所にうづみをき、常に米泔《しろみづ》をそゝぎうるほひを絶やすべからず。五七日過ぐれば必ず菌生へる物なり。又畠のうねの中に糞を多くふり、楮木を五七寸に切りうちくだき、菜をうゆるごとくにならべ置きて土をおほひ、水をそゝぎ長くうるほひを絶やさざれば、先づ初は小き菌生じ、漸々に大きなるが生ずる物なり。もと楮木なれば毒にならず。又椎の木の中まではいまだくちず。皮はありて、大かたくちたるを日かげの風の吹きすかさぬ所に横にねさせ置き、むしろこもをおほひ、上より泔水を頻りにかけ、しめり氣を絶やさずし置けば、椎蕈多く生ずる物なり。他の朽木にも蕈《たけ》は生ゆる物なれど、木の性によりて毒なり。五木と椎櫃は毒なし。桑槐楡《ゑんじゆにれ》柳楮五木是なり。此外榎木に生ずるは常に用ゆべし。

又楮の古かぶに成りて、わか立ち出でぬあり。是を切りて肥地に埋みをけば菌多く生ず。泔水などかけをくべし。久しき楮畠に多きものなり。

甘露子《かんろし》　第十

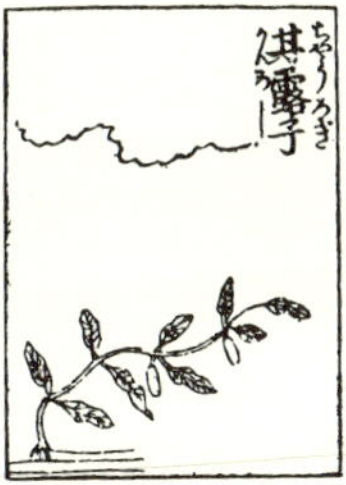

甘露子又草石蠶《きうせきさん》とも地瓜兒《ちくわじ》とも云ふ。今俗に、てうろぎと云ふ物なり。苗の時四五寸長じて後は莖ながくつるのごとし。かどありて節ごとに葉向ひ合ひて生じ、薄紫の小花をひらく。其節々より土に根ざし、かいこのごとくなる白き根多く生ず。玉をつらぬきたるごとくつゞきて、白くすきとほりてきれいなる物なり。味甘く、煮て茶うけくわしにもなり、あへ物、吸物其外に物などに入れ、料理色色あり。めづらしき物なり。殊に多く作りては飢をも助くるものなり（多くひろがる物にて、根も多く出來るなり。唐の地にては多く作り、飢を助くると記せり）。

種ゆる地の事、圃の少し日かげの所を畦作りし、夏月に麥ぬかを多く覆ひて糞とす。一尺餘り間を置きてうゆべし。芸り培ひ廻りをも草なき樣にきれいにし、又上より麥糠を覆ひをけばかぎりなくさかへて、纔なる圃の端にうへても其根たくさんにいでくる物なり。淨く洗ひかはかして蜜に漬け、醬《みそ》に藏して甚だよき物なり。土地廣き所にては多く作りて飢を助くべし。陰地の肥へたるによし。木かげなどにも種ゆべし。やせ地かはきたる地によからず。

小薊《あさみ》　第十一

あざみ色々あり。菜にし食するには萵苣《ちさ》の葉に似て廣く、刺なくやはらかにして、菜園に作る物あり。苗の時、又はわかき時、葉をかぎ茹《ゆび》きてあつ物、あへ物、ひたし物などに用ゆべし。精をやしなひ、久しき血をやぶり、新しき血をまし、其性よき物なり。作様ちさに同じ。菜園の端々などに作るべし。

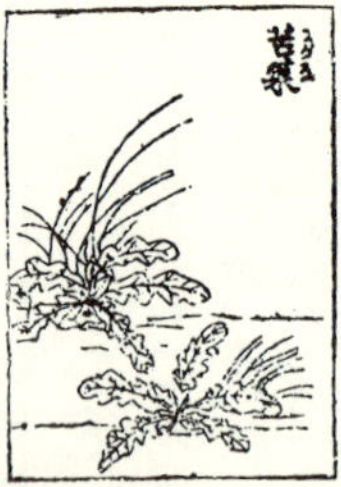

苦《にが》菜《な》　第十二

にがな、一名は荼《ど》と云ひて古より名ある菜なり。凡味も蒲公英に類せる物なり。悪瘡、血淋又は目を明らかにす。此外さま〲功能多し。菜園の端々に少々作るべし。作り様たんぽゝにかはる事なし。

蕨《わらび》　第十三

蕨、紫蕨《ぜんまい》、薇《いのて》、是皆山中に生じ田圃に作る物にあらず。此ゆへに委しく記さず。蕨は生にては性あしく味もよからず。鹽づけよし。ほしたるは出羽の秋田より出づる物、柔にして味よし。ぜんまいも食様は右に同じ。加賀より出づる味尤もよし。倭俗に今狗《く》脊《せき》と書くは非なり。狗脊は唐より來る藥なり。紫蕨は本草蕨の集解に出でたり。茹き干して種々料理によし。薇は深山幽谷に生ず。味甚だにがく、蕨より大なり。朱子詩傳又莊子にも出でたり。本草綱目に記せる薇は是にあらず。

土筆《つくし》　黄花《たびら》菜《こ》　鼠麹《はゝこ》草《くさ》　第十四

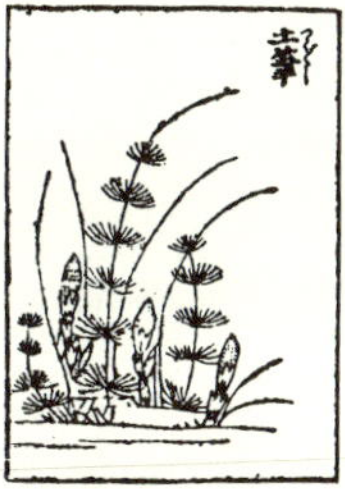

是又田畠其外道ばたなどにも生ず。民家に作る物にあらず。土筆はあまねく世人料理に用ゆ。黄花菜は、春民家に食とす。味よき物なり。鼠麹草は田畠の少し濕ある地に生ず。二月に苗生ず。莖葉やはらかなり。葉長き事一寸ばかり、白毛あり。黄なる花開き、穗をなす。其の葉を摘みとりて粉に和し、餅となし食ふ。三月三日の草餅は此草にて製するなり。文德實錄に見えたり。いつの程よりか艾葉《よもぎ》にて製する事となれり。本草を考ふるに、此草の性甚だよし。荊楚歲時記に曰く、三月三日鼠《そ》麹汁《きくじう》を取りて蜜に和して粉とす。龍吉料《りうきつはん》と云ひて時氣を壓すとしるせり。三月草餅に作るは時氣をゝすゆへなり。又茸母《じやうぼ》と云ふ。宋徽宗帝の詩にも作れり。

芋《いも》　第十五

いものたね色々限りなく多き物なり。委しくゑらびて能きを作るべし。子も魁《かしら》もふとく、多くさかへて白く味よく、丸きが芋の上々なり。つるの子栗いも等、これよきたねなり。赤いも大いもなど云ふもあり。

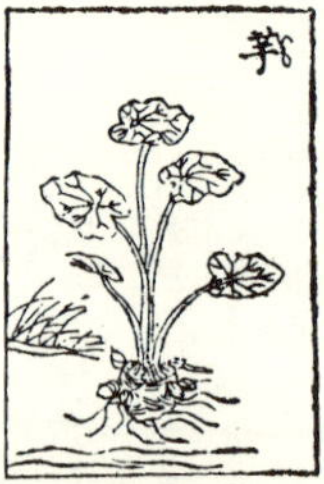

芋は軟白砂に宜しとて、ごみ砂などいかにも和らかなる深き肥地の終日は日のあたらぬ所、或は河の邊り、其外少し水氣の濕氣はもれやすき所を好みて、高くかはきたる薄き地などはすべてよからず。又地はいか程も深きを好む物なれども、種ゆる事はさのみ深くはうゆべからず。ふかさ二三寸にして、上より牛馬糞あくた枯草など何にても地のふくやぎ和らぐ物を多くおほひ培へば、子多くさきて大きなる物なり。

山谷など地厚く、和らかなる所に若き草を多く切り埋みて、其上に土を置き、たねをうへ、上よりもおほひ培へば、甚ださかゆるなり。芋は屋敷廻り肥へ熟したるに右のごとく手入れを委しくして作らば、過分の利あるべき物なれども、鍋釜を洗ひ取りあつかふ音のきこゆる所にては、子さかぬ物なりと云ひならはせり。

凡芋をうゆる地に麥を作らば、其畦をこしらゆる事、芋をうゆる心得あるべし。種ゆる時分の事、三月麥の中に溝をさしはさみて、ぐの目に穴をつき、一つ宛入れて土をおほひ、麥を刈り取りて後、芋の苗四五寸も長くのびたる時、麥かぶをうち返し、細々中うちし根の廻り和らぎくつろぎあるやうにし、前に云ふごとく糞をいか程も多くをき桶糞をわきよりかけ、度々培ひ、高き所後には却つて深くなるごとくすべし。尤草少しもなき様に芸り置き、さてふとりさかへわきに多く子出來て、其わきより出づるめをゆだんなく土ぎはより切りて厚く培ひ、段々秋の末までかくのごとくにし、終りには莖を悉く土際より切りて培ひをけば、其氣わきにもれず、本にかへりて根よく入るもの也。霜ふりて掘り取り収めをくべし。

又芋を區うへする法、畦を廣く作り、其中に穴を二尺四方深さも二尺ばかりにして區と區との間も二尺程をきて、その穴の中に豆がらをもみくだき、穴半分入れ、其上に濃糞を土と合せ、少し高くなる程入れ、いか程もふとくうるはしく、疵なき芋の子を四方に一つづゝ中にも一つうへ、其上に又糞を土と合せ用ひておほふべし。芸《くさぎ》り培ひ、茎をきるに至るまで、常の作りやうに同じ。秋になりて掘取る時、豆がら腐りつぶれて其穴の中皆芋の子となるものなり。

惣じて厚利を得る事は芋のみに限らず。萬の作り物多くは間を遠くうへて十分に糞し、手入を盡すにあらざれば過分の利を得る事難し。凡て土地の力と人の力と、ともに盡さゞれば利潤なしとしるべし。

物ごと土地の相應をよく見分る事肝要なり。其中に芋は土地の見立一しほ大事也。右に云ふごとく和らかなる細砂、山ごみ、日のつよく當らぬ所、少ししめり氣はありて濕はもれやすく、地深くしてしかも土の性よきは、是芋にあひたる地心なり。又かはきて終日つよく日當り堅くてねばきうすき地、水濕の滯る地をば忌むものなり。かやうの所は手入れを盡しても必ず利なき物なり。又云く、芋は菜の中にて取分け穀を助くる物なり。農人尤かくべからずと農書にしるし置けり。なべての作り物はいか程手入れを盡しても年の豊凶によりて手を空しくする事あれども、芋は必ず地にあひぬれば、人の力次第にていづれの災をものがれ、凶年しらずの物なり。殊に穀の不足を助け、飢饉を救ひてならびなき物なり。土地の餘分ある所にては農家多く作りて、穀物のたすけとなすべし。

又冬中鹽を入れ煮て食すれば、人に藥なり。病を發せずと云へり。

同じく、種子をおさめ置く事、うるはしく、丸長く疵なきをゑり、屋の南うけの軒の下に穴を掘り、すりぬかを多くしき、芋を入れ、雨のもらざる様にわらにて厚くおほひ置き、極月正月の間、折々おほひをのけ、若し損じたるあらばゑり出し捨つべし。さて二月の末三月の間に取出し、少し日にあて、肥地に埋み置き、芽立ち出でゝ二つ三つ葉になる時、水に近き肥へ和らかなる地に移しうゆべし。是唐の書にも見えたり。

又芋をうゆる事、筋を直に間を廣く根に培ひて、其溝深く馬のとほるばかりにして風をすかすべし。河の底の泥、又は灰糞わらあくたなどの朽ちたるを以て、いか程も多く培ふべし。若し又旱せば、水をそゝぎ、草あらば中うちし芸り、わきに出づる葉をもぎとりて廻りをひろくゆるやかに土を多くよせをけば、根ふとく子多し。芋の中うちは、朝とく露のいまだかはかぬ先、又は雨の後に芋の痛まざる程、根のわき間をのけて深くうちてをくべし。草かじめも日中には手を觸るべからず。

又山城の鳥羽にて瓜田の間に芋をうゆる事は畦のはゞ一間ばかりもあり、中一通りは瓜をうへ、瓜區の四方に芋を一かぶづゝ生立《そだ》てをき、瓜を取り終りて中うちし、糞を入れ培ひ、其外手入れつねの芋畑と同じ。鳥羽の瓜畠は大かた田なるゆへ、旱に痛む事なく、瓜づるのある間は其かげにて日に痛まず。瓜の區數凡一段に八百あり。是に四倍ある程に芋のかぶ數三千二百なり。一かぶに芋の子一升程ありと云ふ。過分の利なり。同じく茎をかきとる事、長く榮へわきに一二本もたをるゝを、段々切取りてかげぼしにする事常のごとし。又芋は取分けいや地を嫌ふ物なり。一二年もへだて地をかへて作るべし。そばといもとは農人かならずかくべからずといふ事は蕎麥の條下にしるせり。

又一種蓮芋とてあり。茎葉白きゆへ、白芋とも云ふなり。手入れを能くし、夏秋葉くき大きになりたるを段々に取り用ゆべし。茎の中すきとをりて蓮のくきのごとくなるゆへ、蓮芋と云ふ。其茎脆くして味ゑぐからず。鱠《なます》に用ひ、又皮を去り干しても用ゆ。種々料理しすぐれて食味をたすけ、益多き物なり。農家多く作るは市中に出し賣るべし。

作る法、屋敷の内肥へたる所に熟したる馬糞、其外よきこゑ土など多く埋糞にし、其上にうゆべし。葉のびて後、薄きこゑ又屋敷の内下水の泥水など度々そゝぐべし。此芋は根すくなき故、皆うへ付けにをくなり。春に至りわきより子出でたらば、よき程ふとりて後わけて種ゆべし。日用の助となる菜なれば、心を用ひて家々に作るべし。但つよく寒に痛む物なり。多く作るには十月の末よりうねの上に竹にて下地をしたゝめ、こも又は俵などを以て、家のなりに霜おほひをすべし。或は五本十本種ゆるにはわきに短き竹を立て、それにわらを能きほどゆひ付け、芋のかぶを覆ひ雪霜を防ぐべし。かやうにすれば春になり早く葉出でゝ榮へやすし。若し霜おほひをせざれば残らずくさる物なり。是も朝晩よく日のあたる所は宜しからず。

又赤芋とて茎あかく大きにしてひたし物あへものなど種々料理に用ひて能きものあり。作る法はつねの芋に同じ。少ししめり氣ある肥地にこゑを多く用ひ手いれよくすれば、莖大きにのび味よし。多く作れば賣りて益おほし。

薯《やまの》蕷《いも》　第十六

山のいも、是根を食する物の中にて取分き上品なり。

うゆる法、細沙《こすな》の地山ごみ（田舍にてはあずと云ふ）等いか樣《さま》和らかにして深く牛蒡など作りてよき地心、少しつまり心の地に宜し。畠に長く溝を掘り、深さ廣さ各二尺ばかりにして、牛馬糞と土と合せ、溝の中に半分過ぎ入れ、山のいもの肥へたる長き皮の薄きをゑらび、三四寸に折り、溝の中に五六寸間ををきて横にねせ、其上より又糞と土とかき合せ、入るる事三四寸ばかりおほひ置き、旱りせば水をそゝぐべし。但甚だうるほひの過ぐるはあしし。山芋は人糞を用ゆる事を嫌ふと云ひならはせり。されども久しくよくかれたるをわきよりかくるはよし。つるの出づるを待ちて竹や柴などを立てゝ是にまとはせ、或は棚をかまへてはひまとはせ、又多く作るには籬をゆひてまとはするもよし。わきを削り、草あらば去るべし。求めのなる所ならば、油糟、鰯などの糞を調へ置き、側を少しほりくぼめて次第に多く入るべし。糞し養ひによりて過分に利潤ある物なり。霜ふりて掘取るべし。麥をまかざる地ならば、霜月の後までもをきて掘取るべし。遲き程根よく入る物なり。

同じく収め置く事、穴を掘り、下にもわきにも芦《よし》の葉などを厚くしき、其上にならべをき、上よりも多くおほひ、日風もとをらぬ様に土をかけ置くべし。

又うゆる法、細沙地ごみ雑りの所をいか程も深く掘り、たび／＼打返し乾きたるこゑを土と合せ、穴に半分入れ、其上に又細かなる土を入るゝ事一尺ばかり、少し践み付け、大きなる山芋のつるぎはの細き所を五六寸に折り苗とし、正月の末二月の初、右の穴の中にうへ、つるの長さ一尺ばかり出でたる時、雨つゞきあしくば五日に一度程水をそゝぎ、つる長くのびたる時、竹柴などを一ひろばかりにして立てゝ手をとらせ、つるのさきをも留むべし。ませを高くはすべからず。かくのごとくしてうへたるは、前年の根の大きさにかはる事なし。

又云く、土の堅くつまりたる地は根ふとくして長からず。和らかにうきたる地にては長くして根細し。然る故に和らかなる地をば水をかけ、少し堅くしてうゆべし。

又うゆる法、これも細沙の地を正月深く耕す事二尺ばかり、一歩に濃糞をうつ事二荷、よく干付けをき幾度も打返し、細かにかきならし畦作り、筋の間一尺許りにして太《ふと》き山芋を竹刀にて三四寸許に切り種ゆべし。土厚く覆ふ事を好まず。うへて後水ごゑを細々そゝぐべし。つる長くなる時、枝竹を二三本一所にさし、上を結ひ合せ手をとらせ置き、草あらばくさぎり、旱りせば水をそゝぎ、九十月掘り取るべし。或は多く作り、畦長くば竹のかきをして、蔓をまとはすべし。扨ほりやうは、先づ畦の一方に溝をほり、根の方の土を心ながくそろ／＼とのけ、一本づゝ折れざる様に掘り取るべし。

同じくたねにするを取りをく事は、南の方軒の下に深さ二尺許りに穴をほり、下にすりぬかを三寸ばかりしき、竹刀にて三四寸に切りてならべ入れ、其上にも又糠をおほひ、土をもかけて置くなり。手にて山のいもを取りなやむべからず。痛む物也。鍬にてうゆべし。又山のいもをうゆるは毎年同じ人はうゆべからず。人をかへてうゆべし。

又山城にて薯蕷を作る法、細砂のよく肥えたる地の濕氣なきをいか程も細かにこなし、何にても先づ作りて、さて來春山芋を作るべき前の冬よりは麥を作らずして、よく〳〵寒耕しこなしをき、糞をも多くうち、度々犂きかへし、熟しをきて畦を作る事、麥畦の廣さのごとく竪にても横にても筋を廣く切り、筋と筋との間凡二尺ばかり、さてたねは大きなる蘆頭《ろづ》の細長き所ばかりがよけれども、多く作るには求る事成り難き故、肥えたる太き山芋を四五寸ばかり竹刀にて切り折りて、筋の中に横にふせ、其間一尺程をきて兩方より土をおほふ事一寸餘なり。

同じくうゆる時分の事、二月初よし。遲くうゆるは芽立ち出でゝ痛む事あり。同じく糞を用ゆる事、芽立の土を出づる時、油糟にても鰯の粉にても、芽のきは近く一二寸をきて鍬にて土を兩方へかきのけ、能きほど入るべし。勝手次第糞の多き程よし。其後土をおほひをき、又山草にても馬屋ごゑにても多くおほひ置くべし。是は日おほひのためにもなるゆへ、薄ければ根に日とほりて痛む事あり。其後とても水糞などを度々かくべし。扨つる漸く出づる時、竹にても柴のくきにても、中間《まなか》に二三本づゝさし、横ぶちを二とをりゆひ、まきつかせをくなり。

同じく掘り取る時分の事、九月の末、十月の間わきより溝を立ておれざる樣にほるべし。急ぎてあらくすれば必ずおるゝ物なり。

さて収めをく事は、北の屋かげなど日のあたらぬ地を、深さ一尺四五寸に穴をほり、其中に前後さはらぬ様にかさねをき、莚にてもこもにてもおほひ、下へ土のもれざる様にし、其上より土一尺ばかりもおほひ、上を水ばしりに高くならし、たゝき付けをくなり。

又つくねいもうゆる法、是は常の畠など屋敷の内にても其まゝうゆれば、土龍《もぐらもち》のよく食する物なるゆへ、瓦を廻りに立て、その中に糞土を一盃入れ、たねを指三つばかりのふとさに割りて五七寸も間を置きてうへ、其後もわきより能きこゑを入るべし。牛馬糞など土の和らぐ物をおほひをけば、その瓦の内残らず皆いもになる物なり。土龍のくはざるふせぎをよくすれば、是又多く作りて厚利の物なり。凶年飢饉をも助くる事、穀に劣らぬ物にて性よく人に薬なり。取分き手入次第にて凶年をもいとはず、甚だ益おほく損なき物なり。諸國にても城下ちかき所、又は人家多き大邑の邊にては、多く作りて利潤ある物なり。尤つねの料理にも品々用ひてよし。

惣じて作り物を業とするもの、實を取るばかりと思ふは不鍛錬の事なり。根に深く入りて土中にてよくさかへ、穀物を助け、穀にも劣らぬ物も多し。又其つるそらに高くのび、子多くなりて食物の助ともなり、世わたる便りとなる物の類尤おほし。心をとゞめ考へ見るに天地の人を助くる理り、其儲誠に廣く限りなし。殊に山芋の類にはさまでの人のちから入らずして、一度うへをきぬればいつとなく根に入り空にのび、地の費すくなくして世を助くる物おほし。されば少しも才智あらん農人は、農業をいとなむ事一偏に滞らず、心をひろく用ひ、普く其利を考ふべし。

又山城にて薯蕷を多く作りて過分の利を得る事、他の物のをよぶ事にあらずと云ふ。前にしるすごとく手入次第にて甚しき損亡にあふ事なし。土地にあひ、又は賣拂の便りよき所にては多く作るべし。たとひ他の作り物より利潤は少しをとるといふとも、たねをよく收めをきて、春うへ付けてよりは後の手入れさのみいらず。殊に天災にもあはざる物にて、五穀損亡の年にても是をおほく作る者は、飢に及ぶ程の難儀はあるべからず。

又零餘子《むかご》を種ゆる事は、長いもにても、つくねいもにてもその子よく熟したる時分、下に莚などを敷きてあらましざつとふるひ落し、又殘りたるがよく熟したる時、又かくのごとくして取るべし。久しく置くには沙地に埋み置き、春二月に至り、地をほる事深さ二尺ばかり、廣さ三尺、長さはたねのある程に隨ひて掘り、石瓦にても又は竹多き所ならば丸き靑竹をしげくあみ、掘りたる廻りに立て、土龍のふせぎを愍にし、其中に肥土を一盃入れ、糞を多くうち、數遍うちからし置き、其後細かにこなして筋を切るか、ちらし蒔きにても一二寸づゝ間を置き、しげからぬ程に蒔きて土を覆ふ事一寸ばかり、折々糞水をそゝぎ、つる出づるを待ちて、ませを立つるか棚をかきて手をとらせ、草あらばぬき去り、秋になりてほり取れば、此一畦に一石もある物なり。鹽にて煮て食し、大きなるは皮をすり去り、煮物に用ゆべし。茶うけなどによし。多く作りて食物の助けともなすべし。殊更性の能きこと山芋に同じ。

又是をほり取りて肥地に移しうゆれば、漸々に皆大いもとなる事云ふまでもなし。

又むかご多からず、五合三合にても右の心得を以て念を入れ作り、土龍の防をなし、よく手入をすれば、程なく過分の山芋を得るものなり。

又むかごを多く取るべきとならば、先棚をひろく作り、大きなる山芋をうへて前に云ふごとく作りたてはゝせ、其つるの先をとめずして葉の蟲を取りすて、若し旱せば水をそゝぐべし。尤むかごをとるは種え付けにしたるよし。

藥種にする法は寒中に皮をさり、長さ三寸ばかりに切折り、かき灰又は米粉をぬり、竹かごに入れ、風にあて陰干にし、或は絲にてあみ、寒中さらしをき、能く干たる時籠に入れ藏め置くべし。都又は城下などの大邑に遠き所の山中にて、山芋は多けれども、運送の費かゝり、其利なき所柄にては乾山藥に調へ藥屋に賣るべし。取分き藥種には山中の自然生《じねんじやう》を用ゆるなり。

蕃《ばん》藷《しよ》《あかいも》《りうきういも》　第十七

此藷に二種あり。一種を蕃藷と云ふ。一種は山藷と云ふ。蕃藷は其形丸く長し。山芋の形に似たり。味勝れてよし。今長崎に多く作るは此蕃藷なり。山藷は其形芋がしらのごとくにして味劣れり。

蕃藷はそのかたち大かた山のいもに似て色薄紫なり。皮うすく、内いさぎよく色白し。味山芋よりは甘く、美しき食物なり。菓子にもなり、種々料理して宜し。多く作りて甚だ民食の不足をたすけ、殊に其性よく、久しく是を食すれば命長し。第一其根過分に出來、必ず國所をも賑し、其能すぐれ德多く損なき物なりと、農政全書に其功を譽めて委しく記せり。薩摩長崎にては琉球芋又赤芋と云ふて多くつくると見えたり。未だ諸國には普からざれども、南向の暖國にて肥へやはらかなる地に法のごとく作らば甚だ生長すべし。しかる故、山芋の次に記す物なり。葉は朝がほに似て、根のふとさは地により大小長短あり。蒸して食し、煮て食し、生ながら料理し、色々用ゆべし。其性は冷なり。又秋根よく入りたる時掘取り、浄く洗ひ、細かに切り、精米のごとくして蒸しさらし貯へ置き、飯にして食し、飢をよく助く。是を諸糧《しよりやう》と云ふと記せり。唐のよき地にては甚だ多く出來るゆへ、是を飯にして常に食するにより、かくは號するとなり。

うゆる地の事、高き畠の細砂がちにて深きをいか程もよく耕し、懇にこなし、山芋を種ゆるごとくうゆべし。旱せば水をそゝぐべし。

又うゆる法、細砂地の極めて肥へたるを臘月に至り、深さ二尺ばかりに掘りうちにし、人糞を多くうち、二月中旬になりて牛馬糞灰あくた、いかにも土の和らぐ物を多く入れ、犂きおほひ熟し置きて藷の根を二三寸にきり、間を二三尺もをきて一つ宛うへ、土を二寸ばかりにおほひ置き、其後草あらばぬきさり、旱せば水をそゝぎ、つる生じて長くしげるを待ちて、其莖を切りてわきに又糞地を作り置きてうゆるなり。一兩日は草の葉などおほひ、日をふせぐべし。其後うるはしく生長するなり。其根春よりうへたるに替はる事なし。

是又節ごとに根を生ず。つるのはふさき〳〵四五寸間を置きて節ごとに土を以ておほへば、其の節々より根を生じ則ち底に入り、山芋のごとくふとくなるなり。其つるのつらなり續きたる所を切りはなし置けば各根を生ず。かくのごとくすれば一本のちから分れずして、根ふとくなる物なり。

ほりとる時分の事、暖かなる國にては冬至（十一月の中を云ふ）の比まで畑にをきても損ずる事なし。北國の寒氣早く來る所ならば、九、十月の間或は霜の巳にふらんとする時掘取るべし。諸は南國の物にて、極めて寒氣をおそるゝ物なり。寒氣にあたらぬ手立を專らにすべし。秋の終り大小早うへ晩うへを見分けて根のよく入りたるより段々掘取り、いまだ細きは土をおほひ置きて、ふとらせて掘取るべし。若霜にあへば、たゞれて味までも損ずる物なり。或は少しの地ならば上に霜おほひをして、よく根の入りて後掘取る手立あるべし。濕氣をも嫌ふ物なれば、高き所の肥へたる沙地かるき土にうゆべし。尤旱に水を汲みそゝぐゆへ川池にても井にても水を汲むべき便りよき所にうゆべし。若又低き地濕氣のある所ならば、畦を水のつかぬ程高く作るべし。糞養手入よくしぬれば、別のわざはひは大方のがるゝゆへ思ひの外の利潤多し。是をよく作りぬれば、飢をばしらぬ物とて、唐人はことの外譽めて記しをきたり。

又水年にても、旱年にても、五六月稻の苗悉く腐り枯れて、はや稻はうゆべき時分過ぎたる時、諸をうゆれば、少し遲しといへども、多少によらず利を得ずと云ふ事はなしとも見えたり（是は唐の地にてねばりけなく、勝れて肥地なる故、如此なるべし）。

唐にて蝗の災ある年に、萬の青き物は殘らず喰ひ盡せども、芋の類は根までの災なく、風雨旱の難も本よりなきゆへ、五穀の外のうへ物に、是に及ぶ物はなしともいへり（唐にては蝗といふ稲むしあり。多き年はいなむし天をおほふとて、空もくらくなるほどむれ飛んで、田圃を食盡して青き物すこしもなしと見えたり。此時は根をとる物ならではのこらずとしるせり)。

又云く、諸は二三月うゆれば、一科《かぶ》ごとに二間四方に皆根をなす。其後六七月までも、段々うゆべし。但遲き程段々根もすくなく小し。又早くうへてつる多くわきにはびこりたる、其つるの内に力よはくして、根をもなすまじきをば見分けて切り去り牛に飼ふべし。屋敷の內、菜園の外、少しも空地あらば、砂地にてなくとも、柴草其外何にてもあつめ、灰に燒き土とうちまぜ、かき上げ、地を和らげ、諸をうゆれば、やはらかなる沙土と同じ心にて榮ゆる物なり。

又市町などの仰ぎて天を見るばかりの所にても、少し種えて根多くいでくる物なり。風寒のさのみ當らぬ暖なる所にては、少しの地にも思ひの外多く出來る物なり。

種を收め置く法、さまぐあり。九十月の間諸の本根の方に近き精のつよき美しき根を撰びほり取り、少しも疵つかずそこねぬ樣にして、柔らかなるわらづとに包み、風のとをる所にかけ、陰干にし置き、春になりて取出し種ゆる事法のごとし。

又かづらの本の根に近き老いたる蔓を切り、長さ七八寸にして七八筋を一束にたばね、地を耕し畦作りてをきて、たばねたるかづらを韮、葱など種ゆるごとく肥地にうへ置き、一月も過ぎて見れば、殘らず下ににんにくの如くなる根を生ず。是をほり取り、わらにて厚く作りたるふごなどの樣なる物にかづらながら入れて、暖かなる所にこごへぬ樣におさめおくべし。殊の外寒氣をにくむゆへ、いか程も念を入れ、寒氣をふせぐべし。來年二月中比うゆる時は同前なり。土中に其まゝうへ付けながら置きたるは冬至の後爛れざるはなし。

又云く、諸根は極めてもろく、柔らかなる物にて、殊に濕氣にも痛み、土中にて爛れやすきゆへ、風に乾して收め置くべし。根もかづらも痛む事は同じ。然る故に桶などにかづらをたぐり入れて置き、春うゆる傳もあれども、かづらをたねにしてうゆれば損じやすし。かづらは盛長もをそし。根をおびてうゆれば力厚くして生長しやすし。

又たねを取り置く事、色々あり。先霜のふるべき前、屋の東南の方、西風のあたらず日向の所に、わらにて廻り一丈も、高さ二尺ばかりにつみ上げ、夫より上は廻りばかりを二尺も高く中をあけてつみ、たねを其中にをき、又わらこもにて厚くおほひ、其上より竹木を以てやねのごとくゆひ立て、風雨もとをらず、寒氣濕氣のとをらざる様に、いか程も念を入れ、したゝめをくべし。又は右のごとくして、わらの灰を下にもあつく敷き、上よりも多くおほひ、きびしくする事右に同じ。

又たねをおろす事、三月初先半分もうへ、半分は殘し置きて十日十五日も過ぎて種ゆべし。三月初比までは年により、霜の氣少々ある物なれば、用心にかくはする事なり。閩國の人の說には、種を取りをく法あしければ、諸の作はならぬ事なりと云ふ。

又霜のふるべき前に、老いたるかづらを切り取りてかめか桶にても淨くあらひ乾し、或はふすべかはかし、つぼにても肌にもみわらなどを敷き、右のかづらを其中にわけ入れ、又其上をもわらにておほひ、つぼの口をもこもにてふさぎ、扨其地の濕氣の深さ淺さをはかりて、濕なき所ならば、深さ二尺ばかり、濕氣あらば平地とひとしくして穴の中につぼをさかさまにをき、つぼの底土の上に半分も見ゆる樣にして、先づ穴の中にはすりぬかを二三寸も敷きてつぼを置き、廻りより土をおほひ、來年三月に取出し見れば、早め立ちてあるを法のごとくうゆべし。

又うゆる法、藷のかづらを二三尺に切り、一節は土に埋み、一節は上に出してうゆれば、上よりはやがて枝葉を生じ、下は則ち根を生ず。其後つるはびこる時、一節毎に土を以てをし付け置けば、皆根となる物なり。節に土をかざれば、枝葉とばかりなりて根を生ずる事なし。

凡畑の中にうゆるは、廣さ三尺ばかりの畦ならば、中に一かぶうへて、竪の間をば八尺ばかりにすべし。段々節々を土を以てふさげば、畦中皆根となる物なり。

又つるを種ゆる法、莖を三尺ばかりに切りて、先のわかく細き所をば切り去りて、兩方の端を土に埋む事三四寸ばかり、中をも土を以てをさへ置けば、十日ばかりの中に根つるも生じしげる物なり。

此藷といふ物は本南國の物にて溫暖を好みて寒濕を甚だ惡む物なれば、國ごとに作る事はなるまじきと云ふ人あり。尤勝れて寒氣をおそるゝ物なれども、夏秋の寒氣のいまだなき時生長し、根に入りて寒氣の來らざる中に取り收るゆへ、大かた寒き國にても、種子をさへそこねぬ樣におさめおきて、春に至り少しあたゝかになり種ゆる物なれば、他の作り物よりは却つて作りやすき事あるべし。

唐にてむかし此藷をいまだ作らざる國に、種子を求めて廣く作りたれば、其後いか程おもき凶年にても少しも飢饉の禍なかりしと、其功の大なるを擧げて譽め、かくのごとく記しをけり。一には纔一段ばかりの地に作りて其根四五十石も出來るなり。二には色白く甘く諸の作り物の中に、是に勝れる賞味稀なり。三には人の藥なる事山芋に同じ。四には一かぶの莖を切り分けて種えたつれば、來年は二三十町ばかりの種子ともなる物なり。五には枝も蔓も地にはひ節ごとに根を生じ、風雨にもそこなはるゝ事なし。六には食物に成る事五穀に同じきゆへ、飢饉をのがるゝ物なり。七には淨く見事なる故、盛物などに用ひ、或はに物茶うけ種々に料理し、又菓子となしてよき物なり。八には酒に造るべし。九には干して久しく貯へをき、食となし、又粉にして餅のあれに用ひ、勝れて味よし。十には生ながらも煮ても食ふべし。十一には極めて狹き地にても、其根過分に多く是を作るに苦勞もなく、旱に水をそゝぐまでも人手間さのみ入らず。十二には春夏うへて冬の初藏むる物にて、枝葉極めてしげくさかんなるゆへ、他の作り物の如く中うち芸ぎる事も多く入らざれば農人の暇を妨ぐる事なし。十三には根の賞翫なる所は、土の底にあるゆへ、蟲氣の年他の作り物は、葉莖まで喰つくせばいたみ枯れ、重ねて生長せずして手を空しくするといへども、此藷はたとひ蟲葉を喰ひつくしても、頓て又生じ、いか程の蟲年にも損失する事なし。是を藷の十三勝とて他の作り物に勝れる事かくのごとしといへり。右は農書に記す趣なり。唐の地は極めて肥へてゆたかなれば、はかりなき利潤ありと見えたり。日本にても勝れたる上畑をゑらび作りて、其術を盡しなば必ず厚利あるべし。薩摩長崎邊には先年より多し。いづれの國にても南向肥良の地をゑらび、作りならひなば、甚だ利を得る事あるべし。たねのをき様に心をもちひて作りならふべし。是いまだ諸國に種子なしといへども、長崎に多き物なり。器物に入れよくしたゝめ取りこせば、日數をへてもそこねず、便りを得て春の比もとめ作るべし。種子のおさめやうさへ鍛錬よくすれば、作るに苦勞なし。其地をゑらび、よくこやすのみなり。唐の書に大方ならず譽めて書きたるゆへ、委しくこゝに記せり。

甘《かん》《さとうの》蔗《しや》《くさ》 第十八

甘蔗は其葉薏苡《よくい》に似たり。暖國にそだつ物なり。近年薩摩には、琉球より取り傳へて種ゆるとかや。是を諸國に廣く作る事は國郡の主にあらずば、速やかに行はれがたかるべし。庶人の力には及びがたからん。是常に人家に用ゆる物なるゆへ、本邦の貴賤財を費す事尤甚し。是を種ゆる事よく其法を傳へ作りたらば、海邊の暖國には必ず生長すべし。若其術を盡して世上に多く作らば、みだりに和國の財を外國へ費しとられざる一つの助たるべし。然れば力を用ひ、是を世にひろめたらむ人は、誠に永く我國の富を致す人ならんかし。是を種ゆる法は農政全書等に委し、いまだ其たねさへ此國になき物なれば今こゝに略す。

農業全書卷之六

三草之類

木《き》綿《わた》第一

木綿は古は唐にもなかりしを、近古宋朝の時分、南蠻より種子を取來りて後、もろこしにひろまり、本朝にも百年以前其たねを傳へ來りて今普く廣まれり。南北東西いづれの地にも宜しからずと云ふ事なし。其中に付て河內、和泉、攝津、播磨、備後、凡土地肥饒なる所、是をうへて甚だ利潤あり。故に五穀をさしをきても是を多く作る所あり。

唐には木と草との二種あり。木は大きさ一かいばかりもありて其枝は桐に似て葉のなりは胡桃のごとし。秋花をひらき、實を結び、大きさ拳のごとしと記せり。今作るは草なれども、此ゆへに木綿と云ふなるか。されども木は其功劣ると見えて、をしなべて草綿を作る事也。百穀に次いでは衣服のそなへなくてかなはぬ事なれば、先これを專ら作るべし。古木綿未だわたらざる時は、庶民は云ふに及ばず、貧士も絹をきる事ならざる者はたゞ麻布を以て服とし、冬の寒氣ふせぎがたくして、諸人困苦にたへず、上に仁君あれども、漸く五十以上の者のみ帛《きぬ》をきる政ありて、それより下の年比にてはいまだきぬ綿をきる事あたはず。ことに近來は人民多く成り、蠶をかひたるばかりにては、末々まで行きわたるべからず。幸にして此物いでき、賤山がつの肌までをおほふ事、誠に天恩のなす所にして、是れ則ち天下の靈財と云ひつべし。しかれば綿を作り出す法を委しくしりて、民用ともしからざる樣にすべき事、是又上に立てる人の天意にうけ順ひ、民を憐む仁政の一端にして、國家の急務なるべし。しかりといへども、畿內近方は其術を得て多く作り出せども、遠國の末々は今も其作りやうおろそかにて、事たるほど作り出す事なく、科《とが》を土地と風氣におほせてやみぬる事是多し。取分き木綿は作る法委しからざれば、實りあしき物なるゆへ、其事詳に何れの農書にもしるしをけり。

先種子をゑらぶ事專一なり。其たね色々ある中に、白花のかぐら、黃花のかぐら、是すぐれたるたねなり。又紅葉わたとて楓の葉のごとくなるあり。是又花黃白の二色あり。又赤わたの大ごくびと云ふもあり。又ちんこなどゝ云ふ。何れもよきたねなり。此等のたねは桃のつく事葉の數とひとしく、枝また葉の出づべき所より蝶と云ひて、つぼみ付きて核子は小さく、くり粉殊に多し。かくのごとく種子によりて實り甚だ多少あれば、能きたねをゑらびて求め作るべし。但其土地によりて取分き相應ある事なれば、其考をもよくすべし。又赤わたののらと云ひて昔唐より來たるたねあり。是はさかへやすくよくふとる物なれど、桃すくなくくりこ少し。但糸はつよき物なり。糸のつよきを好むものは是をも作るべし。又山城の麻わたとて、あさの葉に似たるあり。是も又よきたねなり。雜種色々多しといへども、利分の勝れたるは是等に限れり。

種子をおさめをく事、いかほど念を入れ、たねをゑらび蒔くといへども、其內少しはたねがはりする物なれば、もとぶきより中吹の前つかたにてそれ〴〵のかはらざるを見分けて、ふさふとくよく吹ききりたるを取りて別におさめ置き、干してくり取り、核子を籠か俵に入れて濕氣にあたらぬ所にをき、晴日に折々乾しをくべし。

うゆる時分は八十八夜を五六日見かけて蒔くを上時とし、八十八夜過ぎてやがて蒔くを中時とし、それより段々勝手次第に一日も早きにしかず。夏至（五月の中）の廿日前までは蒔きてもくるしからず。晩うへも木はさかゆれども、桃少し。秋の日よはくなりては末のもゝふききらず。且大風又は秋雨つゞく事ありても、早きは大かたのがるゝ物なり。蒔きてすき間なく糞し、手入を用ゆれば、七月中にはや本吹はする物なり。

同く種ゆる地の事、さのみ肥へたる深き柔なるを好まず。さかへ過ぐれば又桃付かぬものなり。假令付きても落ち安し。とかく砂少し雜りて性よく强き中分の地によき糞を多く用ひ、手入を委しくしたるが利分多き物なり。すべて何土にてもあれ、濕氣はよくもれて旱に水を引く便りある所は、山中など霧ぶかき地を除きては、凡木綿の作られざる地は稀なる物なり。山城、大和の山内にてよく出來るを以てしるべし。なを又海邊河ばたなどの風のよく吹き通りて、日當のよき所は、勝れて木綿によろしき物なり。

又年々相つゞきて、同じ所に作る事はいむ物なり。一兩年若しは三年までは作るべし。田の地味をゑらび、木わたを作れば、一兩年は取實過分にありて、虫も付かず、其外くせも付かぬ物なり。其後又稻を作れば、地氣新にして必ず二年ばかりの取實もあるものなり。草も生へず、糞も多く入れずして利潤甚だ多し。

同くうゆる法、秋麥を蒔く時、地の肥瘠によりて竪筋にても横にても見合せ、思はく筋を廣く切るべし。木綿の甚ださかへふとるべき地ならば麥の間二尺ばかり、中より以下の地ならば一尺六七寸に切りて、麥の中うち切々して草も生へざる様にしをきたるに、中蒔、かぶ蒔、よせ蒔とて三種の蒔きやうあり。先中蒔と云ふは麥の中をうちて左右にかき分けたねを入る。是いやぢにてもなく濕氣もなき地に常にうゆる法なり。

かぶ蒔と云ふは早麥を作りをき、刈り取りて其麥かぶをかなざらへにてかき亂し、其跡にたねを入るゝ事なり。是は草もなく麥の糞し根の下にありて、手入れ少しをそくてもくるしからず。よせ蒔と云ふは、日當の方の麥根によせて培ひ上げたるを、鍬にてさら〳〵と筋をかきて種子を入るゝ事なり。右の三種の法は時と所によりてさし引して作るべし。

同くたねの分量の事、一段の畠凡二貫目、一貫五百目にても、地の肥瘠ときり虫の考へして、難もなく肥へたる地ならば、さのみ多くは蒔くべからず。たねを水にひたし、灰をふりもみ合せ、一粒づゝばら〳〵となりたるを手籠に入れ、左の手にさげ或はわきにはさみ、先筋をかき置きてかたよりなくばらりとまき、種子おほひ四五分ばかりして上をかるく踏付くべし。たねを土と思ひ合すべきためなり。但ししめりたる埴《ねば》土をば踐むべからず。中より下の地ならば下に灰糞をしき、其外肌ごゑをも入るべし。肥へたるに肌ごゑは入るゝに及ばず。尤雨氣に蒔くべからず。若又うゆべき時分に旱せば水をそゝぎしめして蒔くもよし。

同じく糞のしかけは田畠ともにさのみかはる事なし。先棒糞とて、二葉に生へそろひたる時生へたる筋の中を苗の少々痛むをもいとはず、四五寸も間を置きてとがりたる棒のさきにて深さ四五寸に穴をつき、其中へ鰯にても油糟にても一盃入るべし。大鰯ならばあらく切り、中以下のいはしならば其まゝ入るべし。糟は粉にして入るべし。其後又十四五日も過ぎて一方のわきに糞を入れ、又十日も間を置きて一方に筋をかき糞を入るべし。いづれも糞を入れては土をおほふべし。是を腹ごゑと云ふなり。凡夏の半まで三度糞を入れて先づやむべし。糞のしかけをそければ、桃付かず、枝葉さかへて秋青ゆる物なり。されども磽地《やせち》にてふとりかぬるならば、色を見合せて其間に薄き糞をさい〳〵入れ、夏の半過ぎたりとも、足ばやき糞を用ゆる地もあるべし。惣じて萬の作り物糞を專らとする事なれども、取分け木綿は糞のしかけ次第にて、損徳甚だ違ひある物なれば、時分々々の糞を由斷すべからず。糞をしをきて若し旱相續きたらば、水がかりある所ならば畦のみぞに水をしかけ、しめり氣畦に通じてしめりたるを見て、やがて水を落すべし。其うるほひにて則ち糞きゝ出づる物なり。取分き粉糞を入れてうるほひなければよくきかぬ物なり。又棒糞なしに兩方より二三度半夏（五月の末の節なり）以前に入るゝ傳もあり。或は牛馬糞、ほどろ、枯草、やき糞の類ひ、河泥などをもをくべし。色々段々をく度ごとに土をおほふべし。其所により土性のかはりそくばくある事なれば、一遍にはいひがたし。南國の熱氣つよき所は泥糞水糞その外、冷性の類ひを用ひ、北うけ寒氣ある所にては、温熱の物やきごゑなどの類ひを用ゆべし。此心得を以て地ごとに少し指引して、互に陰陽を調へて土地の心を和ぐべし。又何糞にても新しくつよきごゑを一度に多く用ゆれば、必ず蟲を生ずる事あり。ねばり氣のつよき土などは、砂ごゑを合せて地をさはやかにすべし。中うちする事、始終五六へんすべし。尤草少しもをくべからず。

間引く事、心葉出でてより段々中うちの度毎に次第々々にうすく、凡五六寸に一本宛をくを中分とす。但磽地は拳の出入るほどに厚くする地もあるべし。又竪筋にても横筋にても一間の内に廿本或は十七八本立てをくを中分とも云ふなり。いか様《さま》うすく木ふとく高からずして、枝よくさかへたるが利潤多しとしるべし。

一番中うちの時、葉のすぐれて小さくしはみて見ゆるあり。是粃たねの生へたるなり。ぬき捨つべし。二番中うちの時すぐれて葉の太きが色もこく厚きあり。是大核子とて二粒の性を合せたるなり。是をも同じくぬき去るべし。此等の苗をよく見知りてぬき去らざれば、後太きはますますふとくさかへ、葉ばかりしげりて桃ならず、小葉なるは後あぶら蟲付く物なり。

又ある人の説には木綿に糞を用ゆる事、根ごとに半斤ともいへり。地により糞をいか程多く用ひても、夫程によく榮へ、取實過分にして利潤ある所もありとしるせり。

培ふ事、芸り中うち仕舞ひて後、根の方の高くなる程おほふべし。是も一度にはかき上ぐべからず。度々に培ふべし。仕舞ごゑのかくるゝほどおほふものなり。

梢を留むる事は木ふとりさかへ、凡一段の中にて桃二つか三つ吹きたるを見付くる時、中にて高くのびたるをさき二三寸つみ切るべし。とかくのび過ぎて見ゆるをば、思はく長くかけて切去るべし。唐の書には枝のさきをも留むるとあり。此方にては枝のさきを留むる事はなしといへども、ふとりさかへ様によるべし。惣じて桃數を多く望みて枝をものばし過ぐすは却つて損なり。桃ふとくつよきにしかず。

同じく枝數の事、肥へたる地は一本に七八本十本ばかり、尙よき地は其上も付くるなり。木の高さ凡二尺ばかり、とかく高くは作るべからず。ひきゝまではよし。唐の書にも高からしむべからずと見えたり。惣じて草のせいつよく、横にはり、高くのびざるは至極よけれども、上手の作人ならではなりがたき事なり。心を用ゆべし。菊などをつくるもこゝに上手ありと見えたり。

來年稻を作らば當年麥を作るべし。來年木綿を作るべき地は麥を蒔くべからずと。是麥作をやめて其地氣を養ふためなりと唐の書に記し置けり。尤小麥は跡をそくあき、殊に地やせて宜しからず。日本にては木綿を大麥の跡ならでは作らぬ事とするなり。春畑は夏の初よりきり蟲多く、其外色々くせも付く物にて仕立てむづかし。然るゆへ大麥の間を思はく廣くうへ、中うちを冬より度々しをき、草少しもなき樣にしたるに木綿を蒔くを常法とするなり。

又高田の木綿に宜きをば稻を一年作り、二三年木綿を作るべし。草悉くくさりて、土の氣厚く肥へて蟲氣もせず、後又もとのごとく稻を作れば、初の年は實り常に一倍もある物なり。二三年もわたを相續きて作り、其後は又地のちからも弱くなり、蟲氣などもするゆへ、地の取替ある所ならば必ず久しくは作るべからず。若し地の餘計なく、幾年も相續きて木綿を作らば、河の砂を筋の下に敷きて地の氣を轉じ、さはやかにして作るべし。

又稲の跡に麥を蒔かずして木わたを作る時は、秋田を苅り、頓て水をしかけ、一盃たゝへ冬を過し、春凍とけて水をはなし、田の乾くを待ちて耕し、正月二月の間二三遍も犂《す》きかきこなし置きて、時分に成りて畦作りして種ゆべし。

若又所により梅雨の比まで苗いまだ小くして、或は水底に成りても五六日までは消えうせぬ物なり。若し八九日も水さらず、腐りうせざれども、猶木綿をうへてもくるしからざる時ならば、種子を用意し重ねて蒔くべし。此時は水の退くを待つ間に先たねを水に漬け、灰にもみ合せ、地に少し高くもりをき、桶にても又莚にても其上におほひ、芽の出でんとするを前の如く蒔くべし。

又木綿をうゆるに四早と云ふ事あり。一ッには春の土用をかけて一日もはやく蒔付くるなり。二ッには心葉もいまだ見えざるに、早く芸るなり。三ッには芸りて其まゝ糞を入るゝなり。四ッにはすき間もなく早く中うちするなり。此の四つの手廻し段々遅ければ、大風秋雨潮風などにあひて皆損じて手を空しくする事間々多し。時分よく蒔付けて手入に由斷なければ、極暑以前に花咲きて土用の中に桃なり、七月中に下枝大かた吹く物なれば、假令風雨のわざはひありとても、三分の利はある物なり。しかりとて又みだりに早過ぐれば、餘寒春霜にあひて消ゆる事あり。一つの手立あり。寒耕の地にても又は正月早く耕しても大麥たねを糞とあはせてあつく蒔きをき、綿をうゆべき時分になりて、麥青くよきほどさかへたるを、麥苗ともにうち返し、畦作り常のごとくして綿をうゆれば、麥の根葉は土の下にありてうもれ、腐りて糞しともなり、陽氣の助となるゆへ、綿の根是にあひて餘寒などにもさのみ痛まず、十日若しは半月常の蒔きしほより早くても難なく盛長する物なり。

又雨濕氣其外萬のわざはいにて苗のきゆる事あるにはたねを殘しをき、段々蒔繼ぐべし。又は細雨《こさめ》の中苗のしげき所を竹のへらにて土を付けてほりおこし、うへつぎたるは、たねを蒔きつぎたるにまさる物なり。

又木綿に四つの病と云ふ事あり。早過ぎて寒氣に痛みて消ゆる一ッ、ちらし蒔きして土を覆ふ事うすく、生へて後根上にあらはれて枯る二ッ、たねあしくて、生ゆるといへども消ゆる三ッ、甚だあつ過ぎて、莖細くやせて終に太りさかゆる事なき四ッなり。此四つの病なからんとならば、種子のうす黒く粃なくよくそろひたるを收め置きて蒔くべし。若し種子なくて他所よりもとめたるをば蒔くべき十日も前、肥地に廿粒ばかり蒔きて、たねの生死を心みて蒔くべし。凡木綿の作り樣にをきては委しくしるし置ける事、他のうへ物の類ひに非ず。然れ共餘り事長き故專ら其肝要を取りて記す物也。

畿内の人、木綿を作る法の大概を口づから人にをしゆるはたねをゑらぶ事委しく、うゆる時分、四月の節の前後、一日も早く二葉よりも糞を入れ、心葉を見ると草かじめし、中うちさい〳〵懇にし、間を遠く間引立て仕舞糞し、培ひて猶草あらば取去り、畦中をきれいに掃除して綿の初ぶきを見ると梢留めて桃數おほくなり付きて、風雨の難もなき年は富を得ることうたがひなし。

麻《ま》 苧《を》 第二

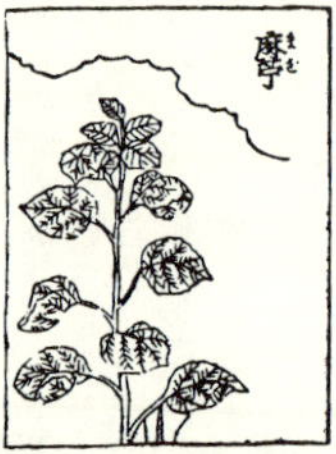

麻苧をうゆる事、先苗地を寒耕し、いかほどもよくこなし、塊少しもなく委しくこしらへ、濃糞を多くうちさらし置き、二月中旬麥畦のごとく畦作りし横にせばく筋をかき、種子を薄く蒔き、土をいかにも少しおほひ、又其上に糠を少しおほひ置くなり。生出でては先づ草ながら生立《そだ》てをき、根よく出來て後中を削りても痛むまじき時、かるき鍬にてさら／＼と削り、草を殺しやがて糞を置くべし。馬屋ごゑ其外何にても多くをくべし。糞すくなければふとりかぬる物なり。

種子を蒔きて明る年、苗ばらひをして又こゑを多く入れ、芸り中うちしをき、三年めより苅取る物なり。尤冬雪霜に痛まざる様に、馬屋糞など一尺も厚くおほひ、春になりてはかきのけ芸り、又糞を入れをきて五月初め一鎌かり取り、六月半又一鎌八月一鎌以上三度かる物なり。中の度を上とすべし。

はぎとる事、中よりをしおれば、皮は二筋になりて木は本末へげてのく物なり。さて其皮を日の當らざる所に置きて、水に漬くるか、池川なくば井の水を汲みかけてぬらし、竹刀を以て内の方よりこげば、却て上の皮よくのく物なり。いかにも懇にこきて其後上中をゑり分け、さらし干し上げて百目宛を一把とするなり。是は芳野にて作りこしらへ立つる大概なり。

又農政全書に見えたるは、麻苧をうゆる地はさのみ深からず細砂の地よし、數遍耕しこなし、畦を作る事廣さ三尺餘、長三間許りにしてこゑを入れ、重ねて又うち細かにし、平かにならし、上をかるく踐付け、或は鍬のうらにてたゝき付け、引きならし、地のうかざる様にして其上より又水をそゝぎ二度かきならし一夜をき、畦に水をひいらせ、明る朝又かるくかきならしおこして種子一合をしめりたる砂五合ともみ合せ、是を六七畦にちらし蒔きて、土はおほふべからず、土をおほへば生へかぬる物なり。さて畦に棚を一尺ばかりにひきくかき、日おほひに細かなる箔《すだれ》をかけ置き、六七月極熱の時は箔の上に又苫かこもをおほひ、又箔の上より細き帚を以て水をそゝぐべし。常に其下のしめる事よし。曇りたる日尤夜などは覆ひを去るべし。苗生出でて草あらばぬき去るべし。苗高さ三寸ばかりならば棚を去るべし。若又此後も地かはきたらば水を少しかるがるとそゝぐべし。四五寸になりたらば移しうゆべし。

うつしうゆる地の事、いかにも肥良の地を深く耕し、埋糞をおほく入れて畦作り前と同じ。先苗の有る所に前の夜より水をそゝぎ、地をうるほし置き、又移し種ゆべき畦にも水を澆ぎ、苗をへらを以て土を付けてほりおこし、四五寸ばかり間を置きてうへ、水をそゝぎ、有付けて後、中をさい／＼熊手にてかきさらへ、雨なくば五六日に一度づゝも水を澆ぐべし。かくのごとくして廿日の後は十日に一度、十五日に一度そゝぐべし。十月の後に至りては、牛馬の生糞をおほふ事厚さ一尺許り。

かやうにしをきて又移しうゆる畠は、屋敷内は猶よし。随分肥へたる性よき地を深く耕し、埋糞を力の及ぶほど多くして秋からさらし、熟しをきたるに、冬より春に至り、猶も細かなる糞を用ひてよく／＼糞し、春の始移し栽ゆべし。芽の少し出でんとするを上時とし、め立ち少し出でたるを中時とす。苗ながく成りたるを下時とするなり。

うゆる法通りを直に區をほり、區と區との間凡三尺ばかり、區の中に三四本又は五六本にてもうへ、土を厚くおほひ、水を入れて沈め置き、牛馬糞などを多くをく事はいか程にても多き程よし。若し又夏秋の間移しうゆるならば、細雨の時根をしめし、踐みかため土を付けて掘取りてうゆべし。

又年久しき古根を移すは、斧を以て切りわり、かぶの長さ三四寸許にして是も區の分量は右に同じ。まちごとに二三本横にねさせうゆべし。區は四角にして平地より少し高く、ぐのめにならびあるゆへ、碁盤のならびたる様になるべし。土をおほひ、水をそゝぎ、沈めうゆる事もわかき苗と同じ。是も又有付きて後も折々水を澆ぐべし。苗高くなりては細々中うちし、旱せば水をそそぐべし。冬春の手入糞しも右に同じ。

又二三日路ある遠き所より取りよせてうゆる事は、根の痛まざる様に細根を多く付けてわきよりほりおこし、莚などにて包みかゝげ、風日のとをらざる様にすれば枯るゝ事なし。秋冬より糞し手入れをよくして、初年長さ一尺許、是は則ちきりそぎて捨つべし。二度めにながくのびたるをみて、則ち刈取りてはぎ用ゆべし。冬になりて牛馬糞をおほひ、春はらひのけ、芸り等の手入れ、何れも前に同じ。年々かくのごとくして、五七年も過れば根大小しげく、いや重りて痛み莖多くは立たぬ物なり。本かぶをば其まゝ置き、新株《かぶ》を分取りてうゆる事前のごとし。

毎年三度づゝは何れも刈るべし。きる時根の傍の小きわかめ立は、土を出づる事五分ばかりもあるを、損じ痛まぬやうにしてをき、刈取りては是をよく生ふし立つべし。長きを刈取るゆへに、精がわきの芽立に入りて頓てさかへ長くなるべし。麻苧を刈るには此め立のほどを見はからひて、小芽のいまだ長くならぬ先にきる物なり。小芽長くなりて刈れば痛みてさかへかぬるなり。大方五月初めより八月半まで、三度刈るものなり。中たびのながき麻が性もつよく色もよし。刈りたをしたる麻を竹刀又は鐵刀にても、梢より葉をうちはらひ、たばね取りて水に漬けぬらし、手にて皮をはぎ、小刀にて其白き皮を削れば上皮はをのづからのく物なり。是をたばね小束にして屋の上にかけ、夜露をとり晝さらし、かくのごとくする事五七日なれば、其麻自ら白く、きれいになる物なり。もし其中雨天ならば家の内の風の通る所にかけをくべし。雨にあへば黒くなりて用に立たず。凡かたびらには是にまさる物なし。三草の一つにて、人家多少によらず必ず作るべし。よくさかへぬれば、長さは七八尺、楮の葉に似て面は靑く、裏は白し。白き毛ありて夏秋の間細き穗を出す。淺黄色の花咲くなり。よく實りて後種子を收むべし。但したねを取るをば二番刈して其まゝ置くべし。肥良の地に是をうへ付け、さかへぬれば其利過分なり。

又此葉をもみ、或は根をくだきすりて癰疽にぬれば、膿きえ去りて、よくいゆる名譽の薬と記し置けり。

麻　第三

あさを植ゆる法、先たねをゑらぶ事、白きが雄麻なり。白しといへども、嚙みて心みるにかる

くうるほひなきは粃なり。白く堅きをよしとす。これはいかにも良々《きはめてよき》田《た》を好む物なり。中分以下の畠には作るべからず。いかほども深く耕しこなす事、力の及ぶほど塊少しもなき様に委しくこしらへたるにしかず。十耕蘿蔔九耕麻とて九度も耕しこなす物と云ふなり。又堅横七遍づゝ犂きかきすれば麻に葉なく、本末なりあひて節少しもなく、皮うすくながく出來ると云へり。

凡種子を一段に七八升ほど蒔くを中分とするなり。厚過ぐれば細くして長からず。薄ければ皮あらく、枝さきて苧あしし。蒔く時なげうつべからず。節高しと云ひ習はせり。地のぬれたるに蒔きたるは生じて瘠る物なり。地の白くかはきたる時蒔くべし。又蒔く時分に旱せば、先たねを水に漬けをき、芽生じて蒔くべし。但雨水をためをきて漬くれば早く生じ、井の水に浸せば遲し。水より上げて場にむしろをひろげ、たねを置き、上に又莚をおほひ置けば、一夜の間に芽出づる物なり。たねに早晩あり、早きは二月下旬三月上旬雨を見かけて麻を蒔くべしと云へり。

又晩きは麦黄なる時、麻を蒔き、麻黄なる時麦を蒔くとも云ふなり。早麦の色付く時が麻を蒔くべき最中とするべし。蒔きて牛馬糞を多くおほひ、土をかけ三日は雀を追ふべし。又麻地は大根畠の跡を耕し、牛馬糞のよく熟し枯れたるを多く入れ犂かやし、塊少しもなく細かにかきこなしをくべし。若し塊あれば枝さきて節高し。中をかき芸る事、苗四五寸の時まで二遍にしてやむべし。豆は花を芸り、麻は地を芸るとて、麻畠は、草の未だ目に見えぬに早芸る物なり。

同じく大麻を作る法あり。子を多く收めて油にし、甚だ厚利の物なり。然るゆへに油麻《ゆま》とも云ふなり。是は女麻をうゆる物なるゆへ、黑まだらなるたねをゑらぶべし。深く耕す事二三遍、いかにも薄く蒔くべし。三月上旬を上時とし、四月を中時とし、五月初を下時とす。糞し芸り、其外手入前に同じ。苗ふとるにしたがひて間引くべし。肥地ならば一尺五寸二尺ほど間ををき、雄麻のあるを悉くぬき去るべし。常に畦中をきれいにすべし。しからざれば子多くならず。是土地によりて過分に實りて油の多き事、からしにおとらぬ物なり。燈油にして光りことによし。五穀を作る畠の畔、道ばた、牛馬などのおかす所に胡麻、白蘇《ゑ》、油麻を作るべし。麻は取分き心葉を牛馬くらへども、却つてかぶふとりさかへ、子多き物なり。又大麻をうゆる畦中にかぶのたねをまぜて蒔けば根甚だふとし。

又油麻を作る事、常の麻地に同じ。こゑは何にても多く入るべし。雄麻をぬき去りて一本づゝの間、凡五尺地の肥瘠によりて少しの見合はあるべし。麻生じて五六寸の時、蠶の糞又は鷄の糞を多く入るべし。なき時は人糞もよし。力の及ぶ程肥し、後は一本づゝ培ひ、風雨にたをれずしてさかゆれば、一本の實二升もある物なり。旱せば流水を汲みてそゝぐべし。流水遠き所ならば井の水を汲曝し、熟しをき、冷氣を去りてそゝぐべし。さのみさい／＼は濺ぐべからず。

實りて切取る事は霜の下るを見て甚だふとくば鋸を以て引切るべし。枝を落し干乾し蕎麥や胡麻をうつごとくしてこなすべし。又小豆の跡にうゆれば、よくさかへ取り實多き物なり。又夏至（五月の中なり）の前十日にうゆるともあり。山付の土地の深きをよく耕し廣く作るべし。鹿鳥も付かず、作りよきものなり。

藍　第四

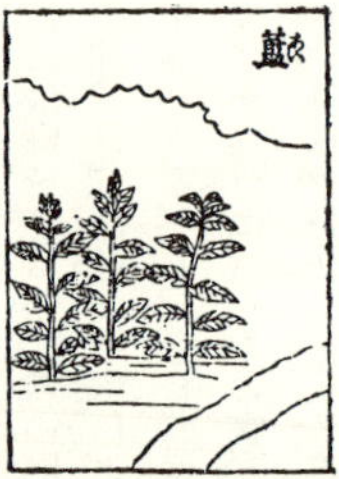

藍は是も三草の一つにて、世を助くる物なり。衣服其外絹布を染めてあやをなし、取分け是を以て染れば其物の性をつよくし、久しきに堪へて損じ敗るゝ事なし。然るゆへに古今廣く作る事なり。先たねを收る事、二番をからずしてみのらせて取るべし。水田に作るは三番にても取りてよし。乾しもみ取りて俵かかまぎなどに入れをくべし。苗地の事、蕪菁大根の跡又は稲田もよし。よく耕しこなし糞を多くうちをき、節分より三十日三十五日して種子を下し、其上に濃糞を多くうち、又灰を以て覆ふもよし。又はたねを灰と砂とに合せて蒔くもむらなく、能く生る物なり。此時は別に種子おほひは入らず。さて生ひて後廿日ばかりして濃糞を右のごとくうつべし。其後心葉出でては四分糞（濃糞に濁水を六分合せたるなり）にしてうつべし。さて六十日して水田なれば畦作りし、其幅三尺五寸もあらば、一かぶに二もと三もと取りて、横筋一通りに八科《かぶ》ばかりうゆべし。がんぎの間は一尺許なるべし。科數は畠も大かた同じ事なり。一筋に六かぶ七かぶうゆるもあるべし。高田にうゆる時は男は鍬を以て筋をきりて通れば、女は跡より苗を持ちて葱をうゆるごとくうゆるを、男又廻りて土をおほふなり。高田のかはきたる地ならば、露ばせとて、水を溝よりすくひかくる箱あり。箱の一方をはなち、一方

には長き手のある物を以て水をそゝぐ事、一日に二三度も地のしめるほどすくいかくるなり。うへて三日の間、雨氣なくば頻りに水をうつべし。猶又ひでりつよくば、用水あらば溝よりしかくべし。瓜田に水をしかくる事は、溝半分に過ぐべからずといへども、是は溝に一盃たゝゆる程にすべし。

うへて十五日して、桶糞をがんぎ一筋に五合ほど入るべし。初は少しうめたる糞よし。其後は濃き程がよし。三度にても四度にても多く入るほど色よし。鰯もよくきく物なり。

さて虫を追ひはらふ事、藍を作る第一の辛労大儀、是に極まる事なり。竹の小枝を十本餘も箒にゆひ、是を以て葉に當らざる様にさら／＼とをひはらふべし。又龜虫の時は箕をわきにうけをきて虫をはらひ入れて捨つべし。五十八日或は六十日に當れば、凡半夏生の比なり。此時天氣をよく考へて刈収むべし。刈ると其まゝ麥などを刈干すごとく攤《ひろ》げ干し、其日晝過より取りあつめ、二尺五寸縄ほどにたばね家に入れ、明る日根の本を葉の付きぎはより切りすて、葉の方をすさわらを切るごとく、いかにも細かにきざみ、箕にてひても又あをちても葉と茎とを簸分けて、茎は捨つべし。さて葉をばいかほどもつよき日に合せ、よく干しあげ、莚だてにしても、俵に入れをきても商人にうるには升にてはかり、一石を銀十匁、是凡中分の直段なり。

又二番を取る事、たとへば高田なれば其跡に稲を作りたるが利分勝るか、又二番を取りたるに益あるか、藍と米との直段を考へて利の多きを作るべし。高田は大方稲の利つよき事のみ多し。下田《ひきた》は二番を取りたるも、稲を作りたるもかはる事なき物なり。二番も一番の升數はさのみをとらぬほどある物なれども、直段賤し。是までが城州鳥羽にて藍を作る法なり。

又植ゆる法、たね色々ある中に、唐藍とて葉丸ながく厚く、茎うすあかく色よきあり。同じく葉の丸きもあり。此二色染付きよし。又蓼藍とて葉細ながくたでによく似たるあり。是は土地のきらひもさのみせず、さかへ安き物なれども、染付よからず。前の二色の内を作るべし。

苗地は田にても、畠にても、肥良の性すぐれてよき地を旱に水の便りまで吟味し、耕す事三四遍も、其上は力の及ぶ程いかほどもよくこなし、三月上旬先づたねを水に浸し、芽を出しをき、さて畦作りし、種子を蒔き、其上に熟糞を土と合はせ、種子おほひをし、三ツ葉の時水を澆ぎ、中をかきあざり芸り、畦の中きれいにしてをくべし。けがらはしき事をきらふ物なり。

苗ふとり、四月の末、五月初、雨を得て移しうゆる事、右に同じ。虫を殺す事はたばこの茎を煎じ出し、其汁をしべ箒にてひたとうちひたせば、虫死ぬる物なり。毎日かくのごとくして虫悉く死し盡くるを以てやむべし。又苦參《くしん》の根をたゝきくだき、水に出しうちたるも、虫よく死ぬる物なり。刈取る事も右に同じ。但すさのごとく切りて水に漬け取上げ、にはに莚などを敷き、其上に厚さ四五寸許に攤げ、むらなき様にして、わらごもにてもおほひねさせ置き、四五日の後よくねて白くかびの少し見ゆる時取出し、日に干し俵か莚だてに入れて俵ながら分量を定めをきてうるべし。

又、よく干し上げて臼にて細かにつきてふるひ取り、あらきを又つき、茎を去りて、藍玉に作り、干堅め斤目にてうる法もあり。又、藍を作るべき田には稲の跡にからしを栽ゆべし。麥を蒔けば跡少し遲くあきて二番藍の利少し。鳥羽の邊にても藍地は何れも蕪菁をうゆるなり。

紅《こう》花《くわ》　第五

紅花は、是又三草の一つにて、古來より作りて織物、糸、其外絹布を染めて濃薄によりて品とし、世に用ひ大切の物なり。

うゆる地の事、土性極めてよく光色ありてうるはしきは、作れる花の色もよく染付きよし。黄赤黒の土の尤肥良なるをゑらびて作るべし。高き田の性よきは猶宜し。夏より數遍耕しさらし、糞をうち熟しからし置きたるに、霜月の初中の日蒔くべし。又、八月地をよくこなし、畦作りし筋を切り、たねを酒に浸す事一宿、灰糞、やき土にてたねを合せ蒔くべし。さのみ厚く蒔くべからず。苗二三寸の時中うち芸り、人糞ならばいかにも久しく枯れたるを以て葉にかゝらざる様にわきよりかくべし。苗ふとりさかへては人糞は云ふに及ばず、新しくけがらはしき糞を用ゆれば、さき曲りて花房とならぬ物なり。鶏の糞、又は糟鰯にても苗のちいさき時に多く用ひて、中うちさい〳〵して芸り培ひ、うすからず厚からずよき程に間引き立てゝ、四五月朝いまだ日の出でざるに花よくひらきて、わきにたるゝを見てつむべし。ひらきてもいまだ色黄にして、わきにたれざるはつむべからず。摘み取りてはざつときざみ、臼にてつき、清水に漬けて、やがて取上げしぼり、何にてもきれいなる物にひろげ、草の葉をおほひ、日風も當らざる所に二三日もをき、少し色付き白かびの出づるを見て餅に造り日に干すべし。

又、出羽の最上にて、花を作る法あり。ことなる事なし。これはつみ取りて淸水に漬け、やがて取上げてしぼり、莚に攤げ、物をおほひをきて、少しねたる時餅には造らず、其まゝ亂れ花にして干上げ、箱に入れをくなり。

苗の時、間引きてゆがき、菜にし食するに、其性よく味もよし。市町近き所にては園菜とし、少し厚く作りて段々間引き取りて賣りても利なき物にあらず。又、實を多く收め置きて燈油に用ひ、勝れて光もよく、油多き物なり。

又、紅花は苗より念を入れ、いか程心を盡しても、卒爾に糞を用ゆれば、忽に先曲りくせ付く物なれば、下地をなる程よくこしらへ、糞を多くうちさらし置き、蒔く時鷄糞など其外よく枯れたる糞を灰に合せ、下にしきて蒔くべし。後は草かじめ、中うち培ひ、間引き立てゝ置くべし。土地に相應し、肥地に多く作りては勝れて厚利を見る物なり。地心を能くゑらぶべし。又、子を牛に飼ひたるもよし。

茜《あか》根《ね》　第六

あかねは山野にをのづから生るも多き物なれども、土地を吟味し糞し、手入して畠に作るにしかず。土の色黄白にして性よく和らかなるよし。又は靑色にして沙交り、又赤土もよし。黍を作りて其跡を四五遍も耕しこなし、熟糞を多く用ひて冬より晒しをき、三月うゆる時いかにも細に

してたねを蒔くべし。蒔き終りてはうすく土をおほひ、少したゝき付けをくべし。畦中草少しもをくべからず。取わき草痛みする物なり。

たねを取りをく事は圃に作りたるにても、又は山野に自らあるにても、九月よく熟し黒くなりて已にこぼれ落んとする時取りて日に干し、俵か籠などに入れをくべし。又は山野に生へたるを九十月根を多く掘り取りて苗とし、畦作りし間遠にうへて糞し、手入したるも盛長すみやかなる物なり。肥地によき糞しを多く用ゆれば、根甚ださかへ、染付もよく、厚利の物なり。山中など其外五穀を作るにはさはり有りて、肥良の地あらば必ず作るべし。

同じく染様は、先づひさゝき柴の日當に生じうるはしきを、男の一荷取よせ灰にやき、晴れたる夜の星を見る様に、火のちら〳〵とあるを火の消ゆる程に少し水をうち、さて其灰をこしきにをし付け、たぎりたる湯をたご一荷かけ、あくにたれて用ゆべし。あくをこくする事は染むる地によるべし。

同じく、あくかふ數の事は、丹後紬一疋、あかね一貫五百目、水八升、六十五しほ、京紬、同じく一貫三百目、水前に同じ、五十五しほ、ほつけん一貫二百目、水七升六十しほ、絹ねりの類一貫目、水五升三十五しほ、十九木綿、越後九百目、水六升三十五しほ、ふさしりがひ、六百目、水七升廿五しほ。

あかねかし様、前の年九十月に掘りたるならば、明る日染むる宵より水に漬け、明る日流川にてしるの滓《す》むほど洗ひ上げて煎ずべし。九月ほりたるは二夜かすべし。をそく掘りたる程、段々此考へにてかす物なり。

同じく煎じ様、いづれも十二釜に煎ずる物なり。泉醋《いづみす》とぬるでの木を入れて煎ずべし。若し黒あかきいろ出來る事あり。其時はせんじがらをばあげて煎じ汁を染桶に汲入れ、あつき中に染むべし。いきの出ぬ様にふたをよくすべし。かくのごとくして、度をかさね煎じ出す物なり。其煎ずる間は染物をば漬けてをくなり。かくのごとく九しほ染め、三しほは釜の中にて染るなり。十二番ともに染様同前なり。

同じく醋のさし加減、あかね染の大秘事とて口傳する事なし。されども、水二升に一盃入るとあるときは、凡さしかげんを考へて、少しのものをたび／＼加減して染めて心見たらば手の下にしるしを見るべし。さてそめ上げては、しぼりて、かげに干すべし。少ししめり氣ある中にたゝみて、ぬり桶などに入れて一夜をくべし。一夜に三度もたゝみかへたるよし。若し又、いづみ醋に鹽氣ある事あり。杉原紙に熱き飯を包み酢の中に入れをきて半時ばかりして取上ぐれば、鹽其まゝぬくるものなり。

王《かり》芻《やす》　第七

かりやす、畠にうへて能く生長す。春苗をうへて手入をし、秋分（八月の中を云ふ）の後雨氣を去る事、五七日もして、よく日にあはせて刈り取るべし。雨の後やがて刈れば黄色なし。刈りては日に干すべし。若し雨にあへば用に立たず。煎じて黄色を染むべし。

烟草　第八

たばこは衣食の類ならねば、こゝに出すべき物にあらずといへども、貴賤普く翫びて、過分に用ゆる事なれば、種藝の法疎そかにては、土地人力の費猶多し。もとより古法の種ゆる法もなし。近來芳野、丹波、其外諸所にて作る法色々あり。

先づたねを収るには、中にてよくさかへたるを、さきを留めず、蟲を取る事、よく實るまで少しも由斷なく取り盡して、小枝をばぬぎ去り、しんぼくのたねばかりを取りをくべし。

苗地の事、冬より二三度も耕し懇にこなし、糞をうちさらし置きたるに、正月早くやき草を多く入れて、土の焦るゝほど燒きたるは猶宜し。但やしき内など又は燒草なき所ならば、幾度も細かにこなし、燒土鼠土などにこゑをかけ、ねさせ置きたるを蒔きごゑとして、正月雪きえて畦作りし上を平らかにならし、少したゝき付け、右の蒔糞に細砂を少しぬみ合せ、むらなく薄くちらし蒔きにし、わらの箒にて蒔きたる上をかたよりなき樣にはきならし、其上に高さ五六寸に竹にてあらく〳〵とたなをかき、上にこもにても古き莚にてもおほひ、暖かなる日は時々おほひをのくべし。又地の上に竹をならべ其上におほひを置きてもよし。若し旱して地かはきたらば、泔を少しそゝぎ苗葉を出し、色うすくば細雨の中水糞を少しづゝそゝぎ小熊手にて中を折々かきあざり、苗二三寸にもなりたる時は、しげき所を間引きさり、又茎細ながくよはきをば是又ぬき捨つべし。惣じて苗地は思はく廣くしをきて、皆ひら苗となしたるがよし。移しうゆる地は、畠にても田にても、麥をうへたるにうゆべし。赤土に細砂交り小石も少々ある性のつよき地に作りたるが、味よくいろもよき物なり。吉野丹波のたばこ地いづれもかくの如し。服部は大かた田ばかりに作る。是又うす赤き土に細砂小石も少々ありて、もろく强き性のよき地と見えたり。

凡そ秋麥を蒔く時、畦作り筋のきり様、たばこをうゆる心得して作りをくべし。丹波は三足一足と云ふ。是れ竪の間足のひらだけ一つ、横の間ひらだけ三つと云ふなり。葉ふとく作るには是は少しせばかるべし。竪の間は一尺二三寸、横の通る筋二尺五七寸、是を中分として肥へたる地にふとく作るは、通り筋三尺餘にもし、又一筋は二尺五七寸にして、廣き筋より土を多くかひたるが第一よき物なり。但數多くしげく作りて、利分多き所もあるべし。其地味と勝手を考へて作るべし。

うゆる所に春より一鍬づゝ少し深く穴をほり、焼土其外糞を多く埋め、濃糞をかけ熟しをきて、三月苗ふとりて細雨の中か曇りたる晩方苗のふとくそろひたるを種ゆる筋をさだめ、少し深くうゆべし。麥の中なれば、雨うるほひなくてもさのみ痛む事なし。頓てあり付く物なれば、根のわきよりうすき糞を入れ、其後根の廻りをかるくうち、五七日も間ををき、右より濃きこゑを少し多く四五寸のけて入るべし。かくのごとくすれば、麥刈りしほになるを刈り取りて、麥かぶをうち返し、廻りをかじり草を殺し、これより段々五六日間を置きて力次第糞を多く入るべし。上たばこは胡麻の油糟ばかりを用ひ、又は根の廻りにほどろを置きて培ふはよし。鰯も能くきく物なれども、火付あしく香もよからず。只一本づゝの根を土をかきのけ、油糟を粉にして一本に二合あても車にをくべし。是を留糞として下葉を左の手にてあげ、右にて土をかきおほひ、少したゝき付けをくべし。惣じてたばこは葉ふとくさかへ、雨風にたをれ痛みやすきものなるゆへ、ふとるにしたがひて段々中うちし下葉の土のつきたるをもぎ去りて、四五寸も深く培ふべし。

葉數を付くる事、土地と其人の好みによる事なれども、大かた十二三或は十七八、但吉野などは廿餘りも付くると見えたり。甚だきつきを好むものは葉數十枚には過ぐべからず。凡蟲をとり、芽をかく事、是たばこを作る第一の苦勞なり。うへ付けてきり蟲を取るより仕舞ひてかぎ取る日まで蟲をとり、芽をかく事毎日二三度怠るべからず。一日も由斷しをこたれば、夏中の手入れ苦勞たちまち空しく成りて、上たばこは出來ざる物なり。

先を留むる事、土用の中十分に葉に實を入れてかき取るべき心得して、とめ葉出でたるは云ふに及ばず、留葉いまだ見えざるをもだん〳〵殘らずとめ盡して、中元の前後日のつよき中に、干上ぐる考へ前方よりすべし。尤をそきたばこは颶《おほかぜ》の難もあり、殊に日よはく成りては、干し上ぐるに色もよからず手間多くかゝるべし。其上二番を取る事なり難し。

右のごとく段々手入糞し、十分に作り立て、大かたかきとらんとする時、又よき糞しを入るれば、あかみ少々付きたる葉も又少し青み出でて、其後あかみ付きてちら〳〵と星の見ゆる時になりて、先うへの小き葉を二三枚かき取り、其下の葉をば五三日もよく日に合せ、晴天の日中に三四枚其上も見合せかくべし。是上葉なり。それよりだん〳〵次第にかき取るべし。一度に多くかく事あしゝ。

さて、寝さする事、床の上にても土座にてもけがれなき様に掃除し、葉を茎の方をそろへかさねて、茎の方を下にして立てならべをきて、上にうすきこもにても、又は桐の葉などか、又はたばこの土葉にても、とかくおもしにならぬかろき物をおほひ、一兩日して露ふるとておほひをのけ、茎の方を取りて露のをきたるを振りすて、もし中に性よはきがはや瓜色に成りたるをばゑり出し、縄にはさみてつるべし。其後又もとのごとく寝させ置きて、二三日以後おほひをのけ、手を入れてほめきかげんをうかがひて、瓜色に成りたるあらばゑり出しつるべし。悉く一度には黄色にならざるゆへ、ねさせて二日以後は幾度も心見て、中を端にし端を中にをくべし。若し其後までも色付きかぬるもあるべし。とかく瓜色までをき、はさみてつるべし。はさみつるに種々の傳あり。細き縄に一枚宛なはの目ごとにはさみ、縄の長さ二間、或は其上にてもつる所の間《けん》に隨ふべし。先二日外につり大かた干たるを内に入れ、茎まで大かた干たる時、又外に出し二三日も干し、半夜か一夜夜露とりて、又一日も干して収むるなり。

又一法あり。ねさせ様前に同じ。縄を少しふとくして、一目づゝ間を置きて、二枚宛葉のうらとうらとを合せはさみ内につり、茎のもと大かた干たる時外に出し、三五日も茎の堅くなるまで干し、夜露取る事なく、晩方も早く内に入れ取収むる、是丹波傳なり。

又一法、一目ごとに一枚づゝはさみ、つよき日に三日も五日もよくほし、干し上ぐるまで夜晝外にをき、尤夕立などの時は一所によせ、こもをおほひ、始終外に干し上げ収る。是芳野傳なり。惣じてたばこはにがき惡味の物なれば、よき糞しをあくまで多く用ひ、いか程も葉の精をつよくして瓜色に悉くねさせ、夜晝外にて干し上げ、頻りに夜露に合せ曝しぬれば、毒氣よくぬけて色あかくすきわたりて、にがみよくさり、少しも難くせなく、香ひもよく、烈しき氣味少しもなし。是胡麻の油糟を多く用ひざれば、此こしらへはなり難きものなり。尤土地の性を第一とする事なれども、此こしらへにてなければ、上たばこにはなりがたし。

又たばこはさのみ肥良の地ならざれども、荒しをきて犂返しこなし畦作りし、麥を間廣に蒔き、麥には手入をもせず、冬よりたばこをうゆべき筋をいか程もふかくうち、寒中さらしをき、牛馬糞山草などを切り埋め、其上にも濃糞を多くかけ置きて、苗四五寸にふとりたるを深くうゆれば、ふとりさかゆる事甚だ速かにして、葉のながき事三尺もあり。尤油糟を二三度も多くをき芸り培ひ前のごとし。

同じく蟲をとる事、二三度も糞を置き漸くさかゆれば、目にも見えかぬる蟲、上のみどりの内にある物なり。此時より少しもなきやうに毎日懇に取り盡すべし。わかみどり僅に出づるを、小き蟲目にもさだかに見えぬ程喰敗れば、後に葉廣く成りては敗れくち甚だ廣く見えて上葉にはならず。然るゆへ由斷なく取盡すべし。

又云く、葉の蟲を殺すは抹香を捻りかくれば蟲死ぬる物なり。又はせんだんの葉を干し、粉にしてひねるも蟲よく死ぬるものなり。又苦參をたゝき、水にいせかき灰を立てゝ、しべ箒にて葉にうちたるは蟲よく死ぬるなり。

又云ふ、たばこは早く苗を生立《そだ》てゝ、早くうつしうへたるが、夏の土用中にかき取りてやがて二番を取れば、勝手よく利分もある物なれども、上たばこを作る事は、土用前油糟を多く入れ、土用中のつよき日によく合せて、土用終りてかきたるをよしとする傳もあり。

又たばこに培ふ事、他の作り物は乾きたる土を以てさらへかくる事なれども、たばこ、茄子は少ししめりたる時培ひて根ぎはを押し付け、風雨にうごかぬ様にする事なり。下の土葉をもぎ去り、五六寸も高く培ふべし。然るゆへに、通り筋を三尺にも廣くせざれば、土を多く上ぐる事なりがたきにより、麥をうゆる時より其考へして畦づくりし、がんぎをも切る事なり。

さて悉く干し上げて莖も少々おるゝばかり干たる時、早稻わらにて俵を厚くふとく作り、其中に段々をし付け入れ置けば、色も彌《いよいよ》あかくなり、にほひもなほよくなる物なり。又は松葉を煎じ俵にうちたるは薫ひ取分きよき物なり。又かき取るべき二三日も前、松の青つぐりを多く煎じ、篠《きき》の葉を箒のごとく結《ゆひ》合せ、日中に葉の上にふりかくれば、第一薫ひもよく、少し松やにのねばり氣を以て葉の氣をとぢこめおくゆへ、葉厚く味きつくなる物なり。是たばこ仕上の良法なり。

さて葉をのし上ぐる事、俵に入れおきたる葉をつかみて見るに、しなしなとする時取出し、人數ある者は家内一同に打ちより、先あらのしをして、其後又葉のよしあし大小をゑり分け、揃ひたるをそれ〴〵にかさね、一把を一斤宛にたばね、莖の方をわらにてゆひおくなり。のす時ひざの下に敷きたるは、おもしつよ過ぎて色もあしくなり、後は味もよからず。米にても、大豆小豆にても、五升ほど袋に入れ、そばにをき、のしたる葉を其下にをくべし。おもしつよ過ぐれば葉必ずとぢあひて後あしき事おほし。

さてのし上げ、たばねては杉の櫃に入れ、氣のもれざる樣にかこひ置けば、何年過ぎても損ずる事なし。

所によりて二番を取るも替はる事なし。土ぎはより芽立ち多く出づる中にて、つよくうるはしきを一二本立て置きて其餘はかぎ去るべし。一本をきたるがよしといへども、風雨の時かぶぎはよりさけおるゝ事あり。二本向ひ合せをきて互に風のひかへとなすべし（但小できならば一本をくべし）。同じく二番葉數の事、一かぶに五七枚十枚も時分をそきは多く付くべからず。土際莖なをかくるゝほど多く培ひ、糞も力の及ぶ程入るべし。早作りの二番に手入を能くすれば、さまで一番にもをとらず利分ある事あり。勝手にまかせて二番をもとるべし。但八月大風の時分盛長するゆへ、必ず風損にあふ物なれば、二百十日の時節は、已に芽立ち少々出づる程の考へして仕立つべし。

たばこたね色々おほし。丹波、吉野、服部、新田、朝鮮、目かゝず、奥州など此内勝手利分をはかり好みに隨ひて作るべし。長崎もよきたねなり。

藺《い》第九

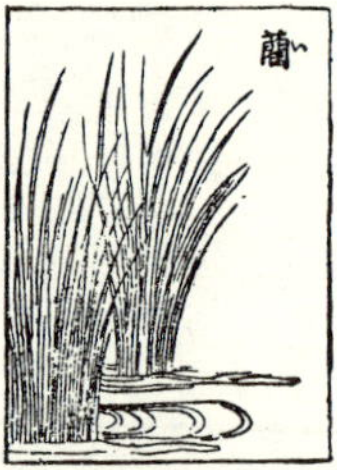

藺、一名は燈草ともいふ。疊の面とし、寢席《ねむしろ》とし、燈心に用ひ、薬ともなる。凡衣食すでに足りては居所を安からしむべし。されば、是功用おもき物也。土地相應する所にては廣く作るべし。

備後に作る法、來年藺を作る田は、今年早稲を作り、時分に刈收めて其まゝ耕し、こしらゆる事は稲田にかはる事なし。塊少しもなく、細かにくだき熟しをきたるに、山草其外地の和らぐ物を多く入れ、水をためをき、よくかきならし、十月初うゆるを上時とし、それより段々十二月までうゆるなり。苗をおこし、古根を去り、稲の苗をとるごとく、一手づゝにたばね、十本許を一かぶにとりて、間を三寸ほど宛にうゆべし。さて、十五日程にて芸る事も稲と同じ。其後熟糞を上より切々うつべし。四月までの間に凡十遍ばかり糞を入るゝを上功とはするなり。三月の比は山のわかき草柴など出來るを多く刈取りてつみをき、是をすさわらのごとく細かに切りて物をおほひ置き、むせたる時きりくだきて苗の上よりふるひかくべし。いかほどもおほきにあきはなし。

いなごの出來る時になりては、稲の有方の畦にわらかこもにてかきをゆひ、螽《いなご》をよくふせぐべし。又は竹竿を持ちてをひはらひたるもよし。冬苗をうへ付けてより、こゑを入れはじめ、それより草かじめ、螽を防ぎ追ひはらふまで、一日も怠り由斷なく手入れを用ゆべし。糞たらざれば色あしく、さきかれて上面にはならず、色を見合せ鰯などを頻りに多く入るべし。

　刈る時分の事、六月土用にいりて日和を見合せ、ゆふだちもすまじき晴日に、よくきるゝうすき鎌にて稲をかるごとくかりて、其田にて其まゝすぐり地をほりて、其中にて白き泥を濁酒のごとくとき、右の藺を此泥にひたしまぶし、きれいなる芝原ある所ならばうすくひろげ干すべし。二日ばかりにてよく干る物なり。其時凡二尺五寸細にてたばね、色よきわらか、小麥わらにて包み、すゝけのせざる所に棚をかき上げをくなり。其後上中下段々ゑり分け、よくそろひたるを上とす。

　上面をうつは、たねりをこき、苧をうみ、車にて合せ、わくにかけをきて打つ時用ゆるなり。又中面以下は、あら苧をうみて、是を車合せにして用ゆるなり。其後疊にうつ事は、女一人にて一日一夜に四はへの面を二枚うち上ぐるを定りたる仕事とするなり。所のならはしにて、此功のならざる女は、媒人なしと也。此ゆへによりて、女功の格式となりて利を得る事過分なり。

　又右二尺五寸細の藺にて四はへの面を四枚うち立つる事なり。備後の藺田の土は少しねばり氣ありて、小石少々交り、性のつよき地なり。藺は地の甚だ深きをよしとせず、底の堅くして中分の土地早稲を作る地を糞にあかせ十分に作れば、上藺出來るなり。深田の肥へたるに、ながくふとく出來たるは、寢席にうつなり。上面をうち出す所は三名《みな》、わくや、草深などいふ里なり。他村の女は及ぶ事なしとなり。

　藺の苗ををく事、刈取りて二番を生立《そだ》て置きて用ゆるなり。又は一番をからずして其まゝ置きて苗とするもよし。別に糞し手入にも及ばず。若し草あらばぬき去るべし。備後は肥良の地多き國にて南方を受くるゆへ、土產色々おほき中に藺田の利勝れて多し。六月刈取り、藺のかぶをぬき去り、跡を其まゝ耕して、かねて晩稲の苗を仕立てをき、早速うへて、手入れだん〳〵常のごとくすれば、大かた時分にうへたる稲にさのみはをとらず。霜ふりて刈取ると云ふなり。何國にも必ず田地肥へ過ぎて其實りよからぬ所ある物なり。左樣の地に此法を用ひて藺を作るべし。疊にうつ事ならざるものは藺にて賣りたるも利ある物なり。殊に跡にも又稲の出來る地ならば誠に過分の利なり。所によりて考へ、或はなをも習《なら》ひを得て心を用ひ其利を求むべし。

席《せき》草《さう》《りうきうい》　第十

席草、是を琉球藺と云ひて、疊の面にうつものなり。うゆる時分藺と同じ。六月刈取る事も又同じ。白泥を付けざるのみ。うへ樣、刈かぶを其まゝをき、九十月掘りおこし、古根を去り、分けてうゆる事、稲をうゆるにかはる事なし。こゑを入れ中をかき培ひをき、三月又糞を入るべし。糞は河の泥と灰に人糞を合せて根にをくべし。三月過ぎば糞灰を入るべからず。必ず蟲を生じ、色もあしくなる物なり。いか程も肥へたる田に宜し。殊に潮氣のある干潟の邊、肥泥の所に取分きよく出來るものなり。

菅《すげ》 第十一

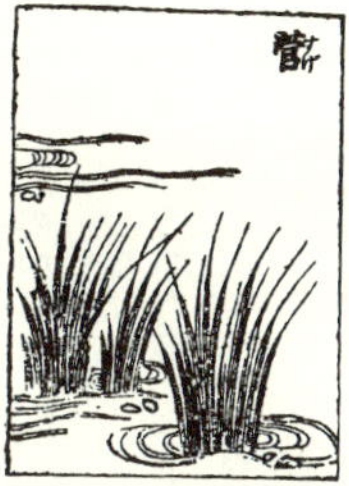

すげを種ゆる法、八月古かぶを引きわりて三本程づゝ一手に取り、間を五寸許をきて稲をうゆるごとくにし、糞は何にてもいとはず。鰯などは云ふに及ばず。有る所にては牛馬鹿などの毛を糞にするもよし。二三月の比わかく出づる心葉をぬきて捨つべし。其まゝ置けば、わきの葉さかへず。刈り干す事は、藺にかはる事なし。土用の中刈りて晴日に干し上げ、莚に包み煙の當らぬ所にをくべし。長短をゑり分くる事は桶を前にをき、其中にて本をつきそろへ末を取りて長きを上とす。天氣を見合せ二三日に干し上げざれば色よからず。若し夕立にあへば色あしきのみならず、さび入りて用に立たず。菅を作る地は深田の稲の出來過ぐるを上とす。相應の地にては稲にをとらぬ厚利の物と云へり。笠にぬふ人手間ある所などはおほく作るべし。

農業全書卷之七

四木之類

茶 第一

茶經には、五番までもつみ、段々名も替りて上中下の品あり。一番につみたるを茶とは云ふなり。殘る四番はよからぬ茶なり。名をしるすに及ばず。

種子を取り置く事は、九月末、茶の子熟し已に口をひらかんとする時、左の手に籠を持ち、右にてつみ取り、俵に入れ、濕地に埋み土をおほひ、雪の中こゞへ死なざる樣に物をおほひ置きて、春二月早く取出しうゆべし。必ず青みて芽少し出づる物なり。

茶園に作る地の事、樹下北陰に宜しとて茶は日當を好まず。土地の性つよく、黒土赤土にても粘り氣も少しありて、石交りのさのみ深からずして堅きに糞しを用ゆるが風味よき物なり。底の堅きを好む事は、立根ふかくは入らずして、わき根多くさかゆれば、枝葉も上にはのびずして、わきへよくさかへ葉しげく付く物なり。其ゆへに園地の底の和らかなるには底に石瓦を敷きて、其上に肥土を多く入るゝなり。茶園に成るべき土地は普く多き物なれども、勝れたるは稀なり。

山城三園の土地いづれも赤土の石地にて風霜はげしき陰地なり。

同じくうゆる法、茶ばかりうゆる所にても、又は他の作り物をする畠の中端《なかはし》にうゆるにても、前年より其間三尺ほど置きて、さしわたし一尺餘り、深さも一尺餘りに穴をほり、隨分性よく肥へたる土を七八寸程入れ、上にあくたなどを取りかけやきて糞をも多くかけ、二月に成りてたねを蒔くべし。穴の中にさしわたし八九寸に丸く輪をかき、たねを二三十粒かたよりなく蒔きて土をおほふ事一寸餘、上をたゝき付け、目串を十文字にしかとさして、雉子からすの掘らざる樣にすべし。其年も明年も手を付けずしてをく物なり。されども、肥地にてさかへふとりたらば、明る年の秋、根の廻りをうちかじり、草を去り、ほどろを多くをくべし。大かたの地ならば、三年目の春より手入をして、中にてのびさかへ長きばかりをさきをつみ取るべし。若し其年ひでりせば、泔水をそゝぎ、糞水をかけ、やき糞の類を根の下にをきたるもよし。惣じて茶は少しかたさがりの地に宜し。然るゆへに陰地をば好むといへども、水濕のもれやすき所によきとしるべし。田の園は取分きよしといへども、水濕のもれずして滯る所にては枯るゝ物なり。

又うゆる法、丸うへは常の事にて、何方にてもする事なれども、さがしく土のながれ下る所、殊に山中など、風寒はげしき所は筋うへをいかにも厚く、はゞも廣くうへたるは寒氣中に通らずよくさかゆるなり。又は二筋ならびて筋の間に糞をも入れ、中うちのなりよく、草かじめも便よき樣にうへたるは修理のために殊によし。穀物作る畠の磽地に此うへ樣を用ゆべし。土も流れず、こゑ灰の氣をも吹きちらさず、漸々に土も深くなり肥ゆる物なり。惣じて山中など風寒のつよき所にては、隨分厚くはゞをも廣くうゆべし。平地にうゆる心得とは格別なり。

又法、田畑山の三色の園あり。中にも田の園を上とす。是上茶を取る園なり。何れにてもうゆる通りに、先溝を底二尺、はゞも二三尺ばかりに掘通して、底に石瓦などを敷き、其上に性よき肥土に糠を半分もみ合せ、うゆる下ごとに、一尺餘も厚くをきて踐付け、茶の子《み》を一盞ほど丸く蒔きて少しをし付け、其上にもあらぬか土をおほひ、目串をさす事前にしるすごとし。旱せば泔《しろみづ》を澆《そそ》ぎ、中一年して芸り、廻りをかじり、中にてふとるべきを七八本其上も殘し、むらなき樣に立置きて、餘は悉くぬき去るべし。尤中にてのびたるをば、先をつみ取るべし。其まゝ置けば枝さかへず。

さてこやしを入るゝ事は、三月摘み仕舞ひてより園中の草を削り、根の廻りを深くうち、山草ほどろをいか程も多く根の廻りに入れ、其後も古葉、蜘のゐをはらひのけ、人糞、鰯、油糟にても其求めのなる者は力次第おほく入るべし。冬中も根の廻りをかきのけ、たび〳〵糞を入れ乾きたる土をおほひ置くべし。又春になりて摘むべき三十日ほど前に、色付けとて糞を少し薄くして根の廻りにかくれば、廿日ばかりにてはきく物なり。かくのごとくなれば、芽立心よく出でて、うるはしく色よくなる物なり。是れ宇治にて上茶を仕立つるにする事なり。他所の雜園は、草を削り、下草を多く入れ、牛馬糞などををき、寒の中一二度も糞を入るれば、かたのごとくよき茶にはなる物なり。

上茶をこしらゆる法、凡三月の節に入りて、つみはじむるを早しとするなり。

摘み様の事、心葉いまだ皆ひらかざる時、新葉の分殘らずつみ取りて、上葉と下葉を二段にゑり分くるなり。

さて蒸し様は、釜に半分すぎ水を入れ、なる程たぎらかし、蒸籠《むしこ》に葉をうすく一重ならびに入れ、先釜の口にわらにてくみたる輪をあて、其上に籠を置き、板のふたをして蒸上げ、甑《こしき》の中に湯氣の廻りて、葉しほれ箸にひた〳〵と付く時を揚ぐる時分とするなり。過ぎたるもまだしきも宜しからず。此かげんをしる事一入大事なり。さて甑より上げ、箕《み》のごとき竹籠の緣少しある物に薄くひろげ置き、團扇にてあふぎさます。

ほいろにかくる事、いろりのふかさ一尺四五寸長さ一間ならば、横四通りに炭をおこし、上にわらをたきて衣とし、竹のすをわたし、高野紙など厚紙をのりにて二重に合せ、いろりぶちまでとくとかゝる程廣くして竹すの上に敷き、右のあふぎ冷《さま》したる葉を一重ならびにひろげ、やがてねんと云ひて、竹を指二つのはゞ長さ三尺ばかりなるを、さきを五六寸も二つにわり、其所を少したため、そりをなしてわりたる所を繩にてあみ、末ひろがりなるを以て、其そりたる所にてさらさらと葉のおれくだけぬ樣にさがし、しばしして返すべし。かくのごとくしてしゝ干《ひ》の時、又此方にねりぼいろとて、ぬるきほいろを別にしをき、是に移して時々返し置くなり。葉よくはしやぎて後はさがす事なし。上ぐる時分はしめり氣少しもなくなりたる時、はり籠に上げ、葉の善惡を二段にゑり分け、こゝにても若しなほしめり氣あらば、ぬるぼいろにかけはしやがして、其後だん〳〵とをしに四番までかけ、さて折敷《をしき》のうらにて羽ゑりをして段々にしわけ、其後又とをしにかくる事十二段なり。其後鷹の爪よりだん〴〵袋に十匁宛入るゝなり。袋にならざる分は極詰《ごくづめ》、同じく粉などとて上《じやう》壺の詰になるなり。

同じく火いろ火加減の事、紙の上に手をきてみるに、しばしてあつさを覺ゆる程をよしとするなり。

ぬるぼいろは是よりははるかにぬるし。

又湯びく茶の事、葉漸くふとりて若葉の分殘らずつみとり、釜に湯をにやしをき、手の付きたる籠二つにて生葉を半分入れ、熱湯の中に入れ、箸にて上下かきまぜ、箸にひた〳〵と付く時、半切に清水を入れをきて、ゆびきたるを水の中に入れ、冷してよくしぼり、少しかはかしやがてほいろにかくべし。右の極よりは火をつよくするなり。又早稲藁のあく、山灰のあくにてゆびくもよし。さ湯の時はかき灰を少し湯に入るれば色靑し。湯いかにもよくたぎらざれば茶の出來よからず。色もあしし。籠二つにて取替へ〳〵湯の中に漬くる間、一二三と常の拍子にかぞへて上ぐるを先定むるしほとはするなり。茶のわかきと老いたるによりて少しのさし引はあるべし。ほいろにかけ上げてとをしにかくる事四五へんなるべし。

又煎じ茶はわか葉古葉殘らずつみ取りて、あくにてざつと湯がき、是も冷水にてひやし、よくしぼりあげ、莚に攤《ひろ》げ干し、少し汁のかはきたる時、莚の上にてもみ、或は細莚を作り、其上にてあらくもむ事三遍ばかり、さら〳〵と干たる時、とをしにかけをくもあり、つよきほいろにてあげ火を一遍取りたるは猶よし。其後俵に入れ收めをくべし。たて一本と云ふは六貫目なり。一斤は二百五十目也。凡一本の價銀廿目、是中分のねだんなり。大抵の茶園一段に三十本ある事是中分なり。しかればたて三十本の代五六百目程ありと知るべし。

又唐茶をこしらゆる事異なる事なし。唐なべ取分きよし。へついをうしろ高にぬりすへ土壇の上をば紙にてはり、さてつみたる生葉をなべの大小にしたがひて一二升其上にても入れ、いかにも火をぬるくしてひたと手をとめずなで廻し、鍋のはだになで付け〳〵、なで返してしな〳〵となりたる時、ござか、ふくい莚、手島など和らかにて茶のくだけぬ物の上にてそろ〳〵ともみ、よき程もめたる時、又鍋に入れて前のごとく手をとめずなで廻し、しばしにて上げて莚の上にてもむ事以上五六遍、鍋に入る事七八度なり。四五度煎りては葉はしやぎくだくるゆへもむ事は大方四五遍にてやむべし。煎る事はいかにもぬるき火にて度數いりたるが、にほひもよく、湯に入れたる時よく出づる物なり。火のぬるきほど茶もへらず、さて上中ともにかくのごとくよく煎りて壺に入れをく事、宇治茶とかはる事なし。唐茶もよく肥へたるさかりの園にて、わか葉の別儀以上の葉をつみて仕立てたるが、風味香ひまでも格別よし。瘠地のこやし疎かなるを煎りたるは、出し茶には取分き宜しからず。春早く尖葉の時つみたるは、煎りて雀の舌のごとく、又針のごとし。是唐茶の極なり。唐人も甑にて蒸すとあれば、煎るばかりにてはなく、挽茶を用ゆる事もありと見えたり。

宇治、醍醐、栂尾、是れ本朝の三園、何れも性强き赤土の石地なり。されば茶經にしるせるごとく北陰など日當のあしき、風寒はげしき所、茶にはよしと見えたり。茶園を仕立つる人、此等の考へを専らすべし。凡そ都鄙、市中、田家、山中ともに少しも園地となる所あらば、必ず多少によらず茶を種ゆべし。左なくして、妄りに茶に錢を費すは愚なる事なり。一度うゑ置きては幾年をへても枯れ失《う》する物にあらず。富める人は慰ともなり、貧者は財を助くる事多し（若し又山野もなき里ならば、本田畠に茶をうへても家々に茶を買はぬ手立をなすべし。是只一時の心づかひを以て子々孫々まで茶に財をつひやさぬはかりごとなり）。

楮《かうぞ》第二

楮には其種色々あり。其内先づ葉に切れこみ深くあるを楮と云ひ、切めなきを構《かう》と云ふと字書には見えたり。今専ら作るは、黒ひやうとて、皮薄紫に見えて、葉に切めありて、皮の肌へ厚く和らかにして白し。又おぶちとて、葉の切め黒ひやうより深く、木の色青黒く、枝ながく伸び、わきにたれて葉の色青きあり。是も皮厚く肌へいさぎよく白し。此の二色上紙に宜し。是は取分き南方の暖なる肥地を好みて磽地によろしからず。又つゞりかきと云ふあり。葉の切め殊にふかく、葉長く木赤色にて、皮は少しこはし。されども肥地相應の所にては甚ださかへ、大かたの地にても他の楮よりはさかゆる物なり。是防州にて専ら作りて他の楮より利分多しと云ふなり。此外、白ひやう、青ひやう、鯰尾などいふもあり。又目高とて、山に自ら生じてよからぬなど色々あり。中にも、右二三種を勝れたりとするなり。土

地に隨ひて相應を考へてゑらび作るべし。

同じくうゆる地を見立つる事、是楮を仕立つる第一儀なり。赤土の性よく肥へて深く和らかなる、南向の風の吹すかす、少し水走りさがしきを楮地の上とするなり。其外、黒土にても少しねばり氣はありて深く肥へたるはよし。惣じて楮は柔らかなる物にて、風寒はげしき北向高山などに曾てよからず。日當よく肥へたる地の吹込にてはなく、氣のさはやかにしてうるほひはありといへども、水濕の滯る事なく、少し方さがりの地を好むとしるべし。沙地など和らかなるふかき地にても、一端はよくさかへふとるといへども、久しくさかへず。皮うすく正味少なし。相應の地にてはすこし種へても過分の利潤ある物なり。よくゑらびて作るべし。

近來諸方にても楮の利ある事を聞きて、土地に專らゑらびある事をしらず。妄りに種へて大分人力を費やし、財を失ひし所多しとなん。是皆地をゑらぶ事を知らざるゆへなり。

又山畠などの肥へたる所、少し岸立ちて牛馬のすきかき及びかぬる地、同じく穀物を作る畦《くろ》、きり岸の邊り、か樣の地は少しうへても甚盛長し、其利他の物の及ばざる所がら必ずある物なれば、麓の里に住むものは、楮のみにかぎらず、四木其外相應すべき物の地味所柄をよく〳〵心を付け見立て考へて、少の地にても空しくをくべからず。楮は取分き盛長早くして作り安き物なり。

同じく苗を仕立つる事、楮はさし木にしては大かたつきかぬる物なり。中にもつゞりかきばかりは、肥地に時分よくさしたるは十に七八活くる事あり。二月芽立ちのかいるの目ほどに見ゆる時、箸の大きさ以上の枝を土際近くきり取り、末をそぎ捨て、本の方を長さ一尺二三寸程にして、本末ともに馬の耳のなりにそぎ、いか程も多く作りをき、黒土の肥へたる少しねばりけありて深き所に、四五寸ほど間を置き、矢竹ほどの小竹にて五六寸のふかさに穴をつき、切りたる枝を半分ばかりもよくさしこみ、廻りを踏付け置きて、旱せば泔をそゝぎ極熱の比《ころ》は棚をかき、おほひをしをき、草あらばぬき去るべし。冬になりては根を生ず。明る春より草かじめ懇にし、折々糞水をそゝぎ、根の土をかはかすべからず。三年めの春早く掘りて移し栽ゆべし。

又苗を仕立つる法、正二三月の間わかき楮のさかへたる根を掘り出し、箸の太さ以上なるを、長さ一尺餘に切りをきて、畠を葱などうゆる様に畦作りし、葱の畦のごとく横筋を切りて一本あて、間を二三寸ならびに、深く頭の方二寸許り上に出づる様にうへ、土をかけ、少しふみ付け、うすき糞をかけ、日おほひのために、わらにても、あくたにてもちらしおほひ置くべし。四五月大かた残らず芽立ち出でてさかゆるを、草を去り中を削り、牛馬糞、煤がやなどを根に置き、土をおほひ置けば、肥地にてよく榮へたるは其冬掘り取りて移しうゆべし。是楮苗を無造作に仕立つる良法なり。凡そ一段の畠にて、手入糞しをよくしたるは、二三萬は出來べし。

楮を植ゆる法、山畠にても、平地の畠にても、他の物を作らずして楮ばかりうゆるは、凡竪横の間三四尺に一本宛うゆべし。又中に物を作らば、間に麦畦を二つ或は三つもをき楮を一筋うゆべし。楮を二筋ならび植ゆべきも見合せて心にまかすべし。此時は楮のかぶ、ぐのめになる様にうゆべし。尤繩をはりて筋を直ぐにすべし。筋に出入あれば、牛馬のすきかきに勝手あしし。一すぢの中にて、苗の大小なき様にそろへ、先をとめ、根さき日向の方にひかする心得して少し深くうへて、しかと踐付くべし。又は苗を二三本一所に間を五六寸もあかせ三つがなわにうへたるは利分を早く見るべし。殊に雨風の時互にひかへとなりておるゝ事なし。梅雨の中など、わかくさかへたるに雨風つよければ、そぎ口近く出でたる枝さけおるゝ物なり。

苗ばらひの事、うへて一年二年にもかぎるべからず。有り付きかぬるを早くはらへば痛む物なり。ふとらせ根よくはりてはらひたるがよくさかゆる物なり。苗ばらひの時は、土ぎはより四五寸をきてきるべし。但小きは手一束ほどにてきるべし。鎌のうすく能きるゝにて、そぎ口東南に向くやうにきるべし。所により苗ばらひの時、土ぎはあまり近ければ朽入りて痛む事あり。若しそぎ損じてわれさけたらばそぎなほすべし。又明年二番切の時よりは株になるほど引きそへてそぐべし。是又そぎめの日向になる心得すべし。

蒸し剝ぐ事、甑のたけに合せて、三尺二尺五寸にてもよく切るゝ鎌にて切りそろへ、甑の大小に合せて、二所も三所もいか程もかたくしめて、さてわらにて釜の口に合せ、輪を作りをきて、其上に甑を据へ、又わらにてふとくながく輪のごとくして、釜と甑の相くちの所に引廻し、氣の外にもれざる様にし、いかほどもつよく蒸し、よくむせたる時は、甑より出づる湯氣つゞかずしてきれのぼり、香ひ甚しくば、能くむせたるとしるべし。よく蒸れば、切口の皮一寸もむくれあがる物なり。いまだむけあがらざるうちは生まむせとしるべし。十分よくむせたるをあげて、數人打寄りてさめざるうちに早く剝ぐべし。一方を地に付けて、丸ぬけせず、皮敗れさけざる様にはぎ揃へ、一にぎりを一把とし、一方そろひたる方を結ひて、悉くはぎたる時、竿にかけ或は竹棚に干すもよし。よく干たる時、一方の結ひそをとき、又一方をゆひ直し、又干し上げて折るほど干たる時、おさめ置くべし。若し生干なるをつみ置けば、中くさり、かび入りて損ぬる物なり。さて二十斤にても三十斤にても一把にし、煙の當らざる所にをき、其後も晴日に出して干すべし。

又吉野にて楮をうゆる法、土地の肥良といへども、日向のあしき所楮にはあしし。苗の細根の多きを十月末より正月二月の間木ずゑをとめ、長さ一尺餘にして、畠の岸々又畠の中にても物をうゆる所をば明けをきて一筋づゝ、木のならびは三尺餘或は二筋三筋もならびてうゆるならば、となりの筋の木と向合はざる樣にし、ぐのめに少し深くうへて根を踏付けをくなり。さて來年の秋に成りて木ながらよくふとりたる分は、土ぎはより二寸或は手一束をきてわれざる樣にそぎ取るべし。其明る年はなべて苗ばらひするなり。其後は毎年十月より十二月の間に刈取りて、長さ三尺五寸に切り、四尺繩或は四尺五寸なはにてしかと二所つよくたばね置き、釜に水八分め入れ、釜のふちにわらの腰輪ををき、其上にたばねたる楮ををきて釜の中におちいらざる樣にすべし。さて上より甑をおほひ蒸すべし。よくむせては肩をぬぐとて、五分一寸も皮むけ上がるをよくむせたるとする也。此時上げて筒にならざる樣に剝ぐべし。筒になるとは、丸ぬけする事なり。其後片口をたばね、先一日干し、又一方を結ひ替へて二束を取りちがへ合せて二尺許上を一つにして結ひ、竹を横にわたし是になげかけ干すべし。是を名付けて馬々と云ふなり。かくのごとくして悉く干上げ、一束を三貫目にして商人に賣渡す。直段年によりて少しの高下あれども、凡銀廿目に付十二三貫目中分のねだんなり。芳野の土は大かた赤土小石交りなれども性すこし弱くかるし。然るゆへに、瘠肥良の土地とは云ひ難しとなり。

又周防の人の說には、楮をうゆる地はよく肥へたる上はなけれども、何土にもよらず、糞し、培ひ手入れを穀物を作る樣に用ひては、穀物の利には過分にましなり。此故に彼地は楮をうゆべき畠は、穀物をば二番にして楮を專ら作りて、他所になき厚利を得ると云ふなり。麥を作る畠にうへて、麥に糞しを多く用ゆれば、楮も共にさかへて兩樣の利分あり。楮ばかりを專らうへたるにさのみをとらず、公私二重の德分あるゆへ、上もなき作り物なりと云へり。

又年々正月に晴天の日、楮畠に枯草あくたなどをあつめて火を付くれば、落葉も共に燒けて朽ちたるかぶにもみ付き、蟲も死にてよくさかゆる物なり。

又二月古根のわきに出上りたるを鍬にて切り去るべし。是惡根なり。是をされば痛みはせずして却つてさかゆるなり。

又楮に多くの功能あり。四木の內にて桑に次ぎてなくて叶はぬ物なり。第一は、貴賤日用の書狀、或は事を記し、雜事に用ひ、萬其所用となる事はかるべからず。葉は茶にして諸病を治し、若葉は菜にし、其古科《かぶ》の朽ちたるを濕地に埋み泔水をそゝげば菌《くきびら》を生じ、又わかき楮木の切口より出でたる汁にて金字をかけば眞金によく似たり。又此皮を以てきる物に造り、衾としては堅く暖にして貧家の助けとなる。彼是其德ならびなき靈木なり。尺地も所あらば無益の物をかりすて、一かぶにてもうへ置くべし。古人のいへるごとく、うへてさへをきぬれば衣食のやしなひを待つ物にあらず。自らふとりさかへて蕃くる事なきは生物の德なり。實に是のみに限らず、若し土地のらいあらば世を助くる草木を苗を仕立て、接木とり木にし、折ふしの暇に心にかけうへ立てをきぬれば、いつとなくさかへて地の徳もさかんになり、凡て所も富み、民のかまどの賑ひ豊かならん計是に及ぶ事稀ならん。中にも楮は其用多く、殊にうゆる土地も多くある物なり。或は五穀は曾て作られざる山野の嶮しくそばだちて牛馬のすきかきもならざる岩のはざまの石多く、他の物を作るべき樣なき所も、楮に相應の地必ずある物なり。心を付けてゑらびうゆべし。されども、高山北向の風はげしき所にはうゆべからず。たとひ肥良の土地にても、風のつよくあたる所に甚だよからぬ物なり(をよそ楮は地をゑらぶ事肝要なり。土地の相應善悪をよく辨へず、妄におほく作りて人力をついやし、はなはだ財をうしなふ事あり。尤愼むべし)。

漆《うるし》　第三

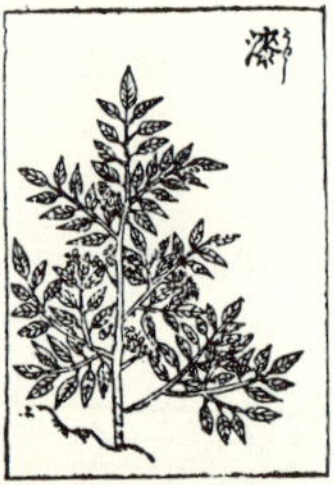

うるしを芳野にてうゆる法、先づ苗を仕立つるは秋子《み》を取りて俵に入れ、ぬれゑんなどつねに水つかふ邊りにをき、俵の上より水をそゝぎ、泔水《しろみづ》をも時々かけて、古莚こもなどおほひ置けば、春になりて少し靑みて芽立の見ゆる時、苗地を冬より耕しこなし熟し糞をも多くうちさらし置きたるを、畦作り、菜園のごとくし、かきならし、種子をむらなくばらりとまきて、肥土を以ておほふこと指の厚さ、棚をかき、日おほひをし、旱せば水をそゝぎ、草はありともとらずして、一年は其まゝをき、二年の後、根の土ながら掘取り移しう

ゆるなり。又は二年め、苗四五寸の時、猶も肥へたる地を耕しこなし、糞を多く入れたるに、葱をうゆるごとく間を三四寸置きてがんぎをきり、一本づゝうへをき、糞水泔水をさい〳〵そゝぎ、芸り生立《そだ》て、來二月中旬移しうゆべし。吉野にて苗を此のごとくして多く生立て、諸方へうり出すを、遠國へ買取りてうゆれば皆生長すると云ふなり。

うゆる地の事、麥にても其ほか穀物を作る畠に、麥ならば秋蒔く時より其心得を以て畦作りし、肥地ならば五尺ばかり、其次ならば四尺五寸、四尺にても瘠地ほどせばく畦作りし、麥を蒔き置きて、其畠の畦の長さに繩を引き、尺の所にしるしを付け置きて、繩の兩方にくいを打ち、引きはりて是をたて、筋の定めとしてとなりの木とならばず、ぐのめになる樣にうゆべし。後まで中に麥を作らば三尺ばかりもある麥畦を三つにても四つにても中になる程にうゆべし。

さて麥を刈り上げて漆に糞しをする事は、人糞をひしやく一盃を三本にかくるなり。其後夏中に二三遍も右のごとく糞をかくべし。鰯もよし。されども、肥地には遠慮すべし。肥へ過ぐるは却てあしし。秋になりては又常のごとく麥を蒔くべし。又明る年も相應に糞を段々に入るべし。さて其明る年麥を刈り終りて初めてうるしをかきとるべし。

かきとる事、四月半よりかんなをあて初むるなり。初は先淺く木の痛まざる樣に、木の三方の内四五かんな當てゝ十本十五本もあてゝ通り、跡に立歸りてへらがうにてかきとり、筒の中を榧《かや》の油にてぬり廻し、うるしをへらにてかき入れ、筒一盃の時桶にうつすなり。桶は一升入或は二升入にても檜の桶よし。こくそをうるしのぬけざる樣に、小麥の粉にても又はひきちやにても疋つよく粘りたるを用ゆべし。桶のふたには半紙をうす澁にて一ぺん染めて桶の廻りに一寸程出づる様に丸くしておほふなり。おほふ時は水にて紙をしめし用ゆべし。しからざれば、おどり上りて漆に思ひ合はず。四月の末つかた初がきをしてより木の精程づゝかき目をしげく木のもとより付くるなり。初一方よりかきそめて後は六方よりかき目を付くるものなり。八九月迄の間に十遍も、上畠の性の強き所は十二遍もかくなり。年によりては十月までかく事もあるべし。残らずかき終りて、とめがきとて去年と今年との節の所に横に木の廻り半分もかんなを少し深くあて置くなり。それより上の精ぬけ下らざるためなり。其後十月十一月の間に、かき留の節の下二寸ばかりかけて上をかり取りあつめ、二尺廻り程にたばね、流水にても池水にても本を一尺許り水の中に有様に立て漬けをくなり。さて五七日して取上げ、二寸ばかりづゝ間を置き、菜刀のごとき物にて切廻し、二三十本も切廻したる時、下にすけ木をおきて其上にならべ置けば、切めより漆少しづゝ出づるを、へらのはゞ一寸ばかりあるをさきをうすく矢筈のごとくして、是を持ちて木を一本づゝすぢかいに立てゝへらを廻せば、さきに漆少しつくを桶の正中《まんなか》に縄をつよく引張り、へらのさきにつきたるうるしを桶の中に落し入るゝなり。

苗ばらひの事、漆をかき終りて十一月中に土際三寸ばかり置きて、よくきるゝなたにて兩方より下の矢筈になりてわれざる様にきるべし。きりはらひたるうるしの木は薪になるべし。

又一説に、苗ばらひは春暖かになりて切りたるがよしとも云ふなり。

二番生《おひ》の事、初め苗をうへてよりは四年め、たねをふせてよりは五年、此春出づる芽立を先五七本出づるとも、少しもきらずして秋まで生立て置き、秋に成りて中にて精のつよくふとるべきを二三本向ひ合ふ様にして立置きふとらせ、中年一年にてかき取る事右に同じ。

又漆の苗を仕立つる法、うるしの子《み》を九十月の間取りをき、正月の中こもか莚に包み、たまり水に漬け置き、二月半ば蒔くべき二三日前取上げてかはかしをき、さて蒔くべき地は下のつかへて立根の底に入れかぬるに、畦作りつねのごとくし、糞を入れ、熟しをき、畦の中に二寸ばかりの深さに筋をかき、肥へたる性よき土に糞をうち、冬よりさらしをきたるを、うへごゑとして麥の蒔き足より少し厚くまきて、土をうすくおほひ置き、糞水を少しかくるもよし。其後生ひ出でては草少しもなき様に芸るべし。厚く生ひたる中にてかじけたるは間引き去るべし。さて秋になりて鍬にてわきより根の痛まぬ様にほり取り、五六十宛を一把にたばね、屋敷廻りにて肥へたる地をなほも糞し能くこしらへ、葱をうゆるごとく少ししげくならべうへ、土をかけ、段々いか程もいけをくなり。春になり麥の修理を早く仕舞ひて、其麥畦の中にうゆる事前のごとし。此法前の苗を仕立つる法よりまされりと云ふなり。右是までは吉野うるし三年がりの法なり。

諸所にうゆる、大木になして漆をかき取る事別法なし。只暖かなる山中、いかにも肥へたる所の畠の畦きし、又畠の中にても作り物の木だれにもさのみならざる所にうゆれば、所によりてうるし多く出づる物なり。よきうるしの木五本うへて持ちたる者は、老人夫婦の糧は必ずある物と云ふなり。但風あらき所、海邊潮風の當る所は盛長はするといへども、うるし少し。日向よき肥地をゑらびて多くうゆべし。千樹の漆をうへて持ちたる人は千戸侯とひとしとて、其分限大名の富と同じ事なりと史記にもしるせり。さも有るべき事なり。芳野にて上畠一段にうるしばかりをうへて、三きり四きりと云ふさかりには、一年の利銀十枚は凡違ふ事なしと云ふなり。

又同所にて漆と楮と一科づゝ交ぜてうへたる畠多し。是又中分の年一段の畠にて銀三百目の内ある事なし。芳野中なべて此のごとしと云ふなり。

又漆の眞僞を心みんとならば、枯れたる竹の上をぬりて風の當らぬ所に箱などに入れをきて見れば、交りなくうるしばかりなれば、やがて乾く物なり。かはきかぬるは漆ばかりにてはなきとしるべし。此外色々見様あれども、いちじるくよく知るは是なり。

椀折敷うるし塗の類ひ客人などしまひ、やがて清水にて洗ひ、竹棚或はすだれの上にをきて半日も天日に合せさらし乾して後取りおさむる物なり。若し鹽氣殘りてしめりとをれば、早くそこね敗るゝ物なり。うるしぬりのうつは物を日に干せば損ぬると云ふはあやまりなり。但ぬりたる薄板の物を干せば板そりはなるゝ物なり。

又内を朱ぬりにしたる物をあをのけて干すべし。日に當りて乾くを好む物なり。

桑《くは》　第四

桑は四木の一つにて取分き貴き物なり。凡て人世の重き物は衣食に過ぐる事なし。しかれば五穀に次ぎて必ずうゆべき物なり。古は人家ごとにやしき廻りに桑をうへて應じ〳〵に絲綿を取りて、衣服の儲としたりとみえたり。殊に一度うへをきては、女功ばかりにて農事の妨ともさのみ

はならず。草木こそ多き中に青葉より絲綿の出づる事實に奇妙の靈木なり。近來木綿を廣く作りて其しるし速かにして、下賤のために便りよきを專らとして、名所の外は桑のしたて疎かになりたると見えたり。されど、木綿も又土地所によりてをしなべて作る物にあらず。山中雨霧の深き所、其外作りて利なき所多し。此等の所にては桑に宜しき土地をゑらび、やしき廻り牛馬のふせぎなど無益の雜木をのぞき、專らうゆべき物なり。是に先づ二色あり。一色は木立のびやかにふとりて、葉丸く廣く厚し。葉の切め少しありて實多くならず。是を唐の書には魯桑と云ひて、桑の上としるし置けり。今一色、しん木枝まで細く堅く見えて、葉の切めふかく、菊の葉のごとし。椹《くはのみ》多くなりて木のかたちふくやかならず。是を荊桑《けいさう》と云ふなり。魯桑は蠶にかひて絲綿多く、荊桑は葉うすく堅きゆへ、其利劣れり。絲はつよし。魯桑は、木やはらかなれば久しくこたへず。荊桑は、幹木より枝葉まで堅きゆへ久しくさかへてつよき物なり。然るゆへに、荊桑をだい木にして魯桑の穗を接ぎたるがよしと唐の書にはしるし置けり。尤さもあるべき事なれども、桑は生じ安くさかへやすき物にて、接木、さし木、取木などするに及ばず。よきたねを年々まき、苗を多く生立てをき古木のかはりにうへつぐべし。

苗を仕立つる事、椹黒く熟したる時取りて其まゝもみつぶし、水にてゆり乾かしをき、苗地をいかにもこまかにこなし、糞をいかほども多くうちさらし置きて、畦作り菜をうゆるごとくし、横に筋をかきたねを蠶の糞其外糞土灰をも合せてうすくむらなくまき、土をいかにもうすくおほひ、うるほひなき時ならば少し踏付け置くべし。旱せば泔水をそゝぎ、草あらばぬきさり厚く生ひたる所をば間引きすて、其後も糞水を度々かけ生立てをき、もし寒氣つよき所ならば牛馬糞又は糠を以ておほひ置き、あけて正二月移しうゆべし。

又桑のみを取りて、其まゝなはにすり付けて、がんぎのはゞに合せて繩を切りてうへ、土をおほひ、しかとふみ付けをくもよく生ゆる物なり。少しくさりたる繩よし。

移しうゆる地の事、畠にうゆるは間を四五尺もをきて一本づゝ若しは二三本一所に植へたるもつみ取るしるし早し。通りを直ぐに畠のかつかう次第に筋と筋との間、麥畦二つ三つも土地と其人の勝手にまかせてうゆべし。其外、畦、きし、川の邊り、水に近き所よくさかゆる物なり。殊に水をそゝぐに便りもよし。さて有り付きて後は、廻りをうちかぢり、草を削り、根の廻りに埋みをき、綠豆小豆などを蒔き、二年の間は葉をとらず其まゝをきて、三年めよりつみとるべし。但土地の肥やせによるべし。よく肥へてさかへうるはしきは、明る年よりもつみ取るべし。

又椹をうゆる法、黒くよく熟したるを取りて乾しをき、兩方の端を切り去りて中ばかりをたねとすれば、木と成りてよくさかへ太る物なり。柴の灰とたねをしめしもみ合せ、明る日水にてゆり、粃など浮ぶ物を去り、さらし乾してうゆれば生へ安し。

又あれたる畠を耕しこなし、糞をうちさらし置きたるに、黍たねと椹を等分に合せてまき、砂にてうすく種子おほひをし、生へて後折々中うちし、草かじめして、桑苗の生へたるをば二三寸に一本あて生立てをき、黍實りて穗を刈取り、其後からをかり、干し、火を付け、風上より燒き置けば、春になりて桑生じさかへて、其年はや蠶に飼ふほど有る物なり。

又云ふ、屋敷廻り、其外平地の和らかなる所は、魯桑も荆桑も皆よし。若し高き岡又は山畠など性のつよき堅き地、風當の所などは荆桑をうゆべし。

又南西の方の畦に麻を蒔き、東北の方の畦に桑の子ときびたねを合せ蒔くべし。旱して地乾きたらば日おほひをし、棚を作り、水をもそゝぐべし。是も黍と共に刈りたをし、順風に焼くべし。其後糞灰を用ひ手入をしをけば、春になりてさかゆるを移しうゆるもよし。子をうへ付けにして其まゝ生立つるも本よりよし。接木、取木、さし木何れもよし。中にも下枝の根に近きををしをかけ糞を以て培ひとり木にして、根よく出たるを見て、切りはなし、移しうゆる事しるし速かなり。

又地桑を作る法あり。高き木は葉をつむに便りよからず。其上高き木ばかりにては事たらぬ時もあり。又勝れて蠶の利潤多く、土地の餘計ある所などは、專ら是を作るべし。畠の中に芳野うるしうゆるごとく、四五尺間を置きて、桑苗一かぶに二三本づゝ穴を掘り、糞を入れてうへをき、ふとりたる時、土際一尺ばかりをきて鋸にて引切り、きり口を削り松脂か蠟をぬり、火にてやき付けをき、來春芽立ち少し出づる時、ふとくさかゆべきを二三本或は四五本をきて、其餘は皆かき去るべし。小枝多ければ葉うすく細くして、蠶に飼ひて絲少し。桑は生じ安き物にて十一月より寒中の外は何れの月うへてもよく活るものなり。苗を仕立つる所も又移しうゆる所も、麻か、いちび粟黍にても日の當る方にうへて其かげをとるべし。

又葉をつみ蠶に飼はんとする前つかた、清水をうちてつみとるべし。雨の後はくるしからず。三月三日晴るれば桑よくさかゆるものなり。此日若し雨ふれば桑の葉價ひ高く綿も高し。

又桑久しくさかへて後は、となりの根とからみ合ふて根上りもし、榮へかぬる物なり。其時は、中うちをあらくし、悪き根の上にあがりてあるをば切去るべし。

又畠に地桑を専らうゆる數は、凡一段に六七百科うゆる積りと唐の書にはしるせり。尤、土地の肥磽にはよるべし。とかく大かたの地にては中に物を作りて、其間々端々畦きしに見合せうへたるは、桑許うへたるにおとらず榮へ、葉も肥ゆる物なり。

又桑苗を仕立つるに、去年のたねも少々生るといへども、當年の椹を取りて極熱前に蒔きたるは殘らずよく生ゆる物なり。椹をとりをきて器物に入れをくか、其外いきるゝ様にはおさめをくべからず。ことの外、熱氣のつよき物にて、いきぎれ損ね、又鼠のよく食する物なり。其心得をすべし。

又柘榴の木を多くうへをきて、若葉を蠶に飼へば、桑と同じく糸を生ず。此糸は琴の糸にして其音清く響きてつねの糸よりは甚だ勝れり。されども、糸はすくなし。是を蠶に飼はんとならば、前年葉を殘らず切りはらひ去るべし。其まゝ置けば、春の若葉も毒ありて蠶に忌むなり。柘榴を子《み》うへ、とり木にする事も、桑と大かた同じ事なり。此二木取分き用材なり。細き時は馬の鞭にし、杖にもよし、十五年廿年に及べばきやうそく、腰かけ、又は弓にも作る。又わかき直ぐなる四五尺ばかりあるをたはめて弓のごとく縄にてはりをき、後々大木となりて馬の鞍にうちては、上もなき物なり。されども、平地に生へたるはよからず。山中岩間より生へて久しき曲りを重寳とはするなり。桑、槐《えんじゅ》、楡《にれ》、柳、楮五木是なり。此中にて取分き桑を貴しとするとしるせり。又四木は桑、漆、楮、茶是なり。

凡桑は大木をよしとす。わか木の枝を刈りて用ゆるはたやすきやうなれども葉すくなし。殊に蠶の小き時は、柔なる葉よけれども、少しふとりて後は老木の厚き葉を飼はざれば蟲ふとらず。糸多く生ぜず。蠶小きうちばかり若木の葉を用ゆる事となり、又山邊の木には葉にさまざまの病を生ずる事多し。唯大河ばたの桑尤よし。かひこも疾なく、よくそだち、種子よく出るとなり。かひこのたねは高直なる物となり。抑〻桑を多く仕立つる事は、西國ならば、丹後、但馬邊にて委しく其制法をならひ、木多くなりたらば名所より男女を雇ひよせて、委しく其術を盡すべし。蠶を飼ふ事、さま〴〵手入れの次第ある事也。又東國の方ならば、武藏、上野などにて萬の仕立其法を詳に聞きならひ、よく得心して後、廣く仕立つる事肝要なり。前に記すごとく、近來中國邊に楮の利多き事を國々に聞き傳へ、委しく其術をまなばず、能く其地味を辨へずして、妄にひろく楮を種へて多くの人民を苦しめ、莫大の財を費せし所おほしとかや。是皆大事を作すに能く其始を謀らざるゆへ、其終に失多き事かぎりなし。都てかゝる類ひは尤其始を謀るに心を用ゆべきものなり。

農業全書巻之八

菓木之類

李《すもゝ》第一

李は其種子《たね》色々あり。四月熟し、色紅紫あり、大小、甘き酸きあり。ふとくて甘きたねをゑらびてうゆべし。核子《さね》を冬より土中に埋みをき、春になりて芽少し出でんとするを見て肥地に畦作りし、四五寸づゝ間を置きて一粒宛《あて》うへ、土をおほひ、上を少しをし付けをきて、苗ながくなりたる時、臘月より正月の間移し栽ゆべし。李は耕しこなしたる熟地はいむ物なり。實る事なし。其間二間ばかり置きて一本あてうへ、根の廻り草あらば去るべし。李は古木となりてもよく實る物なり。正月一日或は十五日石瓦を木のまたに取りかけ置けば多くなるものなり。

半熟の物を鹽に漬けをき、やがて取出だし、乾しさらし、しはみたるを手にてひねり、又さらし、乾し、肴に用ゆる時湯にて洗へば風味よし。

梅《むめ》第二

梅は其花、色香もこと木に勝れ、百花にさき立ちて雪中にひらき、君子の操あり。實にも又味ことにして藥となり、食品とす。凡天下の物二つながら全き事なし。花の見事にして大きは必ず實よからず。實のよきは花をとれり。唯梅は花實をかねたり。雪中に花香を發ちて人を感ず。白梅あり、紅梅あり、ひとへあり、八重あり。豐後梅、花も捨てがたくして、其實は勝れてふとし。又信濃梅とて、實小さき事ほうづきのごとく、鹽梅にして核子くだけ安く、賞味するにたへたり。又野梅にも大小美悪あり。にがみなきたねをゑらぶべし。上古は鹽梅を多く貯へをきて、臛《あつもの》などの食味に皆是を加へて料理しけると見えたり。されば今も料理の味を調ゆるをあんばいと云ふは、いにしへ鹽梅を以て加減をせしゆへとなり。又生《なま》黄《うれ》の時取りて、籠に盛り燒火《たきび》の上につりをき、燻べ乾し、烏《う》梅となして藥に入るべし。又青梅の時、砂糖漬、梅酒、糟漬さま〴〵料理多し。又熟しては鹽に漬け、數日の後取上げ、日に干晒し梅干となすべし。又白梅を紫蘇葉にて包み、つぼに入れ置きたるは取分きよし。白梅の鹽のから き干《ひ》過ぎたるは料理によからず。二合鹽《み》是中分なり。

子をうゆる事、李と同じ。されども子うへは實る事をそきゆへ、だい木をうへをきて、臘月正月の間よき穗をゑらびて接ぎたるがまされり。

又大き木を移しうゆるには、枝を大かたきり去りて、溝の泥を多く入れてうゆれば枯るゝ事なし。唐には紫花黒花の梅もあると見えたり。凡梅は山中、海邊、黒土、赤土何れの所にも宜し。

杏《あんず》　第三

あんずは夏の始早く熟し、菓子によし。うゆる法、よく熟したるを肉と共に糞土の中に埋みをき、生長し二三年過ぎ、四五尺になりたる時うつし栽ゆべし。をき付けにしたるは實小さく味苦し。

又杏は人家に近き所に栽ゆべし。太き木を移しうゆべからず。多くいたみてさかへぬ物なり。正月木の下を槌にてうち、二月草をさり、三月木のわき二三間もをきて畦を作り、水を通し、旱りせば水をそゝぎ、若し花つぼみて雪霜にあひたらば、早く木の下に火を燒きてけぶりをあて、花つぼみの痛まざる樣にすべし。尤梅桃のだい木に接ぐべし。桃のだい木に接ぎたるは實あかく大し。いのちながき木にて久しく枯れぬ物なり。

生なる杏を干しさらして菓子によし。又杏仁《きやっにん》は藥に入れ、粥にし又炒りてすりくだきあへ物のかうばしにしてよし（又よく熟したるを、手ひきがんの熱湯に入れ、しばらく置きて取り出だし、砂糖一斤に杏十四五廿ほどつけ、十四五日過ぎて菓子に用ゆべし。甚だ味よし。又上燒酒《しやうちう》一斗によく熟したる杏子百二十或は百ばかり入れ置き、五六十日過ぎて用ゆ。其味はなはだめづらし）。

梨《なし》 第四

梨は百菓の長と云ひて、菓子中の取分き賞翫なる物にて、殊に熱煩《ふくちう》の病人《つよきねつあり》などに用ひて功ある名物なり。其性東南をうけたる風寒はげしからぬ肥地、屋敷廻り、内園のかきの邊り、濕氣なく暖かなる所盛長し安し。惣じて梨のみにかぎらず、大き菓のなる木は甚だ和氣を好むゆへ、土地、風氣共に肥へ和らかなる所に宜しとしるべし。瘠地、淺く堅き地など、たとひなりても小さく、味もよからず。屋敷内にうゆるも和氣の多き方をゑらびてうゆべし。

接木取分きよし。さし木もよくつく物なり。又子《み》をうゆる事は、よく熟したる味よくふときをきりわり、子《み》を取り埋み、明年《あくるとし》苗生じて春二月、わきに肥熟の地を糞を入れこしらへをき、一本づつわけて、間を四五尺其上もをきてうへ、時々糞水、泔水をもそゝぎ、さかへふとりて冬になりて葉の落つる時、土際より刈りて其かり口を炭火にてやきてをけば、二年にして盛長し、頓《やが》て實る物なり。

又接木は正月芽少し出でんとする時、日向の方の枝よくさかへてうるはしき穗を切りて接ぐべし。日かげの枝は實る事少く遲し。

又さし木は二月中旬に肥へうるはしき枝を取り、一尺四五寸ばかりにきりて、あとさきをそぎ、炭火にて兩方ともにやき、肥地を掘り、能きほどにならべうへて、糞土を以ておほひ、しかと踏付け、日おほひをして置けば皆活る物なり。

又梨子をおさめをく事、屋かげに穴を深く掘り、穴の底少しもうるほひなき様にして、枯葉を下に敷き、さて梨子を木より取る時少しも疵付き痛まぬ様にし、穴の中にならべ置き、水のつかざる様に覆ひをし置くべし。來夏までも損ぬる事なし(地高き屋しきなど、濕氣のなき所ならではこたへず)。又大根と梨子と穴の中に交ぜてならべ置きたるもよし。又梨子の蔕《ほそ》をそぎ、竹を以て大根に小き穴をつき、大根の上に梨子をさして、それを穴におさめ置きたるも夏までも損ぬる事なしと云ふなり。此穴は日かげにて極めて水濕もなき所を選ぶべし。

梨子の皮を削り去り、肉をひら〳〵と切りへぎて、火にてあぶり乾し、菓子にする。是を梨花と云ふなり。此のごとくして、梨子の名物なる、遠國より貢物にすると記せり。又酸き梨子を煮て食すれば甘くなる物なり。惣じて梨子は菓王とて、菓子中の勝れたる珍味なり。よく相應の地にて千本もうへ、生立て持ちたる人は、郡主と同じ程の分限なりと史記にも見えたり。相應の土地ある都近き所などは多くもうゆべし。

梨の木のさかへ過ぎて實のならざるをば、枝をたはめて、石を多くくゝり付けて少し痛むれば、實る物なり。又ならぬ木を切りて他のよき穗を接ぎたるもよし(凡そ梨はすぐにのびたる枝には實らず。其ゆへ枝をよこにつり付けをけば、二三年後よりはよく實るものなり)。

栗《くり》 第五

栗に大小あり。丹波の大栗を勝れたりとす。三つ有るいがの内、中なるをゑり取りて濕地に埋め置き、春芽少し出でんとする時、肥地の底は堅く立根のながく入らぬ所をゑらびて、五七寸間を置きてならべうへ、中一年して移し栽ゆべし。二三年にして必ず實る物なり。又是を所をゑらびてうへをき、杖ほどになりたる時、だい木にして大栗の穂を接ぎたるもしるし速かなり。二年の後は必ず實るべし。又山にて柴栗のだい木を掘りうへをきて接ぎたるもよし。

又一説に、栗はうへ付けにして移しうゆべからずともいへり。木ふとりてうへかゆれば久しくたらぬ物なり。小き時は移しうへてもかはる事なし。

又栗をうゆる事は木より落つるを其まゝ拾ひ、わらなどに包み深く埋み、春二月の頃芽少し出づるを見て、とがりたる方を下にして、深さ二三寸に種ゆべし。若したねを遠方より取るならば、桶か箱に沙土を入れ、其中にいけて風日にあつべからず。惣じて木となりても手風の觸るゝ事を忌む物なるゆへ、うへをきて盛長の後まで、木に手を觸るべからず。手風切々觸るればならぬ物なり。

又丹波にても一さかりなりては、木に蟲付きて中を通し痛みて實らぬ物なり。十月に入りて草を以て幹《しんぼく》を包み、下にも木の葉をかきあつめ火を付け燒くべし。蟲の穴にけぶり入り、朽ちたる所に火入りてこがれ蟲も死し、其後木わかへてよくなる物なり。丹波にても大栗は大かた屋敷廻り山畠などの畦々ばかりうへて、山中には大栗はまれなりと云ふなり。丹波の土は大概赤土なり。種ゆる所は南向取分きよし。又はあらき白砂の地も栗によしと云ふなり。北向の肥へて深き地は宜しからず。あはぬ地にても一端はふとりさかゆれども、やがて蟲付きてたをるゝ物なり。土地、風氣をよくゑらびてうゆる事肝要なり。

同じく丹波にて栗を取りて收る事は、よく熟し、自ら口をひらきたるばかりを拾ひて一日乾し、其後かまげに入れ他所へ賣出すなり。

又かち栗はわらの灰のあくに一夜漬け置きて、明る日日出でて取出し、さらし乾し、肉よくかはきて堅く成りたる時皮をうち去るべし。臼にてつきて去りたるもよし。

又生栗を來年まで納め置く事は、箱か桶又は壺にても沙を入れ、栗の芽の所をやきがねにて燒き、段々沙に埋み置けば夏までも新しきがごとし。

又栗の芽の所を右に云ふごとく燒きて土にてぬり、ざつと干し日の當らぬ緣の下に散しをきたるは、くさらずして久しくたもつ物なり。但しじねんと口ひらき落ちたるよし。熟せざるはこたへず。

又栗實らざるをば下枝を多く切り捨てゝ梢の枝をとめをけば、かならずみのる。

榛《はしばみ》　第六

はしばみ、是栗の類にて、其形丸く小さし。味くるみに似たり。是もよき菓子にて、古より名を得て詩にも詠じたる物なり。飢をも助くるゆへ、軍陣に糧の乏しき時用ゆる物なり。枝茎はよくもゆるゆへ續《つい》松《まつ》にして取分きよしとしるせり。うへ様栗と同じ。其功は栗に劣るといへども性よき物なり。餘地ある所にては多くもうゆべし。

柹《かき》　第七

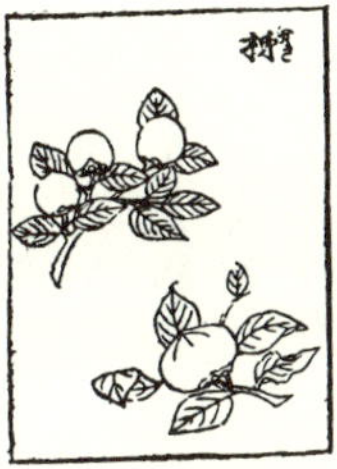

柹は上品《ぼん》の菓子にて、味ひ及ぶ物なし。其品甚だ多し。就中京都のこねり尤上品なり。大和にては御所柹と云ふ。土地相應の所にて多くうへて過分の富ともなる物と記し置けり。東南肥良の地に宜し。殊に山下赤土に宜し。北方海邊には悪し。砂地に宜しからず。

うゆる法、よく熟したる太き澁柹の核子を多く取置き、濕氣心の地にひろげ、土を薄くかけをき、其後肥地に埋み、春芽出づる時うゆべき所に穴をほり、肥へたる土に糞をも合せ入れて、核子を一つづゝをしこみ、少しをし付けをき、生へ出でて旱せば泔水をそゝぎ、三四年の後正月中旬其地に相應する接穗をゑらびて接ぐべし。さかへふとる事、山林より掘取りたるだい木に接ぎたるより速かにして、よく實る事其類なし。山林より取りたるだい木は、生き付く事はかはる事なしといへども、後々に至りて思ひのまゝにさかへず。必ず根に疵あるゆへ、其所より朽《くさ》り入り痛み、子《み》うへの木の後ほど能くさかへふとるにはしかず。心ながき計の様なれども後年において利潤多きは、子うへの臺木の後まで難なきにはしかずと記し置けり。今心むるも又然り。

又子うへの物を其まゝ生立て置きたるは、たねがはりせざるも、自然は有りといへども稀なる事にて、御所柹などのたねをうへても、多くはしぶかきに變ずる事あり。接木の三年過ぎずしてさかへ實るを勝れりとすべし。殊に其木の性も接木に宜しき物と見えて、正二月の間念を入れ、接ぎたるは百株も誤らずよくつく物なり。

又一說に、柹を接木にしてふとりたる時、又其木を切りて接々《つぎく》三度になりたるは其柹にさねなしと云へり。然れどもいまだ試みず。

又澁柹を調ゆる法あまたあり。先さはしがきはよく色付きたるを取りて、桶に手引がんの湯を入れて、柹より上に湯少しあがる程にして氣のもれざる樣に莚などをよくおほひ、桶の廻りをも包み巻きて一夜をくべし。明る日しぶ氣ぬけて甘くなる物なり。此湯かげん極めて肝要なり。柹ふとく澁氣つよくば少しあつくすべし。又灰のあくにてさはす事もあるべし。

又烘柹《ふすべがき》と云ふは、是も色付きたるを器物の中に入れ、ふたをしてをくか、又はわらにて厚くつみつり置けば、後はあかくやはらかに熟し、澁氣さりて其甘き事蜜のごとし。又生《なま》なる柹を、かめに水を入れ、其中に漬置きたるも數日の後熟し味よし。されども性冷なる物にて鹽柹と是とは毒あり。人によりて用捨すべし。

又皮をけづり火にて烘《ふす》べ乾かすを烏柹《うし》と云ふなり。黒きゆへに名付くるなるべし。又柹づきは糯五升、中ほどの澁柹五十（よく色づきたるを）わりて核子を去り、米の粉と同じくつき合せて食ふ。味あまくめづらし。又蒸しても食すべし。

又串柹、つり柹は澁多き大き柹の熟し色付き、一霜二霜にもあひて青み少しもなく成りたるをつり柹には蔕《ほぞ》のもとの枝を一二寸付けて折取り、かはをむき、繩にはさみ、日に乾かし、夜露もとり、四五日してしゝ干《ひ》の時、さねくばりとて、指にて柹をつまみひねり、幾度も此のごとくして、やがて菓子に用ゆるは七八分干たる時、籠に入れをくか、又は東南の日の少し當る所に竿をわたしかけてをくもよし。是甘干とて、極めて甜く賞翫なり。久しくをくは、少し堅過ぐるまでほしあげて、箱にても壺にても切わらを敷きならべ、つきあはぬ様にして收め置けば、内にて白粉自然に出でて、味ひなほよく成る物なり。是を白柹とも、柹花共云ふなり。串柹をば大かた干たる時、先づかりに串を削り一くしに十づゝさし、一れんに十串、是を繩にてあみ干し、さねくばりして干あげ、其後上柹は別に能き串を削りさしかへ、色よきわら、又は藺にても、二所手ぎはよく卷き、箱に入れをく事前に同じ。

又柹に七絶ありとて他の樹木に勝れたる事七つあり。一には久しくいのちながし。二には日かげ多し。三には鳥の巣なし。四には蟲の付く事なし。五には霜葉《もみぢ》愛しつべし。六には實すぐれてよき菓子なり。七には落葉田畠に入れて却て肥ゆる物なり。色々功能ありて損なき物なり。屋敷廻り餘地あらば必ずうへ置くべし。

又柹澁になる山澁柹をもうへ置きて、家事の助とすべし。木練《こねり》其外菓子になる柹は人煙のかゝる所ならでは實る事なし。山澁柹は人家をはなれても肥地にてはよくなる物なり。穀田のさはりにならざる所を見合せて必ずうゆべし。惣じて柹のみに限らず、人の賞翫する菓樹其外四木等に至る迄世の助となる草木、人家をはなれ人の往來稀なる所には、いか程肥良の土地にても盛長せざる道理と見えたり。就中勝れて實の太き菓樹は朝夕人煙に觸れ、根さき家屋の下にさしはびこるほどにあらざれば、十分の實りなきとしるべし。

石《じやく》榴《ろ》第八

石榴大小あり。甘きと酸きとあり。太《ふと》く甘き木の枝を正月末、二月の初、長さ一尺二三寸、ふとさ大指ほどなるを七八本、皆下の切口を炭火にてやき、うゆる所に穴を深さ一尺四五寸、口の廣さ一尺ばかりに掘り、右の枝を廻りにならべ立てゝ、中に牛馬などの骨又は小石を一重《へ》入れ、一二寸ほどをきては土を一重《へ》、是も一二寸入れてよくつきかため、段々かくのごとくして、木の頭の方、大かた見えぬばかりに平地とひとしき時水をそゝぎ、常にもうるほひのある様にしをき、生付きて後、又根の廻りに骨石をとりかけ、根よくさか

へて後、分けて栽ゆべし。其まゝ生立《そだ》てをくも、しげりさかへて見事なる物なり。寒氣に痛む物なるゆへ、十月の末よりわらにて包み、二月にはとき去るべし。又三月わかき枝を肥地にさし、頻りに水をそゝぎ置けば、自ら根を生ず。其時石を以ておもしをかくればさかへふとりて實る物なり。常にしげき枝葉をば切り去るべし。其性いか程も濃糞をそゝぐ事を好む物なり。午の時そそぎたるよし。尤若葉を蠶にかひて絲ある物なり。桑の所にしるせり。若又みのらざる木あらば、石や枯骨をとりかくれば必ず實を結ぶものなり。

　同じく石榴を收めをく事、よく熟しかどたち破れたるを取りて壺などの中に入れをきて、上より熱湯をかけ、しばしして取上げ、水氣を乾《かは》かし、又つぼに入れ口を能くとぢをくべし。久しくしても損ねぬ物なり。又よく熟したるをわらに包み置きても久しくそこねず。丸く不熟なるは久しく保たず。或書に云ふ、石榴を三尸酒《ししゆ》と云ひて三尸の蟲、此を得ては則ち醉ふ物となり。又鏡をとぐにはなくて叶はざる物也。餘地あらばうへ置くべし。

櫻《ゆ》桃《すら》第九

ゆすらは葉はてまり花《くわ》に似て小さし。花實共にあいらしく、百菓の先に熟し珍らしき物なり。是に紅紫の二色あり。三月熟する時鹽漬にもし、蜜にて煎じ收め置きて久しく用ゆべし。いけがきに殊に宜し。熟しては鳥を防ぐべし。衆鳥共に好みて食する物なり。又鹽漬の物は酒肴に宜し。脾胃の氣を益《ま》し、其性よき物なり。又一種、には梅あり。花も葉も實も櫻桃より小也。山櫻桃と云ふ。

楊《やま》梅《もゝ》第十

山もゝ、是に大小あり。紅紫白の三色あり。其中に白き物取分き甘く大きなり。勝れたるは野梅程なるもあり。早く花咲く木は實る事なし。是花もゝとて葉はふとく、木さかへてうるはしく見ゆれども、花ばかりにてみのらず。又葉細く木立のびやかならず。實るといへども小さく、味酸く賞翫ならざるあり。是松もゝと云ふなり。うゆる時よくゑらびて取るべし。惣じて山もゝは實の大《ふと》き程味も能く甘し。是山菓にて人家の園にうへては實る事稀なりといへども、間によくなる木もあり。

子をうゆる法、五月よく熟したるふときをゑらび、糞池の中に多くいれ置き、核子を取上げて肥土と合せ、古莚などに包み、ぬれずかはかぬ様にしをきて二月地をうち細かにこなし蒔き、糞土を以て厚くおほひ、少しをし付け置き、旱せば泔水をそゝぎ、生出て草かじめし、長《たけ》一尺ばかりの時次の年移しうへ置きて、四五年も後だい木にしてよき比なるに、よき穗を選び求めて春接ぐべし。又山に植ゆるは、土を多く帶びて深くうへ、根のわき二三尺ものぞきて溝を掘り、糞を入れ土をおほひ置くべし。雨にあひて、糞汁根の下にとをれば、實を早く結びて肥へふとし。

根に糞を直には付くべからず。

又桑の木をだい木として楊梅を接ぎたるは酸からずして甘し。若し又木に𤸇を生じたる時は甘草を釘にして、ひたとうつべし。病其まゝのく物なり。

桃《もも》　第十一

もゝは色々數かぎりなく品多き物にて、花實の勝れて珍らしきをのせて、餘は記さず。先づ伏見のさもゝ、同五月もゝ、大うす桃、此等の三色勝れて味ひよし。彼地の名物なり。又西王母《せいわうぼ》と云ふはむかしより名を得て大《ふと》き桃なり。鎧どをしとて甚だふとく見事なるもあり。又冬桃あり十月熟す。味も色も夏桃にかはらず珍しく見事也。

花桃は紅、白、八重、一重、樣々愛すべき物、此頃世に多し。又源平桃とて一枝に紅白雜り咲くあり。是を唐人は日月桃と記せり。何れも其花梅櫻にもさのみをとらぬ物なり。

凡桃は子《み》種《うへ》にして三四年には花開き實のるものなり。名桃のよく熟したるを肉ながら糞地に埋み、春になりて生じたるを土を多く帶びて移しうへ、根をかたく踐みつけをくべし。糞を用ゆる事なかれ。こゑをかくれば實小さく苦し。但桃は子《み》うへにして其まゝ生立つればよくさかへ、移しうゆればしばらく痛む物なりと云へり。又一說には、移しうへざれば多くならぬとも云ふなり。是非いまだ試みず。盛長して四五年の後は皮をたてにたちさくべし。やに多くて皮厚きゆへしめられて痛み枯るゝ事あり。又桃はうへて五七年の間よくさかへなる物にて、八九年も過れば次第に實小さく、十年の後は大かた枯るゝ物なれば、毎年子をうへ、接木をして相續きて絶えざる樣にしをくべし(但、ふし見の桃の畑を見れば、かならず十年にかるゝともいふべからず)。

又桃仁は藥に入るゝ物なり。核子を多くあつめては藥屋にうるべし。

枇《び》杷《は》 第十二

枇杷は諸菓に先立ちて熟しめづらし。土地のきらひもさまではなし。大かたの土地には盛長してなる物なり。但砂地にはよからず。餘地あらば多くもうゆべし。都近き所にては利潤ある物なり。是に甘きと酸きとあり。ふとくして甘きたねをゑらびてうゆべし(但しあぢも大小も、多くは地によると見えたり)。又大《ふと》きは雉子の卵のごとく、核子なき物唐にはありと見えたり。又木の節なく直なる所木刀にして無類の物なり。

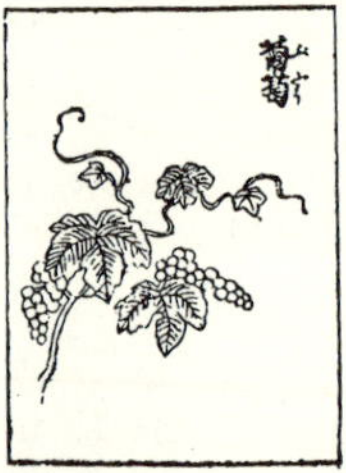

葡《ぶ》萄《だう》 第十三

ぶだう、是も色々あり。水晶葡萄とて白くすきわたりてきれいなるあり。是殊に味もよし。又紫、白、黒の三色、大小、甘き酸きあり。ゑらびてうゆべし。さし木、取木共によし。さし木にするは正二月枝を切りて、いかにも肥へたる熟地に管にて穴をつき四五寸も深くさし、乾きたる時は泔水をそゝぎ、少々草ありとも其まゝをき、秋に成りて草かじめし、糞土を以て埋み、石をおもしにをき、是も秋に成りて根を生じ切りはなしても痛むまじきをみて、一度にはきらずして日よはくなるにしたがひて少しづゝ切めを付けて、其後冬にいたり切りはなし取るべし。又正月末わかき枝の四五尺なるを切り取り、粭きて輪となし、先肥地を掘りくぼめ、わげたる所を下にして、一方末の方を二節土の上に出だし、肥土を入れ置けば春芽立ち出づる時は根をも生ずる物なり。上に出でたる二ふしより蔓ながくさかゑたらば、棚をかきてはすべし。やがて實る物なり。なり付きたるを見てしげき葉をばつみ去るべし。實もふとく多くなる物なり。

同じく収め置く法、よく熟したるを日かげの所に穴を掘り、廻りに一房づゝぬけざる様にしかとさし、つき合はぬ様にし、穴の中一盃さし廻し、こもなどにておほひをし、下に土のもれざる様にして土をおほひをけば、冬中も新しくしてある物なり。

又乾葡萄を造る法、いかにもよく熟したるを、ほぞの所をきり去り、汁は出でざる様にして蜜と等分に合せ、ざつと四あは五あは煮て、布にてこし鉢などに入れ、かげ干しにすれば即ちかたまりて其味すぐれて美なり。殊に藥なり。是夏月も損ぜず。近年おり〳〵唐船に持來れり。佳味なる物なり。

又葡萄酒を造る事は尋常《よのつね》の葡萄にてはならぬ物なりとしるせり。

銀《ぎん》杏《あん》　第十四

銀杏は其色白きゆへに名付くと、又の名は鴨脚子《あふきやくし》、其葉のなり鴨の脚に似たるゆへかくは云ふと也。其木堅く直にして棟梁にも用ゆべし。二月花ひらき、其色青白にして、又其後ひらく花ありて實を結び、九、十月に熟し落るを拾ひて俵に入れ、川池に漬けをき、肉たゞれてもみ洗ひ清くして、下なる實を取り、干かはかし炒りてからを去り、菓子とし又に物に入るべし。是能多き物なり。毒をけし、痰を下し、醉をさまし、其外肺の病に取分き宜し。されども小兒には毒なり。與ふべからず。

うゆる事、二つかどなるをゑらびて肥地にうへをき、三年の後移し植ゆべし。但大木となりて物のさはりなき地を撰ぶべし。早く實を結ぶ事を望むものはよくなる木の南枝を取りて接ぐべし。此木雌雄ありて雄木は實らず。雌木を多くうゆべし。二かどの物雌なり。三かどは雄木なり。されど雌木許もうゆべからず。女木男木交ぜてうゆれば、互に望みあひてよく實るとも云ふなり。又女木を水邊にうへて其影をてらせば水鑑を見てよくなるともいふなり。

榧《かや》　第十五

かやは實も木も諸木に勝れたる物なり。吉野にてうゆる法、秋よく熟し自ら落ちたるをひろひ、

中にてふときを肉共に肥地にうへをき、二三年の後土を付けて移しうゆべし。是に大小あり。又甘味多きあり。小さくして澁氣あるもあり。うゆる時たねをゑらぶべし。

取収むる事は秋熟しをのづから落つるを拾ひ、俵に入れ、池川にさはしをき、皮たゞれたる時洗ひ、干上げて俵などに入れ置くべし。

吉野にてはよき榧の木十本餘も持ちぬれば、一かど渡世の助となる事となり。されば子に家をゆづれるには、榧の木何本を子に遺し、何本は隱居の分などゝわけあたゆる事とかや。然れば何國にも山中には地味吉野にをとらぬ所も間にはあるなれば、領主よりも心をそへられ、里人よく心にかけ、榧の子《み》うへをし、其外桑、うるし、楮などを植へたて、漸々に盛長し多くならば、多年の後はからざる福を得、其里大きににぎはひ市をなすべし。

柑《かう》類《るい》　第十六

蜜橘《みかん》の類色々多し。柑《くねんぼ》、柚《ゆづ》、橙《だいゝく》、包橘《かうじ》、枸櫞《ぶしゆかん》、金橘《きんかん》、此外、夏蜜橘、じやがたら、じやんぼ、すい柑子《かうじ》此等の類九種、漢土より取り來る事日本紀に見えたり。中にも橘《みかん》取分き賞翫なり。

子《み》をうゆるは、正月肥地を畦作りし、ちらし蒔き、土を少しおほひ踐み付け置きて生へて後、旱せば水を注ぎ、冬になりては棚をかき、雪をうせぎ、春暖になり去るべし。厚くしげきをばぬき去り、三四寸に一本程生立《そだ》てをき、一尺ばかりの時、正二月の間移しうゆべし。其後糞水をそゝぎ、又根のわきを掘り糞を入れ、干て後土をおほひ置くべし。

若し木に虫付く事あらばほりうがち、針がねにさして殺すべし。又硫黄を粉にして穴に入れ、艾にもみまぜ、虫をふすべ殺すもよし。又は硫黄と土と合せて穴をふさぐもよし。又杉を釘に削り虫の穴にうちこみたるも、虫死ぬる物なり。

又柑橘の類は枳《からたち》の子を多くうへ置きて、大指のふとさの時、だい木にして接ぎたるがしるし速かなり。肥地にいか程も多く蒔き置きて、生がきにも作り、だい木の時は苗を分けて一本づゝ肥地に猶も糞を多く敷きて一尺一本づゝほどにうへ、だい木の比になりたる時、正月末二月上旬うるはしき穂を求めて接ぐべし。

接ぐ法、凡笛竹ほどより細きだい木ならば、土際より三寸或は四五寸許をきて引切り、よくきるゝ小刀にて皮のそこねざる様に鋸目を削り、二方にても一方にても皮肉の間を小刀の先にて一寸餘、一方は袋になりて穂のそぎめとよく合ふほどに切りさき、さて穂長さ三四寸許、葉を三葉ばかりをきて三分一をばそぎさりて、だい木の刀めに合せ、穂のもとを口にくはへ、口中の氣をかりてそぎ口にさし入れ、おもとか、竹のかは、古き油紙にても一重二重巻き、其上をあら苧か、性のよき打ちわらにてしかと手心にてしめ、二寸許りも巻き下し、又其上を接目に水の入らざる様に竹の皮にて包み、粘き土を泥となし廻りよりぬり、だい木の接ぎめより上ばかりをぬらずして出しをき、上も廻りもこもにてかこひ、雀草をだい木の廻りにうへて、うるほひを持たせ、上をば少し明けて氣を出しをくべし。二月の節の前後、芽の少しふくらみ出でんとする時、心をとめ念を入れ、接ぎたるは大かた付く物なり。他の樹木は接ぐ法色々ありといへども、橘の類は此の接ぎ法よし。泥にて接口の下を厚くぬり置き、ぬれずかはかぬ程にして、若し日つよくば、わきより根に水をそゝぎ、うるほひを絶やすべからず。穂をよくゑらぶべし。去年なりたる枝はよからず。南枝のうるはしく太く芽のいかにも少しふくらむを用ゆべし。穂の葉、だいの方に向く様にそぎて切り合はする物なり。

又柑類は寒氣をおそるゝゆへ、うゆる所西北の方を高くして竹などをうへ風寒をふせぐべし。寒氣の甚だつよき所ならば、棚をかき、おほひをし二月は去るべし。大木は棚をつくる事なり難し。木の廻りに糠を多く置き、柴や枯草わらなどにて、幹《しんぼく》を巻き包み、又は芦の莚などにて木をゆるく巻き、其間に糠を入るゝもよし（柑類は山家其外寒氣つよき所にては何程ふせぐ用意しても枯るゝ物なり）。

又柑類冬熟したるを収め置く法、日かげの濕氣なき所に廣く穴を掘り、松葉、ぜうがひげにても下に厚くしき、廻りにも置きて、濕氣のあがらぬほどをはかりて、十一月初比など、橘いまだ熟せざる時、ほぞのきは一二寸枝を付けて一つ〳〵切り取り（みかんに手のあたらぬ様にくきを取り、そろ〳〵とあつかふべし。或は地になげ手にて子をとれば久しくこたへず、此の切り取る事肝要なり。）籠を木につりしづかに入るべし。かりそめにもなげ入るべからず。物にあたりたる所は其所より腐り入る物なり。誤り地におとしたるをば別にのけをくべし。夏までも久しくをくべきならば、濕氣なき所に穴をほり覆をし、細き竹か又はうつぎにても一方をそぎ、すの中にみかんのくきをさし、一つづゝ付き合はぬ程に指すべし。是は多くならぬ事なれば、穴の中に青松葉を厚く敷きてつきあはぬ程にし、間にも松葉を以て隔てゝ、雨風のとをらざる様におほひをして、あたりをよくかこひ置きたるも、其地濕氣さへなければ、三四月まで大概そこねぬ物なり。隨分濕氣なき日かげを撰ぶべし。

又法、是も終日日のあたらぬ所、又はかきを高くゆひ廻し、下に草ある所は猶よし。草なき所ならばぜうがひげをおほく敷き、其上に右のごとく切取りたるみかんをならべをくべし。ふかき藪かげか、とかく少しも日のあたらぬ所よし。霜雪にあひても、春の終りまで損ずる事なし。日にあへば痛む物なり。上に松葉をうすくおほひをくべし。折々おほひをひらきて見れば、間にくさりめ入りたるあるをば、ゑり出し去るべし。とかくあらく手風を觸るゝ事あしゝ。竹藪の中などよくかこひてかくのごとくしをきたる尙よし。是山城などにて藏めをく法也。

橘は實《み》は菓子に用ひ、勝れたる賞翫なり。皮核子も皆藥に入る物なり。陳皮は云ふに及ばず。八月いまだ青き時取りて切りわり、肉さねをば去り、皮を干し上げて靑皮《せうひ》にこしらへ、藥屋にうるべし。多く用ゆる物なり。地に相應の所にて多くうへ置きても、都遠く賣拂のたよりあしく、熟したるばかりをうりては利分少き所ならば、靑皮にこしらへうるべし。

又金柑を久しく置く法、十月以後是もほぞ付き一寸もをきて切取り、あらくあたらずして錫のうつは物に入れ置けば損ぜず、又は麻の子、緑豆の中にまぜてをけば、春までもそこぬる事なし。又右橘のかこひ様と同じくすれば、夏までもいたまず。米酒の近き所には置くべからず。其のまゝたゞるゝ物なり。

柑類の木の廻り掃除し、根ぎはまで少し水走り高くして、寒中はわきを淺くかき、濃糞牛馬糞を入れ、海藻ある所ならば根の廻りにおほく敷きひろげ、春の半少しつぼみも付く時分は、鰯のくさらかしなどをうすくして木の上よりうち、又は小便をうちたるも木よくさかへ多くなりて實も大きなり。又畠にうへをきたるは、其きはなる作り物に糞しを多くすれば、此ために別に用ひずしてもくるしからず。

橘の類に鼠を糞にする事すぐれてよくきく物なり。死鼠を小便つぼの中に入れをきて、數日の後ふくれてうき上るを取りて、根の廻りに埋み置けば、さかへしげる事かぎりなしと、古より云ひ傳へて、涅槃經にも橘の鼠を得るが如しと、其功力の速かに多き事を說けりとなん。又俗に橘の根下に猫を埋めばよくさかゆると云ひならはせり。

又柑橘は細軟沙の地に宜し。南方曖かなる所を好み、肥地ならではよくさかへぬ物なり。取分き海邊の日向よき沙地によし。又橘の類は下枝に多くなる物なり。下枝を少しも切るべからず。

同じく大小移しうゆる事、他木に同じ。穴の底に河泥、濃糞を土と合せ入れ、其上に木を居へ、肥土を以て穴半分も滿ちてつき堅め、其上にも糞泥を入れて段々つき堅め、大きなる木はませをゆひ、うごかすべからず。此の如くしてうへたるは三年の中ふとりさかへ、みのる事前にかはらず。菓木の分大かた此のごとくせざれば、痛みて實る事なし(猶おくの栽法の所に委し)。實を多くとらんとならば糞し手入をつくすべし。大概の土地にてもたしかなる利分を得る計是にこゆる事少なし。唐人も所によりて多くうへ置きて、過分の利を得る事多しと諸書に記し置けり。木《ちく》奴《ぬ》子《し》凶年なしとて、みかん、大柑《くねんぼ》の木を千本もうへて持ちたる者は、凶年をもしらずゆたかなる物と云へり。又千樹橘を相應の地にて持ちたる人は、其富千戸侯とひとしとて、大名にもをとらぬと書き記せり。凡橘の類甚だ寒氣をおそる。北國にはなし。又山中、赤土、其外、かたきやせ地などにはそだたず、種ゆべからず(又みかんをいけ置く事、嶮き山の北むきの岸に穴をほり、穴のまはりにみかんのくきをさしてよく口をとぢ置けば、夏までそこねず、又里の岸にてもよし)。

山《さん》椒《せう》第十七

蜀椒《あさくらさんせう》を勝れたりとす。實ふとく、色香味共によし。是を椒とばかり云ふべきを、出づる所國によりて、つねのさんせうを秦《しん》椒とよび、蜀椒《しょくせう》をあさくらざんせうと號するなり。丹波、但馬より出づる朝倉と云ふは、つねの山椒とは其枝葉かはりて別の物なり。凡山椒は料理の香味を助け、魚の羹《あつもの》に必ず用ゆべし。魚毒を殺す故なり。うゆる法、よく熟し自《おのづか》ら口をひらきたる實を取置きて、二三月の間肥地を畦作りし、細かにこ

なし水をそゝぎてひいらせ置き、種子を麻の蒔足《まきあし》ほどにちらしまき、土を覆ふ事厚さ一寸ばかり、又其上より熟糞をふるひかけ、少したゝき付置き、旱せば水をそゝぎ、常に畦の中をかはかすべからず。生へ出でて高さ四五寸の時、雨を得て移しうゆべし。尤根に土をよく付け、細根のきれざる様に掘り取るべし。たねの時も生へ出でて木と成りても手を觸るゝ事を忌む物なり。つねに用ゆるにも手風を觸るれば必ず味も香も變ずる物なり。壺箱などに入れをきて、さい〳〵手をふるべからず。又大《ふと》き木をうゆるは春掘り取りて水うへにする事つねのごとし。此木取分き寒氣をおそるゝゆへ、枯草わらなどを以ておほひ包みをくべし。但日のあたらぬ所にある木は包まずしても痛まず。常に冷《すゞ》しき事になれたる故なり。然ば草木さへ此のごとくなれば．人の少《をさ》なき時よりの敎へならはしは誠に大切の事なりと云へり。抑かゝるかりそめの事につきても、心あらん人は、貴きも賤しきも、子ををしへそだつる道に專ら心を用ゆべきものなり。國天下はさらなり、四民の小人にいたるまで家を興し家を亡ぼす事、皆其子の善惡賢愚によらずといふ事なし。よく考へ心を用ゆべし。さて漬けざんせうは、子のいまだ堅からざる時、五月の比取りて水に一夜漬けをき、苦みを出し、其後鹽水に漬くべし。半黄の梅と同じく漬けてはなほ宜し。

　干山椒は七月あかくよく色付きて後、天氣のよき時とりて薄く攤《ひろ》げ、干晒し、一日の中に干て口をひらき、しめり氣なくよくかはきたるを即ち收めをくべし。濕氣にあはすべからず。又花ばかり咲きて實らざる木あり。是は春皮を剝き取り、から皮となし、灰汁にてざつと煮てあら皮を去り、浄く洗ひ、鹽醤《しほみそ》に漬け置きて用ゆべし（山椒を藏めをく事は、少しならばよくもつ德利に入れ、ふだん火を焼くほとりにをくべし。又紙袋に入れ、早田《わき》わらに包み、火たく上につりをきたるよし。多きはよくもつ壺につめをきたるよしといふ）。

農業全書巻之九

諸《しょ》木《ぼく》之《の》類《るい》

松《まつ》第一

松は百木の長とて、木偏に公の字を書きたり。二葉、又三葉五葉の物もあり。四時色を改めず。和漢共に是を愛賞す。千歳の松の下に茯苓《ぶくれう》あり。同じく上には兎絲子《としし》あり。又根の下に虎珀も生ず。何れも功能ある良薬なり。又松脂はねりて弓弦に引き、船をも塗り、其外服薬、膏薬、萬用多き物なり。

うゆる法、春二月初より半までの間をよしとす。此時節根の土をよく付けて深くうへ、きびしく踐付くれば枯るゝ事なし。殊更雨を見かけて栽ゆべし。

又曰く、春分の前《二月の中》、秋分の後《八月の中》、土を帯び雨を得てうゆれば、過半は活くる物なり（松をうゆる事、正月の中より二月の中までよし。秋分の後の説はいまだよくこゝろみず）。

又木をうゆるに時なし。木をしてしらしむる事なかれとて、はちをあつく付け、穴を廣くほり、水を入れ泥となしてうゆれば、いづれの時にても活くる物なり。猶栽法の所を考ふべし。

又松の子をうゆる事は、九月の末十月の始よく實りたるつぐりを多く取り、莚に攤げほし、數日の後ひらき子《み》落る時打ちて取るべし。さて來春正月半より二月上旬松子を泔水に浸す事五七日、ゆりあげ乾し置き畦作りし、水糞をも引きちらし、蒔きて土を四五分もおほひ、棚をかき、日おほひし、旱せばさい〳〵水をそゝぎ、つねにうるほひを絶やすべからず。秋に成りて棚を去るべし。十月になりては蜀黍がら等にて、かきを結ひ廻し北風をふせぎ、あらぬかをちらし、松苗のかくるゝ程厚くをくべし。春三月に成りては、ぬかをかきのけ、又泔水をそゝぎ、次の冬もおほひをしをき、二年の後正二月土をよく付けてうつしうゆべし。うゆる法は右に同じ。但苗地はねばく肥へたる地に蒔きをくべし。掘りとる時根の土を付くるによし（何國にも松の苗は草のごとくにて多き物なれば、わざと苗をしたつるにも及ぶまじきか）。

又松木を材木に伐る時、きりたをして久しくをけば、夏になりて必ず蟲付きて中まで喰ひぬく物也。きりたをし、其まゝ皮を剝ぎて置けば蟲喰ふ事なし。

又松は生立たぬ所もなき物にて、はげ山にても子をまき土を少しおほひ置けば、多年をへて松さかへ漸々に葉山となる物なり。假令白けたる岩土、草木生へざる山なりとも、一尺ばかり打ちくだきよき土を入れ松を種ゆれば、頓て葉山となる。諸所か様の山多し。ぜん〳〵に人力を用ひて葉山となさざる事くやし。又草かやのある山ならば、一鍬二鍬うちて松子を二三粒まき、土をかけ置くべし。必ず生ゆる物なり。

又松をさし木にすると農書に見えたり。唐には性の違ひたる松ありと見えたり。惣じて松は地をきらはずよく生長し、大小材木に用ひて世の助となる良木なり。餘地ある所、海濱又は田畠の障りとならぬ所にはいか程も多くうゆべし。鹽を焼く薪に松の枝葉にこゆる物なし。されども田畠の邊りに強ひてうゆる事なかれ。落葉田畠に入り、松の雫落ちかゝれば、土地たちまち瘠する物なり。殊に水少き山などに松を植へ立つれば、水をすひ上げ、土地かはき、水あしよはく次第に瘠地となるべし。田に水を取る山にて水多からぬ所ならば、必ず松を植ゆべからず。

杉《すぎ》 第二

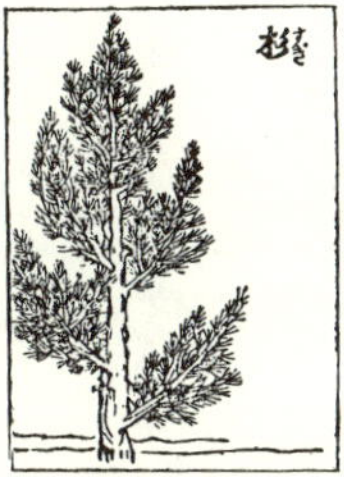

杉は諸木に勝れたる良木なり。子うへ、さし木共に宜し。子をうゆる事はあかく性よく盛長も速かなる種子をゑらび、九月よく實りたるを多く取り、莚などに攤《ひろ》げ干し打ちて取るべし。但悉くはうち盡さずして、からに三分一も殘る程にし、たねを蒔く時からをも共にちらし蒔きたるよし。からの中に殘りたるたね、からの中より生ひ出でてよく生ずる物なり。苗地はいかにも肥へたる土の少しうるほひありてかはかぬを好むなり。冬より糞をも多く入れ、幾度も打返し、こなしさらし置き、正二月雪消えて畦作りし、子を泔水に漬け二三日もをき、取り上げ乾かし、細糞にもみ合せ、横に筋をせばく切り薄く蒔き、種子おほひ少しして、ちと踐付け置くか、水糞を引きたるもよし。生へ出でて草あらば抜きさり、折々泔水小便をそゝぎ、日當つよき所は棚をかき、日おほひをしをき、間一年ありて肥地にてさかへたらば移しうゆべし。若しいまだ小さくば、細々小便、泔水をうち、草かじめし、ふとらせ

根もさかへたるを見て移しうゆべし。

又子をうゆる法、九月子を取り苗地をいか程も肥し、細かにこなし置きて十月蒔くべし。蒔き様、手入は右に同じ。明る冬苗地を又右よりよくこしらへ置き、生へたる苗を掘りて一本づゝ土をすこしにぎり付けてしげくうへをきて、度々糞水をそゝぎ、苗ふとるにしたがひて、冬春段々移しうゆべし。是良法なり。おほひをするも前に同じ。

又さし木はいかにも肥へたる、少ししめり氣の絶えざる、ねばり心の石はゞらもなき地に、前年麻を蒔きたる跡をよしとす。惣じて少ししめり氣なき所はつきかぬるなり。若し活付きてもさかへず。さし穗をこしらゆる事は、正二月わかき赤杉の性よきをゑらび、枝を一尺ばかりより一尺四五寸の間の枝の大小により見合せ、きりて末の方に葉を少し二三段殘し、餘は悉く切去りて、本の方は馬耳のごとくにそぎ、先篠竹の矢がら程なるを、さきを尖らし、あつ灰にてあぶりかため、おほく調へをき、是を以て穴を五六寸も深くつきさし、穗のさき半分見ゆる程に手心にてしかとさし、穴にすき間なく、かたく踐付くべし。穗のさきのたはみたるかた、山の方に向く様にさす事なり。肥地ならば三四寸づゝ間をきてさすべし。杉は大小ともにしげくうゆるほど早くさかゆる物にて、うすければ却て盛長をそし。二月の節の前後よき地心にさせば、十本に一本も枯るゝ事なし。若し又山にさし付けにする時は間を四五尺をきてさしたるよし。杉柱又たる木小柱ほどの時間ぬき伐り取りて、後々に至りて大材木ともなるべき盛にしてつよく其立所もよきを吟味して、殘し置き生立つべし(後間を伐取らば、三尺餘四尺程にも近くうゆべし)。且又海河近き山谷の肥地ある所には、いか程も多くうへをくべし。たる木、棹、小柱などに成る事は數年を待たぬ物なれば、雑木ありとも除き去りて、専ら是等の木をうゆべし。

又云ふ、國所に良材多しといへども、杉檜に勝る木なし。直に長くのびて早く盛長し、和らかにして強く、久しくして朽る事なく、しげくうへてさかへ安く、かるくして持運びにちから費へず、船に作り、橋にかけ、桶箱に造り、そぎにへぎ、其用はかるべからず。水に入れ雨にぬれ、土に入りてくさらず。棺槨とすべし。且又大工の手間まで無造作なり。屋數廻りのふせぎより山林は云ふに及ばず、餘地を殘さずうへをくべし。國のたから又上もなき物なり。

又是に種子種々あり。たねのあしきは松に劣れり。木の色あかくして皮うすく、葉やはらかにして刺なく、枝葉しげからず、皮の肌へも細やかなるをゑらびて、種子を取り枝を取りてうへさすべし。刺杉《はりすぎ》は籬に作りて生がきにはよし。本より枝付きさかへしげりてふせぎとなるべし。凡能きたねの出づる所、上野、丹波、吉野是皆他所に勝れたり。

檜《ひのき》　第三

檜、是杉にをとらぬ良木なり。其性つよくして他木の及ぶ所にあらず。子をうへ、さし木の法杉に同じ。杉よりは盛長早く、うへてよく活くる物なり。深山幽谷の人遠く尋常の材木など運び出しては運送の勞費多くして益なき所にても、杉、檜は其價三倍五倍も高直にて造作まけせざるゆへ、人馬の通ひ成りがたき奥山にも力の及ぶ程種へ置くべし。是廻り遠き事に非ずと古人も記し置けり。日當よき陽地に生ずるは材に用ひて性殊によし。是をあて檜と云ふなり。

桐《きり》第四

桐三種あり。梧桐は靑桐と云ふ。其皮あをく節なくして直に生じ、肌濃かにして性つよし。四月花をひらき、六月に實を結び、秋熟して、生《なま》ながらも食し、炒りても食すべし。めづらしき菓子なり。又梧桐月を知ると云ふ事あり。閏月まで知る物なり。下よりかぞへて十二葉あり。一方に六葉づゝ也。閏月ある年は十三葉なり。小き所則ち閏とし るべし。又立秋の日をも知る。其日に至りて一葉先づ落つ。花もきれいに見事なる物にて、庭にうへ置きても愛すべき木なり。無類なる靈木なり。九月子をとりをきて、二三月其廻り四五尺ばかりに丸畦を作り、水を打ち、水能くひきてかきこなし、四五寸に一粒づゝうへて、熟糞を少し土と合せ、たねをおほひ生へて後さい〳〵水をそゝぎ常に乾すべからず。肥地なれば其年に高さ七八尺にもなる物なり。冬になりてはわら草などを間に多く置き、木を一本づゝ巻きをくべし。雪霜に痛む物なる故、此のごとくしてこゞやかすべからず。來年三月中移しうゆべし。其冬よりは包むに及ばず。其後樹と成りては下の方の皮を少し剝ぎて痛むればおほく實る物なり。

白桐、是常に板にして萬の器に用ゆる桐なり。此桐には子はなしと云ふ說あれども、花房のやうなる殻の中にわりて見れば蠅の羽のごとくにて、たねとはみへぬものあり。されども秋是を取りて雨の直にあたらぬ所、のきの下、ぬれゑんの下など、とかく日風雨もつよくあたらずしてよく肥へたる地に、小石瓦など取立て、肥土をも加へたるに蒔き置きて、わらあくたすゝがや等をうすくかけ置けば、石瓦の間より生出でて、雨風にのがれてふとりたるを明る春同じく冬になりて木のほどを見合せ、移しうゆべし。其年移しては枯るゝものなり。山の木にてはなしといへども、いか様日當のよき肥地、麓の里、山畠などの邊り、やしき廻り所柄を見立てゝうゆべし。よき程に穴をほり、肥へたる土枯草など其外ほとりの上土をかき入れて其上にうへ、水をそゝぎ、そへ木をゆひたるよし。なるべきならば、木ごとにつよき竹をゆひそへたるは、直にながくのぶべし。用木になるべきをば其まゝふとらせ、ゆがみたはみて板のたけものびざるは、土際よりきりて切口より水の入らざる様に竹のかはにても包みおくべし。わか立ち夏中に一二間程ものび出づる物なり。猶もつよき竹をしかと立結ひそへて、風にもたをれざる様にしをくべし。前よりははるかに大《ふと》く長くのびさかゆる物なり。されども生れながら直ぐなるを其まゝをきたるにくらぶれば、心《しん》のす廣くて木の肌あらく柔らかなり。殊に度々切りて出でたる若立は尚以て木の性よからず。又樂器に作るは高岳の岩間より生じ、日風のよく當る所の木、其音勝れて響よく鳴ると記し置けり。

又荏桐、是をあぶら桐と云ふ。實甚だ多くなりて其油多し。からし油を三分一合はせ、鹽少し入れて燈油にして光よくながく燈《とぼ》る物と云へり。又雨衣《かつは》にぬりて無類なり。桐油がつぱと云ふは、今迄のあぶらにて作れども、もと此あぶらにて仕立つる物なるゆへ、かくは號するか。又是を漆に加へて器物を塗り、又は松脂とねり合せては漆にかへ用ひて器物をぬり、船をぬる。唐人の船にちやんをかくると云ふは此物なるべし。西國にてあぶらせんと呼ぶなり。所により油木とも云ふとなり。又虎子桐とも云ふなり。

うゆる法、よく實り自ら落ちたるを拾ひ、上皮ともに俵などに入れをき、肥地の後々に至りてさかへ過ぎても、物のさはりなき風當のつよからぬ所に、一鍬づゝ少し深く穴をほり、一穴に一二粒づゝうへをき、生出でて性のつよきを一本置きて生立つべし。數年をへずしてふとり榮へ、四五年にしては實多くなるものなり。材木薪にしてはさのみ益なき木なれども、油の多き事是にこゆる物なし。殊に尋常の木の子は、秋大風にあひてはいまだ不熟の中に落つる物なれども、此物は七月中に大かた實り、大風の時分はいろ付き、毎年皆損する事はなし。得多く損なし。惣じて國所に薪油多ければ夜の功よくつとまり、闇夜を晝のごとくなす事油に勝る物なし。餘地ある所は力の及び次第多くうゆべし。但此實同じく油、食物にあやまりて入れば人に毒なり。取りあつかひも念を入れ、小兒のほとりにをくべからず。

凡桐は器材の上品《ぼん》にして其生長早きゆへ、是を多くうゆれば其利益甚だ多し。田圃にも多くうゆべし。又梓の木も桐の類なり。是又長じやすく材とすべし。木王と云ふ。

椶《しゆ》櫚《ろ》 第五

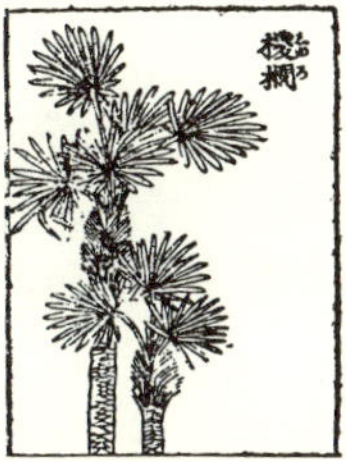

しゆろをうゆるは九月實よく黒く熟したるを取り俵に入れ、土に埋み置きて二月芽少し出づるを、肥地を畦づくりし、栗をうゆるごとくし、少し深く横筋をかき、にんにくなどうゆる如く、二寸ほどに一粒づゝうへ、糞土を以ておほひ、其上よりも土をかけをし付けをくべし。よく生ゆる物なり。生て後芸り、乾く時は泔水をそゝぎ、中をかきあざりて時々小便うちたるは、尚よく榮へふとる物なり。明春うつしうゆべし。

移しうゆる地の事、平地の肥へたるは盛長早けれども、餘地稀なる事ならば、山林、麓の里の屋敷廻り、谷々の肥へたる物かげ、北向の五穀にはよからぬ所など相應する地必ずある物なれば、心をつけて求むべし。いか様是は竹の類なるにや、竹の生立つ所しゆろに宜しと見えたり。正、二月、九、十月もうへ、又五月雨の中もうへて活くる物なり。通りを直ぐに其間四五尺をきてうへ、根を堅くし、水をそゝぎ、折々糞水をそゝぐは尚よし。其後さかへふとり、たれさがる葉をば段々切り去り、三四尺も長くなりては其葉扇のごとし。四方にさがりたるゝ物なり。其葉の莖は三かどありて、葉四時しぼまず。幹は直ぐにして本末ひとしく赤黒き木なり。大木と成りては鐘のしもくによし。

皮を剝ぎ取る事、四季共にはぐといへども、三度ばかり大かた剝ぐべし。又二ケ月一度宛はぐともいへり。土地と糞し手入によるべし。其皮を縄となし、水に入りて千歳くさらぬ物としるせり。されば又船の大綱にして無類の物なり。唐船の綱は皆しゆろなりと云ふ。其外牛馬の綱にし、つるべなはにして久しく朽つる事なし。わらぢに作りて敗るゝ事なく、土泥もつかず、軍陣のわらぢにはかならず是を用ゆべし。箒に作る事は唐の書には見えず。此木の益たる事多くうゆれども、土地もさのみついへず、人力も入らずして利を得る事は甚だ多し。大船多き國に取分け多くうゆべき物なり。此大綱一筋にては大風の時苧綱十倍のやくに立つべしと云ふなり。

昔古塚をひらきたる者縄一わげを得たり。ほり出し見れば根を生じたり。是棕櫚の縄にて棺をからげたるが、縄ばかりは朽ちずして却つて根を生じたるとしるし置けり。名譽の木なり。うへ安く生立ちやすし。多くうゆべし。多年の後は少しの苦勞もなくしてとし〴〵に皮をとり、たしかに利を得る事うたがひなし。

橿《かし》 第六

かしの木、赤白の二色其外色々あり。先此二色勝れて堅く強き物なり。農具其外類ひなき用材なり。平林に生へたるは堅からず。南山の高岳に生へたるは舟車の材に用ゆべし。中にも殊に白橿性強し。鎗の柄には是にこゆる木なし。又薪にしては他の木に三倍せり。凡十五の能あり。實をうへて能く生ゆる一つ、土地をきらはず磽山にも能く生長する二つ、薪にして能くもゆる三つ、枝葉共に生《なま》ながらももゆる四つ、伐るもわるも無造作なる五つ、火つよく能くにゆる六つ、久しくもゆるゆへ火たきの手の隙を助る七つ、炭に燒きて能く

おこり火つよく久しく消えず八つ、物の柄にして強き事類ひなし九つ、櫓楫にして此にこゆる木なし十、橿山は水持よし十一、落葉よく地を肥やす十二、市町にひさぎては薪の價高きゆへ樵夫の利多し十三、實を取り置きて飢饉の年食物となして世を助る十四、伐りて跡より芽立ち早く生じ能くさかゆる十五、此のごとく類ひなき用木なり。多くうへ立てゝは必ず國所を賑すべき物なり。國郡の下にして政事を執り行へる人、よく此事を考へしり、心を用ひなば誠に光陰箭のごとくなれば、程なく其國其所に良材多く出來、上下其福はかるべからず。

　うゆる法、九、十月實を拾ひ、俵に入れ、水をかけ埋み置き（又ざつと土にまぜ能きほどにひろげ置き、上に土をかけ、こもなどおほひをきたるはなをよし）、二月凍とけて苗地を畦作りし、菜をうゆるごとく、間を二三寸をき一粒づゝむらなくまき、土を厚くおほひ、上を踐付け置き、生へて後草あらば拔去り、水ごゑをかくべし。畦の南の方に、蔴にても蜀黍にてもうへて日をふせぐべし。さて來年正、二月苗四五寸ばかりなるを、土を付けて掘りおこし移しうゆべし。

　同じく移しうゆる地の事、草かや又は無益の草木ある所ならば、前年より燒きうちて蕎麥からしを蒔き置くか、とかく前より有り來る益なき物を掘りうがち取りすて、間を四五尺をきて、穴をほり根さきのまがらざる樣に直ぐにうへ堅く踐み付くべし。地のかはきたる時うゆべからず。若し雨ふるほひなくば水をそゝぐべし。しめり氣たえざれば一本も枯るゝ事なし。又山に直に實をうゆる事は、是もうゆべき所を深くうち、草木の根をものぞき去り、わきのさはりなく生立ちさかゆべき程廣くうちこなし、二三粒づゝうへ、土に深くふみこみ置くべし。よく踐まざれば生じがたし。其上に木の葉、草がらなどをおほひたるも尚よし。浅くうへて物をおほはず置きたるは雉子猪ほりうがち、かきあざるものなり。同じくは山下の里に苗を多く仕立て、しばし手入をし、糞しをも用ひて、細根多くさかへたるを正二月移しうへたるがたしかなるにはしかず。右にしるすごとく無類なる用木にて十五の能と云ひ、雑木にくらぶれば三倍五倍のみならず、薪にしての徳分は勝げても計ふべからず。薪は衣食に次ぎて一日もなくて叶はぬ物なれば、山林の利を懇にはかるべし。是本をつとむる一端の事なり。土地の肥磽をきらはず、いばら其外無益の物を除き去りて、此等の用木苗をうへ、子をまき年々怠らず生ほし立つべし。いか程やせ山、はげ山にても、力を盡してうへ生立つれば、多少生立たぬ土地はなき物なり。其上伐りたる根より其まま芽立ち生へ出づる物なれば、一度よく植付けをきぬれば千萬年も絶えず國を富し、民をやしなふに大きに益あり。上下心を用ゆべし。委しくは總論に記しをくなり。

椎《しい》 第七

しいの木、是材木、薪にして榲には及ばずといへども、又其他の雑木の類にてはなし。枝葉よくさかへ茂りやすく、直にのびて其性も強く、枝葉共に薪にしてよくもえ、子は菓子にし、多く収めをきては飢饉をも助くる物なり。

又まてば椎とて、實あかく、大《ふと》く、菓子にし、是又穀食の不足を助くる物也。山林の木實には勝れたる物なり。山中の穀田なき所にては、是を多く收めをきて、常の糧にも用ゆると云ふなり。殊に葉よくしげりさかへて、冬しぼまず、しんぼく強く風のふせぎによし。屋敷廻り、庭にうへてもよし。實も木も他木の及ぶ物にあらず。うゆる法、橿の木に同じ。

又とちと云ふ木あり、木曾山に多し。其葉ほうの木に似て大なり。其實餅にして食す。むかしより文にも記され、名ある木なり。其實は橿椎の實にまされり。たねを求めてうゆべし。木曾のみにかぎらず、諸所にもある物なり。木のもく横紋ありて器物に作りて見事なるものなり。

櫻《さくら》第八

櫻は本朝の名物にて、唐其外の國々に稀なる物と見えたり。花の事は云ふに及ばず、山林に多くうへて材木、薪にもすぐれてよし。書籍をきざむ板《はん》にしては是にこゆる木なし。うゆる法、實のよく熟し落ちたるを拾ひあつめ置き、赤土にてもよく肥へたる少しねばる土地よし。畦作り菜畠のごとくこしらへ、取りて其まゝ五月蒔きたるよし。又來年二月早くまき、土を厚くおほひ糞水をそゝぎ、尤蒔く時粉糞に合せまきたるは尚よし。上を少し踐み付け置くべし。よく生ゆる物なり。肥地に蒔きて草かじめし、手入を用ゆれば、間一年にては二三尺もふとり、細根よく生ずるゆへ、盛長ことの外安き物なり。薪にしてはよくもえ、火

つよく、伐るもわるも快し。且又大かたの磽地にても生長しふとりさかゆる事速かなり。又若木の時、上皮を剝ぎては、かばと云ひて檜物屋に多く用ひ、其外細工に用ゆる物なり。本木を伐りてもやがてかぶより若葉出でて、ほどなく榮ゆるなり。花を賞し材を用ゆ。多くうへて國用を助くる良木なり。殊に本朝の名木なれば、子を取り置きて必ずうゆべし。赤土、黒土に宜し。沙地を好まず。吉野、仁和寺、奈良何れも黒土なり。

八重ざくらは異やうの物なりと兼好法師は書きたれども、今洛陽の名木奈良初瀬の花を見れば世塵を忘れ、忽に世の外に出でて仙境に遊べる心ちぞし侍る。されば、公武の貴人の弄べるはむべなり。神の社の前うしろ、寺院のほとりにまめやかに此木をつぎ種へなば、年を重ねて後何國の地にても大和洛陽の花の景色をうつすべし。其事を司れる人は必ずこゝろを用ゆべし。今民用の事を記する序、はからず心にうかべるまゝ他のあざけりを忘れて、にげなき事を妄りにこゝに書《しる》すものなり。

柳《やなぎ》　第九

柳、是も色々あり。大木となりては棟梁ともなる物あり。山柳は葉丸ながく赤く、木やはらかにしてねばく、楊枝に取分きよし。河柳は白く堅し。又垂柳あり。土地所をゑらびてうゆべし。正二月弱き柳の枝の大《ふと》さ笛竹ほどなるを長一尺半程に切り本の方を少しやき、肥へたる濕地の少しねばりたるに、ちとなびけて深く埋み、大かた見えぬ程にし、其間一二尺置いてうへ踏付け、

若し地乾かば水をそゝぎ置けば、必ず一つより多く生へ出づるを、中にてふとく性のつよきを一本残し、其餘はつみ去り竹の弱く直ぐなるを一本しかと立置き、一尺ほどづゝ間を置きて、打わらか小縄にて木を結び付け置けば、一年中に長《たけ》一丈も高くなるべし。其後わきより出づる枝をば皆つみ去るべし。直に高くする事は其人の望に任すべし。かやうにしをきたるは數年をへずしてよき材木となるべし。又下濕水の引きかねて五穀にはよからぬ田に柳をうゆるは、材木薪の不便なる所にてよきはかり事なり。七八月水の乾きたる時、急に耕し置き、春になりて畦を作り、蟲の喰はざるわかき柳の枝を取りて、梢を切捨て葱をうゆる如くうへて、根を堅く踏付け置けば、其夏秋ながくなるべし。箕に作り、こりに作り、つゞら、其の外うつは物に作るべし。尤糞をも入れ芸り、蟲も付かざる様に、畦の邊りもさはやかにしをくべし。又河柳は鬚根を多く切り取りてそろへ、三四寸ばかりにきりて畦を作りちらしまき、其上を馬くはにてかき付け、水をしかけ置けば、秋になりて箕に作るほど長くさかへ、肥へたる所にては一段の利過分なる物なり。此等の地ある所にて空しくをくべからずと記せり(日本にては能々肥地たりともかやうには生長しがたからんか)。陶朱公曰く、柳を千科《かぶ》うゆれば薪に事かくべからず。材木にもなるべし。土地あらば多くうゆべしと也。

又うゆる法、白楊の枝、大《ふと》さ指ほどにして長さ三尺ばかり、梢をば切り去りてをしかゞめ、中程を土にをし付け、土をおほへば兩の端少し土を出でて上に向ひ直になるべし。此のごとくして二尺ばかりも間を置きて一段もうゆれば、凡一萬四五千はあるべし。兩の端より芽立ち出づる故也。隨分の肥へたる田なれども、五穀は作る事ならざる水地に、柳をうゆるは此法を用ゆべし。猶も水甚だふかくあつまる所ならば、水の乾きたる時土をかき上げ土手のごとくしてうゆべし。又柳の下に蒜を一粒づゝさし入れ置けば、蟲の生ずる事なし。又極月廿四日に柳を栽ゆれば蟲の生ずる事なしと云へり。白楊ははこやなぎといふ。其葉大きにして梨の葉の如し。尤生長しやすし。器とす。京都四條邊に多く楊枝にしてうるは此柳なり。

婆《は》羅《ら》得《とく》　本草に出づ　第十

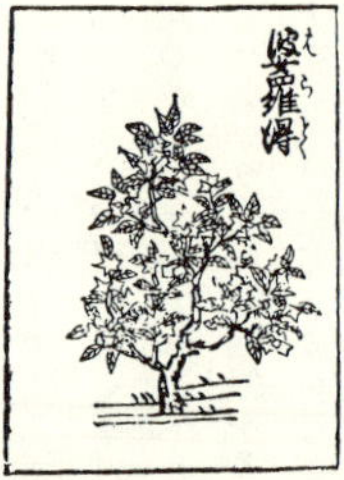

白木と云ふ。實あり。油をとる。江州所々にあり。畠にうゆ。民用を助くるといへり。

榿《はりのき》　第十一

榿又はんの木とも云ふ。二種あり。一種は葉ひろくして、榛《はしばみ》に似たり。ともに田畠のあぜ、畔にうへてよし。枝茂りて物を妨げば枝を切るべし。此木は實をうゆれば早く盛長し、三年にしては薪となると唐の書にも見えたり。甚だ民用に利あり。所によりて多くもうゆべし。田畠を妨げざるゆへ、薪少き所、山城、近江などうゆる所多し（此ご

ろ津の國あたりの民のいへるは、此木枝を取る用にあらず。並べる木の間に木や竹をゆひわたし、是にいねを掛けてほし、わらをかけ、しんぼくにもいねわらを本より末にゆひ付くるなり。是ふか田所なるゆへなり)。

山《つば》茶《き》　俗に椿の字を用ゆるは非なり　第十二

山茶は花を賞するのみならず、實を取りて油とすれば甚だ民の用を助く。山邊など屋敷廻り、土地を見合せて多くもうゆべし。幹は材木ともなるものなり。

竹《たけ》　第十三

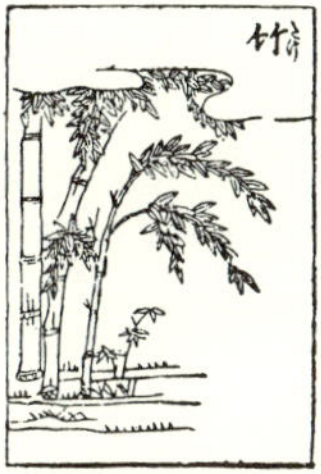

竹をうゆる地は高くして平かなる所、山の麓、谷川近き所の黄白軟の地に宜しとて、尤肥へて性よく沙がちなる和らかなる地、濕氣のもれやすきを好むと知るべし。

うゆる法、正二月一かぶに三本も五本も多く立ちたるを、はちを廣く付けて廻りの根をよく切るゝ物にてさけくだけざる樣に切廻し、末をも枝をも少しづゝとめて屋敷內ならば東北の隅に地を廣くほり、根先の方を西南の方にひかせ、直にうへて土をおほふ事五七寸、風に根のうごかぬ樣に三方よりませをゆひをくべし。踏み付けかたむる事なかれ。踏付くる事竹をうゆるに甚だいむ事なり。尤活付くまでは切々水をそゝぎ、其後牛馬糞、麥稻のぬかなどをいかほども多く入るべし。竹は取分きあげ土の浮きたるにうへて盛長早き物なり。

又竹はうへてわきより棒にてつきたるはよし。手風に觸れ又は手足を洗ひたる汁、女の面等洗ひたるあか汁をかくれば盛長せずして、却て痛み枯るゝ物なり。

又月菴と云ふ古人が竹を栽へし法は、溝を深くほり、乾馬糞を泥にまぜ、一尺ばかりもをきて、夏は間をうとく、冬はしげく、三四本を一かぶとして淺くうへ、肥へたる土を以ておほひ、泥土をかけ、ませを二通りゆひて、根の土をばきびしくうち堅むべからずと云へり。

又竹林の南の方の科《かぶ》をほり取り、此方にて北の方にうゆれば、根必ず南にさすゆへ、よくさかゆる物と云へり。雨の中か雨を見かけてうゆべし。若し西風の時はうゆべからず。竹にはかぎらず、諸木も皆西風にうゆる事は忌む物なり。又諺にも竹をうゆるに時なし、雨を得て十分生ふと。又竹を栽ゆるは五月十三日、是を竹醉日とも竹迷日とも云ひて、此日竹をうゆれば百活うたがひなく、即ちさかゆる物なり。又必ず五月にかぎらず、毎月廿日竹をうへて皆活く共云へり。又正月一日、二月二日、三月三日是も又よく活くる物なり。又辰の日は毎月うゆべしとも云へり。いづれも根の土を厚く廣く掘取り、一科を數人にて持つほど大かぶにしてうゆれば、盛長せざる事なし。又菊と竹とは根ながく、上に向ひ出づる物なれば、泥を多く添へて廻りよりおほふほどがさかゆる物なり。又云ふ、竹を種ゆるに一人してかぶをうゆれば十年にしてさかへ、十人して持つ程のかぶは、一年にしてさかゆるものなり。又大《ふと》き竹を好みても、かぶ小さければふとからず。小き竹にてもかぶをふとくして、月菴がいへるごとく、根の下に糞を多く入るれば、ほどなくさかへ、大竹となる物なり。又竹を引取る事は、籬を隔てたる竹林の此方のかきねに、狸か猫を埋み置けば、明年筍多く出づる物なり。

又東家に竹を種ゆれば西家に土を種ゆると云ふ事あり。たとへば隣に竹をうゆれば一方の屋敷には其とをりに土を置けば、隣の竹皆土の高き方にうつるといへり。

又竹を伐る事、三伏の中か又七八月をよしとす。又臘月きれば蟲喰はず。竹を伐るに三を留め、四を去ると云ふ事あり。竹は七八年も過ぐれば花を生じ、立枯する物なり。三年竹をば殘し留めて、四年になるを伐るべし。是竹林を生立つる定法肝要の事なり。四年にならざるはかならずきるべからず。跡の竹甚だいたみて大《ふと》き竹林も小さくなる物なり。又竹は山間の物は柔かにしてかたからず、平地の園林は竹老いてつよしと云へり（是山間の竹は氣つよくさして其性はしかく、常の里なるは氣やはらかにしてねばりけあるを云ふなるべし。山のはつよ過ぐるなりと）。是を桶ゆひにたづねとへば山林の竹はねばりけ少なくはしかく、平林のはねばり氣ありて柔らかなりと云ふ。

竹の性、春はうるほひありて、枝葉に發し、夏はしんにおさまり、冬は根に歸る。其故冬竹を伐れば、日數をへて後われさけて性強からず。夏はよけれども竹林痛む物なり。二つながら全き樣にはならざるゆへ、七月末八月を中分とする事なり。又竹をうゆる時、枝を三四段をきて末を節きはよりそぎ切りて、きりたる節に水のたまらぬ様にすべし。竹皮などにて末を包みたるよし。されども多くうゆるにはなりがたき故かくはするなり。

又唐の書には、竹の種子《たね》六十一種あり。其中に舟に作る物あり。龍公竹とて、徑《わた》り七尺、一節の長さ一丈二尺の物もあり。又は高さ一尺にもたらぬ細竹もあり。又四角なる竹ありと記せり。

又河内國狹山が池の塘に竹をうゆると云ふ事日本紀に見えたり。土手塘にうへては其根土をよくからみてつよくなる物なり。且うき土にはよくさかゆる物なれば、池河の土手を築けば必ず竹をうゆべし。

園籬《ゑんり》を作《つく》る法《はふ》　第十四

いけがきに作る木は、臭橘《からたち》、枸杞《くこ》、五加《うこぎ》、秦椒《きんせう》、梔子《くちなし》、刺杉《はりすぎ》、楮、桑、櫻桃《にはさくら》、細竹色々多し。此等の類よし。中にも臭橘、うこぎ、枸杞勝れて宜し。臭橘は盜賊の防ぎ是にこゆる物なし。くこ、うこぎの二色は葉は菜にし茶にしても用ゆべし。根は共に良藥なり。酒にも造る。枸杞子は功能ある物なり。

うゆる法、臭橘は九月よく熟したるを核子をとり淨く洗ひ、糞土に合せ、麻の蒔足《まきあし》ほどにちらしまき、土を厚くおほひをくべし。よく生ゆる物なり。

枸杞はさし木、取木よく活くる物なり。同じく唐ぐこは肥熟の地を菜をうゆるごとく畦作りし、糞を多くうちさらし置きて、莖を四五寸にきり、葱をうゆるごとく四五本づゝ一科にうへ、其間も葱ほどにして土を厚くおほひ、しかと踏付け置きて、さい〳〵糞水をそゝげば、さかへ茂る事はかりなし。細根よく生へたるを見て移しうゆるもよし。其まゝ畠に韮などのごとくうへ付けにして、刈取りて葉を料理し、跡に糞水をかけ置くも、ほどなくさかへてたび〳〵刈り用ゆべし。生がきの時は何にても骨になるべき木を四五尺に一本づゝうへをきて、横ぶちをゆひ、犬猫もとをらざる様にすべし。骨にはしゆろ、桑、所によりて杉、檜もよし。枝葉を上に少し付け置きたるば物のさはりともならず。

五加木は冬春さし木に多くしをきて、是も根を生じて移しうゆべし。此外の色々も苗をし置きて移しうゆべし。いか様下には刺ある物を厚くうへ、骨に横ぶちをしかと結ひたるは、盗賊の用心となり、かひ〳〵しく見ゆるのみならず、實を取り葉を取り花もありて、山居村居の屋敷廻りには色々の籬を作りをきて、家事を助くる計事ともなるべしと記しをけり。所によりて骨に梅櫻もよし。

諸樹木栽法《しよじゆもくうゆるほふ》　第十五

凡木をうつしうゆるには、先念を入れ東西にしるしを付けて、其方角を替ゆべからず。大きなる木は枝のふとき分は程よく切去り、梢をも長く切捨つべし(かやうにすれば、木の上の體すくなくなり、枝葉もうすくなるゆへ、風にもさのみうごかず。又根いたむといへども、木の上の體すくなくなり、根の方の力つよきゆへ、木いたみて枯るゝ事なし)。

凡木を種ゆるには、第一ほり取る事に念を入るべし。若し横根遠く出でて、ほりがたくば、大きなる根は能き比より伐るべし（大きなる木ならば鋸、小さき木ならば刃の能き道具にてきるべし。）

根にはちを付くる事。木のかつかうより少しはちを大《ふと》く付くべし。大きなる木ならば、此次の木を種ゆる所に記すごとく、鳥居を立て、中に釣り上ぐるやうにすべし。かくせざれば木の根を底まで掘りまはしたる時、そこの立根、上のおもりにをされておるる事あればなり。尤細き木は夫に及ばず。

はちを包む事、古きこもか、たはらの類を壹尺ばかりに切りて殘らず押しあて、其上を繩にて念を入れ幾所も多くからげ、少しも土の落ちざる様に包むべし（但こもなどの新しきとひろきとははちの土とおり合はず。土おつるゆへに、古きとせばきとが能きなり）。木の枝に印を付けて前生へたる時の東西の方角かはらざるやうに種ゆべし。

木の根のかつかうより種ゆる地をひろく深くほるべし。大きなる木ならば其大小により四方か二方に柱を立て、夫にかぶりの木を一段か二だんか堅く結ひ付け、植ゆる木をこもにて包み、冠木《かぶりのき》に中にゆひ付けて、其立根の先底の地にあたり突き折らざるやうにすべし。

隨分心を用ひてほるといへども、砂土などにて、根にはち付かずして根あらはるゝは、是をうゆる時、其横根だん〳〵あるを、上より土を入れ、下より埋め上ぐるに、一段々々にて其土を能く〳〵堅め、横根の生れ付きのなりの所まで土をつき上げ、よく堅めて其上に横根をすゑ、上より多く土をかけても其根下の方へ落ちさがらず、とかく前のうまれ付きたる根のなり、かはらぬやうにすべし。又其上の土を堅むる事もかくのごとし。上の段の根をも生れ付きのごとく置く事右に同じ。是より上だん〳〵ある根も皆此心得を以て種ゆべし。若しかやうにせずして上より妄りに土を入れふみ堅むれば、横に出でたる根皆眞の立根と一つに付きかたまり、柹木などの類の根のこはき木は、わきの根、眞の根に付きたる所より皆おれて枯るゝ物なり。たとひ枯れねども五年七年には實る事なし（其ゆへは、わきに別に根いでき、大きにならぬ間は木いたみ實らぬものなり）。

木を植へて根の土をかたむる時、木のすがたを能く四方より見て直ぐにうゆべし。右に記すごとく念を入れ植へて後、三方に副木をゆひ、風にうごかぬやうにすべし。此根の土がための理りをよく得心せざれば、木を移しうゆる事はなりがたし。すこし智ある人は、木のいたむと心よきとの道理を考へて、たとへば、其木のこゝろになりて了簡し、其安く心よき樣にと種へ養ふべし。愚かなる人には、此事をしへても其理にかなひがたし。又小木を種ゆるには、一人は上を持ちて中にひさげ、一人は底に土を入れ下より段々堅め上ぐべし。土の入れやう、根のかためやう、前に記す大木に同じ。但橘の類の横根はりて底に立根入らず、はちに土の多く付きたる木は見合せ、根の痛みを考へ、上枝を能き程に伐りて種ゆれば、さして痛まぬ物なり。前に記す其木の心になりて種ゆると云ふ事大事なり。委しくいへば長事になるゆへ記さず。諸木を好む人能く工夫ある

○末を中よりあげざればどうける本れおもく分つて根の下され
ぐかろうす山あさうらり
われらりの分り。
○又下より一服くくむだをく
きめざれじどうろさらちょとき
山太総れ付ぎょろ枯ぞやさみ
松のやうろ分るをうよてをれるありとそもと根ろん永
れ根と一つユ付あひくぐるがふりにてつきるさろゆるこまし。

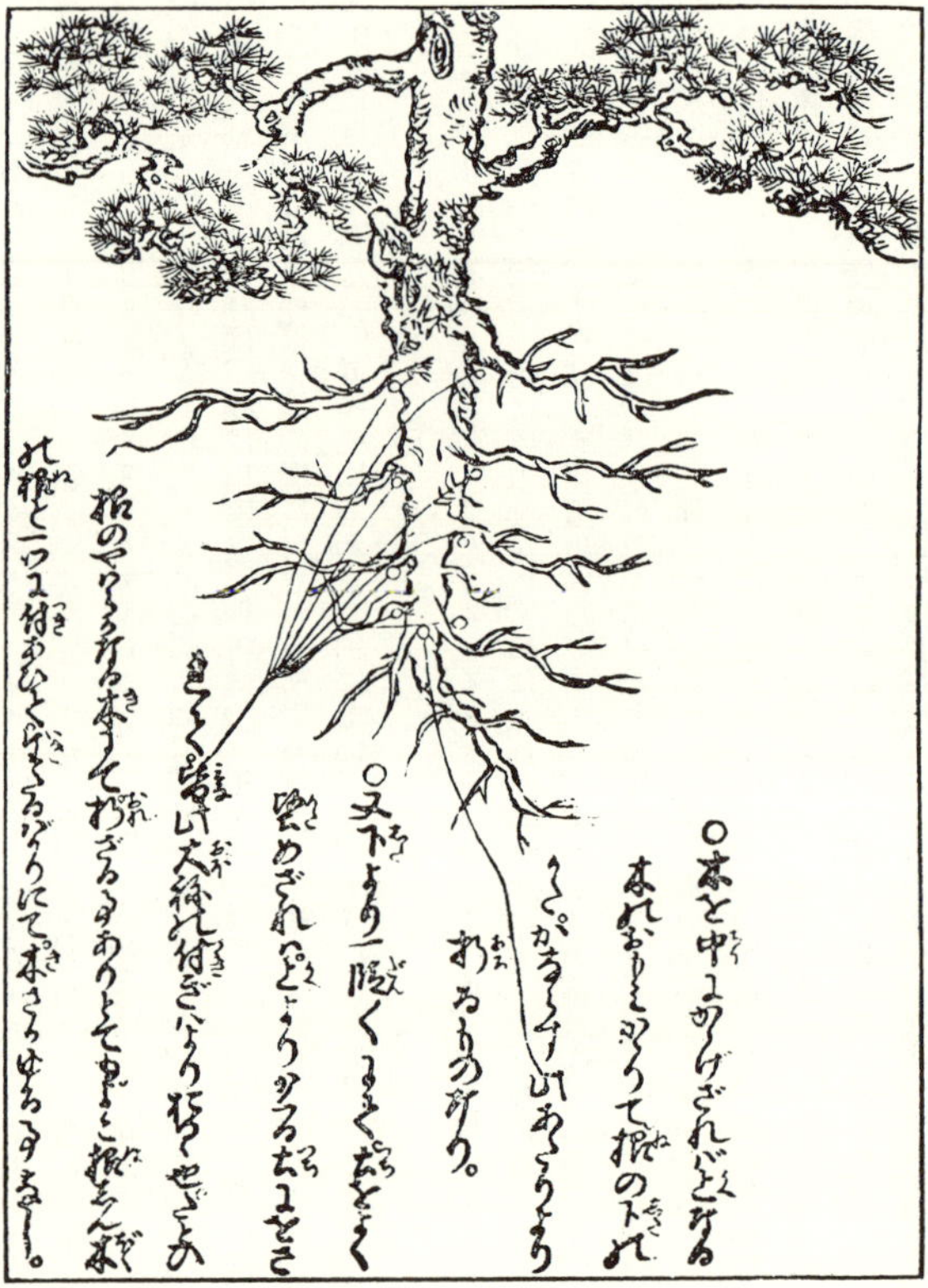

べし。植様書面にては心得がたからんと、大抵圖に出せり。都て此段木をうゆる第一の肝要なり。(木を中にかゝげざれば、上なる木のおもみかゝりて根の下の方かならず此あたりより折るゝ物也。又下より一段々々にて土をよく堅めざれば、上よりかくる土にをされて皆此大ねの付きぎはよりおるゝ也。たとひ根のやはらかなる木にて折れざる事ありとても、よこ根しん木の根と一つに付きあひて生きたるばかりにて木さかゆる事なし。)【括弧内は別圖の説明】

又木を種ゆる事は前の地に生へたる程より少し淺くうへて、今の有地よりちと根の土を高く置くべし。其ゆへは、土地の深き程木は能く生長する物なり。されば淺くうゆれば上の陽氣をうくる事多く、底の土ふかくなるゆへさかへ多し。又前よりも深くうへ底に入れば、下の陰地多く下つかへ地淺くなり、陰氣ふかきゆゑ、木のさかへ甚だよからず。木の大小に隨ひ必ず此こゝろえあるべし。凡牡丹などの草花を種ゆるも此心に同じ。夫花木草花を種ゆる事は、假令大身たりとも、みづから此事に心を用ひ工夫せざれば、其弄び成りがたし。又其事を取りなやむを以て慰ともすべし。然れども百千人の家人の內其才ありて其事に熟したらんを選び用ひらるゝは、格別なり。

木を種へて後根の廻りに水をそゝぐ事、次に記すごとし。又一說、水うへにする法あり左に記せり。

木を種ゆるに穴を深く廣くし、木を直にうへ、正しくして土を入れ、其後水を入れ、上より入るゝ土を泥となし、穴の內少しのすき間もなくながし入れ、又底より段々土をつきみつべし。牛分過ぎも泥を滿てて、木を少しうごかしゆすりて其後直にさだめをくべし。さて平地より少し高く土をよせ置きて、明る日水かはき堅まりわれ目あるをばしかと踏付け、其上に又土を四五寸も高くよせ置くべし。是は踏むべからず。扨木の大小に隨ひて、廻りに土を以て小土手をつき廻し、其内におり／＼水を入れをくべし。根の土をかはかすべからず。大《ふと》き木ならば、三方よりひかへの木をゆひ、風にもうごかぬやうにすべし。しん木をこもにて包み其上をひかへの木とゆひ合はすべし。必ず風にうごかすべからず。人だけ以下の木は是に及ばず。かりそめにもうごかしたはむべからず。手風をも觸るべからず。六畜をよすべからず。

　同じくうゆる時分の事、正月を上時とし、二月を中時とし、三月初を下時とす（又士民の説には、十月のなげ木とて、十月は皆陰の月にて陽氣うごかねば、なげ捨てゝもよくつくといふなり）。凡棗の鷄口、槐の兎目、桑の蝦蟇《がま》眼などとて、其木々の芽の少しうごき青みの見ゆる時をよきうへしほとする事なり。少し早過ぎるまではよし。遲きはあしし。木毎の時分一々にはしるしがたし。しかれどもなべての木は正月より二月の始までをよしとす。凡此目付けをして諸木うへしほの大概とすべし。芽立の丸き物あり。尖りたるもあり。是雀舌とも云ふなり。正月一日より同晦日の間に諸樹を移しうゆべし。但菓實のなる物は上十五日よし。下十五日は實少なし。若し大きなる木ならば半年も前より枝をも落し、根のふとき分は切り去りて、もとのごとく土を入れ置くべし。鬚根をば、かりそめにも損ずべからず。さてうへては日おほひをし置きて雨の時は去るべし。かく念を入れ、木のおぼえずしらぬ様にうゆれば、時をきらはず活くる物なり。

又根の下に籾麦などをばらりとまき、其上にうゆればよく活くる物としるせり。又木を移しうゆる事は下十五日をよしとす。上十五日は木の生氣悉く枝葉にある故、移せば性を傷り、接げば則ち氣を失ひ、又伐ればうるほひの氣中にみちて、久しくをきて蟲を生ず。潮のさかんなる時を忌むと心得べし。かれ潮の時は生氣根にあるゆへに、よく活くる物なり。接木も同じ。但菓木は下十五日は實すくなし。

此のごとく古書にも説々多けれども、只是まじなひの類にて、正説にはあらず。偏へにほり様、種へやう前に記すごとく心を盡し念を入れぬれば、小木などは夏の土用に移しても痛む事なし。唯能々心を用ひ其事を盡すにあり。

松を移し植ゆる法、松を植ゆる事極めて心を用ゆべし。其ゆへは、花樹菓木の類は、枝を多く伐るほど根の力かつ故、木ぶりは當時あしけれども、頓て木わかえて前よりよく花開き實のる物なり。しかれば痛むべきをば多く枝を伐りて、たしかに活くるやうを計る術あり。只松は木ぶり枝つきを以て弄びとする物なれば、梢を伐り枝を斷つ事成り難し。されば能々心を盡し、掘るにも種ゆるにも、根をそこなひ痛むる事なかるべし。

山林にある木を移しうゆるならば、九十月の比、先其根をほり廻し、大きなる根は見はからひ、長くつけずとも能き程より伐るべし。若し砂地か悪土にて根にはちの付くまじき所ならば、兼ねて田土を數十日こなし置きて、木根のすな土をば先のとがりたる棒にて根のいたまざる様に突落して、田土を以て根のはちをこしらへ、土ばらつかば少し水を打ちてしめらせ能く根をかたむべし。其後も雨まれならば一ヶ月に一二度も少し水をそゝぎ、ちと根をふみかたむべし。かやうにし置きて、次の春、立春十日十五日の内にほり移すべし。若し指しあふ事あらば、二月の節に入り五七日十日までも苦しからず。

ほり取る時大きなる木ならば三方に釣繩を付けて、俄にたをれそこねぬ樣にすべし。尤鳥井を立てゝ掘りたるよし。其手立は前に記すごとし。

根のはちをこもたはらなどを細く切りさき押當てゝ、繩を以て極めてしげく結ひかたむる事、是又前に書付くるに同じ。植ゆるに鳥居を立てゝ、立根のさき折れざる樣、又下の土をかたむる手立委しく前に見えたり。

うへかためて後三方にひかへの木を立てゝ、風に木のうごかぬ樣にすべし。根に水を澆ぐ事も前に記せり。

大きなる木にて、活くべき事心もとなく大切に望み思ふ木ならば、次のとしの春、木を掘り取るばかりにほり廻して、又前のごとく土を入れ、よく堅めをき、其秋九月の末又ほりまはし、根をうごかして、もとのごとく土を埋み置きて、三年めの春、立春の後天氣よき日ほり移すべし。大きなる木は木ずゑより三方にほそ引を付け、しづかに伏せ、餘多材木を入れ、兩方よりになひ、根を地につくべからず。地につけばよこねいたむ物なり。車あらば車につみ、車なくばかつかうより人數多くよせ、かるく取りあつかひ、少しも木のいたまぬ樣にすべし。はちをよく付け、根のいたまぬ術を盡せば、五人八人にて取りはこぶ程の木は、十に一つも失なし。十五人廿人餘にてあつかふ木といへども、十に七八は必ず活くる物なり。又庭木の名木梅櫻などを移すには、猶以て年をかさね、根をほり廻し、たび〳〵あつかひて時分よくうゆべし。其手立ねんごろに心を用ゆれば、かるゝ事なし。前に云ふごとく、花樹菓木はかならず惜まず枝をきるべし。多く切るほど根の力つよくして、後の榮へうるはし。

接《つぎ》木《き》之《の》法《はふ》　附糞を用ゆ　第十六

木を接ぐ法樣々あり。先臺木を兼て子種にし置きたるがよし。山野より俄にほり取りたるは、第一は細根多く付かずして、皮めもあらく生き付きかぬる物なり。假令つきても盛長をそく、後後年をへては子《み》うへのだい木に接ぎたるには劣れり。山林より取りたりとも、根に疵なきを用ゆべし。其ふとさ凡やりの柄ほどなるを中分とすべし。梨、柹、桃、栗、梅、櫻の類は大《ふと》き木に中つぎにしたるもつく物なり。柑橘の類は高くはつくべからず。だい木の大小をよく見合せ、ふとき程高かるべし。されど高くとも一尺ばかりには過ぐべからず。又下《ひき》くとも四五寸に越ゆべからず。下《ひき》きは活やすけれども、だい木の皮切口を包む事遲し。小き木高ければ木の精上りかねて、穗に及ぶ生氣乏しきゆへ、枯るゝ事あり。四五寸一尺の間を中分とすべし。

齒の細かなる能くきるゝ鋸にて引きり、切口を見ればまきめあり、其卷目の遠き方に穗を付くる物なれば、其方を少し高く削り、接穗の長さ三四寸、本の方を一寸餘、肉を三分一ほどかけてそぎ、返し刀少しして口にふくみ口中の生氣を借り、扨だい木の穗を付くる所を穗のそぎたる分寸に合せ、肉の内に少しかけて皮を切りひらき、小刀のきりたる肌をむらなくして穗をさし入れ、竹の皮か、おもとの葉、古き油紙にても一重まき、其上をあら苧か、打わら、又は葛かづらの皮目にて、手心にてしかと一寸四五分も巻きて、其上を又雨露もとをらず、蟻も入らざる様に稠《きび》しく包み巻きて日おほひはおもとか、竹の皮にて日かげの方よりは穗の先見ゆる様にあけて包み置き、廻りを鷄犬もさはらぬ様に竹をさし圍ひ、わらかこもにて包み、上を少し明けて雨露の氣少し通じ氣のこもらざる様にすべし。尤泥にてだい木の切口の下二寸程まで厚くぬり廻し、雀草をうへて、うるほひを引くべし。其後旱つよくば水をわきより朝夕少しづゝそゝぎ、だい木の廻りをかはかすべからず。だい木の皮の一方を切りはなさずして接ぎたるを袋接といふなり。又皮を穗のそぎたる寸によく合せそぎはなして、穗の皮目とだい木の皮の方と付き合ふ心得して少しかたよせて穗を付くる事よし。

又水接は穗の本をながくし、だい木に付くる所を一寸半も穗の肉を少しかけて、むらなく削り、口にふくみ、さてだい木のそぎ様は替はる事なし。但きりひらくに下の所を少し横に切り、皮をわきにをしひらき、穗を合せ巻き包む事前に同じ。さゞいがらにてもなき所ならば、竹の筒にても穗の本をさし入れ、風にもうごかぬ様に臺木に結ひ付けをき、冷水を入れ、夏中は水のぬるまざる様に頻りに水をかゆべし。よく付きて皮肉よくとりあひたるを見て、冬になりて穗の下に出でたる本の所を、よくきるゝ物にて切りはなすべし。其まゝ置けば痛み枯るゝ物なり。

又さし接とは、穗をながくして芋魁《いもがしら》か蕪菁にてもだい木のきはに肥土にて埋みいけて、雀草をうへ廻し、穂の本をよくそぎていもがしらに深くさしこみ、接様は水つぎに同じ。

又木を接ぐに三の祕事あり。一つには木の肌への少し青みたるを見るなり。二つには穂もだいも節の所を切合はするなり。三つには穂とだいとの皮肉の取合をよく見て接ぐなり。此の三術を違へずして接ぎたるは、活《つ》かずといふ事なし(接ほの皮と、だい木の皮と少しあふやうに穂を付くれば、兩方の皮と皮との氣通じて、やがて芽を出す物なり。すべて木の生は皮にあるものなればなり。もし又、接ぎほを深くだい木の皮にかくれば、だい木の皮より持ちおこされてかるゝなり。凡そつぎ木の大事此事なり。次にきり合せと手の內しめかげんにあり。此つぎほの付けやうを合點すれば百に一つもあやまちなし)。

又よせつぎは、よきほどの臺木を樹のわきにうへをき、或は木によりて桶などにうへ、其木のわきによせ置きて穂のある枝を引きたはめ、木を立てゝ地に打ちこみ、其木にしかとゆひ付け置きて接ぐ事は前に同じ。是は百活うたがひなし。されど、はなし接のよくつきたるよりは盛長遲し。いかんとなれば、接ぐ時手心其外思はしからざる故なり。此外も接ぐ法ありといへども、さのみ替る事なし。但壯年の人の接ぎたるはよくつきて、老人は精神乏しきゆへ多くは付きかぬる物なり。

又菓樹を修理する事は、正月の中下にたれ亂れたる小枝をば切り去るべし。其まゝ置けば木の力是に分れて實少なし。木毎に實のならざる小枝あり。是を浮枝と云ふ。切りすかすべし。かくすれば殘の枝榮へ肥へふとる物なり。又木の下を常に芸り掃除しをくべし。蟲も付かず草あれば夏は其氣に蒸され、雨露の氣をも草にうばはるゝゆへ、草かじめ疎かなれば、木かじけ實多くならず。假令なりても小さく味もよからず。根の廻りをば、あり地よりは少し高く雨水もたまらざる程にすべし。※下枝を落《おろ》す事は大かた其木の下を人の通りて手の及びかぬる程をよしとす。

*頭註、是はたいていの心もちを云ふもの也。此かくにあふ木はまれなり。

又樹木に水をそゝぐ事、朝晩水はしきにて輕くそゝぐべし。あらくうちかくれば痛む物なり。又樹木に糞しををく事は臘月許の物なり。他の月は用ゆべからず。水を三分合せ置きたる久しき糞を用ゆべし。されど柑類には花を見るべき前、鰯のくさらかしを上よりうちたるは能くきく物なり。委しく柑類の所に記す。又旱せば泔水糞水を根の下にそゝぐべし。糞を少し加へて根にかけたるは時をきらはずきく物なり。こき糞は冬の外はあしし。

夫花樹を弄び果の木を嗜《す》ける人、其花の美しく其實の勝れなん事を思はゞ、よき糞土を以て其根の土と入れかゆべし（時分は正月をよしとす）。極めて近所の土はのこし、其外四邊の土を掘りのけ、よく調へたるこへ土を入るべし。其土の入れ様は前に木をうゆる法を記す心得に同じ。かやうにすれば花木は其色香甚だまさり、花ぶさ大きにしてうるはしく、菓はふとくして味よく、又年ぎりすることなし。但木を大事にする人は一年半分の土をかへ、次の年又一方の土をかゆるもよし。國所により其地すぐれたる肥土ならば換ゆるに及ぶまじきか。さりながら、其よき土を能く〳〵さらし、糞を打ちしたゝめて入れかへたらんは猶以てよかるべし。其土のこしらへは（こへたる田土をよくほして細かにくだき、若しねばりけつよき土ならば、こへたる砂地の畠土を四分一ほど合せ、たび〳〵こゑをかけ、干かはかし、雨ふらばよくおほひをしてぬらすべからず。此土ごしらへ專一の事なり）*此のごとくすべし。此外に棒糞と云ふあり。每年寒の中に木の根をとがりたる棒のさきにて深さ八九寸にも突き、夫に濃きこゑを入るゝなり。木の大小により、十所も廿所も見合せに入るべし。此こゑ何れの木に用ひてもよし。大かたこゑのひるべき時分、別のこゑ土にて此穴をうめたるがよし。此こゑ何れの木に用ひてもよし。取分きみかんによく用ゆる事なり。又柑類に輪糞とてするは、たとへば木の枝廻り三間あらば、一方に一間半づゝなり。其木のねより一間か少しその內にはゞ一尺三四寸ふかさ五寸程の溝をほりまはし（但これを鍬にてほれば、木の根きるゝ事あり。くま手つるのはしなどにて、やはらかにほりたるよし）、其溝に濃き糞を入れ、大かた干たる時、わきの肥土を以て埋むべし。馬糞などを入れて其上をうづみたるは猶よし。常の塵あくたを入れてもうづむべし。

*頭註、是はやせ地の所の土をかゆる法なり。

木を養ふ事、その園きはめて瘠地ならば、右に記す土をかゆる手立第一なり。百に一つも失なし。惡地ならば菓を好む人は十本うゆるを二本種へて右のごとくしたゝむべし。

下の水近き所は木生長せず。二尺ばかり下は水ある所あり。三尺五尺迄の木漸く實れども、夫れより木長じて、其根水に入れば實る事なし。此地は別に才覺なし。但年來の宅にて庭も園も廣くば、其人の力により地形をあぐる外の術なし。重く愛する木ならば土を寄せ、二尺も三尺も高く植へて、其邊には漸々に土を置くべし。是も十本種ゆる木を念を入れて二三本うゆるが、花を見、子を取る木いづれも後ほどよろし。

悪土の地は土を變へ、濕地は地形を高くすべし。此外人力しだい花果の樹よく養はれざる所なし。

又一圍二圍の木にても其木の養ひさま〴〵多し。其根を塵塚とし、又民家ならば其根を馬糞、萬のこゑだめとし、上によく覆を加ふべし。年々かやうにすれば木の根も用地となり、たとひ大木といへども、花樹果木皆榮ふる物なり。

花果の木いつとても糞を用ひてあしき時なし。取分き冬をかんようとす。四季ともに折々小便水ごゑをそゝぎたるよし。

又菓木に付きたる鳥をおどす事、髮の毛を枝にかけ置けば、鳥近付かぬものなり。馬の尾糸なほよし。又小繩に鳥の羽又はほんごのきりさきたるをはさみ、木の上に引きはへ置きたるもよし。

樹木を蟲の喰ふには、硫黃雄黃二色を粉にして、艾《もぐさ》にもみ合せふすぶれば蟲皆死ぬる物なり。

又硫黃と河の底の泥と合せて蟲喰の穴をふさぎ、直に木にぬるも蟲よく死ぬるなり。

又元日の曉、大《ふと》きたい松を燈し、菓木の下を照せば蟲の災なしと云へり。又三月の節に入る曉も此のごとくしてよし。

又菓木のさかへても實をむすばざるは、元日の曉方、斧を以て其木の本をうち、少し敗れてまだらになる程打てばよく實るなり。此のごとくする事を嫁菓《かくわ》と云ひて古よりする事と見えたり。

又菓子つねのなり形に違ひ、色も常にあらざるは食すべからず。是根下に毒蛇あるゆへなり。

世人花樹を愛し、菓木をこのめる事、或は村居閑居のいとまある人、又は廣宅佳境をもたらん人、或は老人など殘年の樂とせん事、是皆世塵をはなれ、又他の妨ならずして潔き樂みたる事、比するに類なかるべし。或は又高祿富貴の人の嗜めるは猶以て賞じつべし。しかれども、世のおぼえ、時のいきほひある人、もしは其勢によつて下ざまの人の、深く心をとゞめ愛し弄びぬる花果をも、人の心をやぶりて押もとめ、或は高價の草木をしゐて乞ひとり、是を得てみづからの樂とする事、亦何の心ぞや。是誠に卑劣凡下の情にして、さらに君子士人のわざにあらず。富貴に居る人、何ぞかゝる淺ましき汚れをなして、却てこれを樂とする事あらんや。若ふかく嗜める物あらば、必ず財を以て求め、或は又求め得たらんは、かならず其報禮を重くして心を汚さず、潔くしてその事を樂むべし。凡そ時めき世のおぼえある人は、深く是を戒むべし。又菓木を嗜める人を見るに、秋にいたりて後苑山莊などに諸樹各實をむすび、其時いたりうるはしきをめで樂み、興に乘じてたび〳〵多く賞味する事あり。されば其生質脾胃よはきか又は陽氣不足の人は漸く脾胃を損じ陽氣をやぶり、いつとなく病を生ずる事あり。或は又子孫の小兒、左右の侍童などの菓を得ていさみ悦ぶを快しとし、其兒の强弱をはからず妄りにあたへ食せしめ、病をまうくる事間々多し。然ども、漸くいたる疾は世の醫術にうとき人辨ふる事すくなし。必ず大人小兒皆其程をはかり、少しく喫すべし。凡て花樹、果木、草花を愛し樂む人、善くこゝに於て心を用ひ、愼みを加へば、萬に失なうして其心いさぎよく、其樂みますます深かるべし。今此書を改め記する序で、みだりにこゝに贅せり。

農業全書卷之十

五牸《し》を畜法《かふはふ》　第一

陶朱公曰く、速かに富まんとならば五牸をかふべしと。五牸は牛、馬、猪、羊、驢是なり。此色々の兒を飼ひ生立《そだ》つるなり。驢馬と云ふ物は此國にはもとよりなし。今の耕馬の類ひ是に當るべし。又家猪《ぶに》は近來長崎近き所にては畜《か》ひ置きて唐人にうると見えたり。先牛馬の生れつきよく性もよきをゑらび、牝牡を三月に入りて共に野にはなちつるませて、五月になりては又別々にしてをくべし。其まゝはなし置けば踏合ひつき合ひかみ合ひて痛み損じ、よき子を生まぬ物なり。さて冬に成りて子を産むべき時分は、又ゆるして遊ばせ自由にすべし。馬の兒は初めて生れ出でたる時灰の氣を甚だいみて、是にあへば死ぬる物なり。ゆるり、竈などのあたりに近付くべからず。よく子をうみ生立つる母馬牛を四五疋も同じく牸《こ》を二十疋ばかり二人にて取つなぎして、隙隙には其牛飼の二人も己が口すぎをすべき得たる仕事の手當をして、晝夜怠らず飼ひ生立つる法を定めをくべし。尤牛馬の家を廣く作り、草をいかほども多く刈り入れ、寒暖の飲食物を時分時分に餘計ある程貯へ置きてやしなひ生立つれば、幾程なくよき牛馬出來る物なり。多く仕立つる事ならずとも、多少によらず心にかけて養ひ立つれば、農人一方の助となる物なり。若又河の邊り、湖、池、澤など草むら多き野山にては、必ず多く飼ひ生立て自分の用に餘るをばうりて利を得べし。惣じて耕作は牛馬と下人のよきを持たずしては、いか程肥良の田地をおほく持ちても作りこなす事ならずして、次第にやせあるゝ物なり。田畠相應より少しは餘るほど持ちたるをよき農人とする事なり。

鶏《にはとり》 第二

には鳥は人家に必ずなくて叶はぬ物なり。鶏犬の二色は田舍に殊に畜ひ置くべし。是大小色々あり。唐丸とて甚だ大《ふと》きあり。近來しやむと云ひて一種あり。是又大なり。是皆體おもくして高き所に上りかねて、狐狸にそこなはるゝゆへ、雛も生立ちがたし。時を作る事も正しからず。唯中鶏の毛のあかき脚の黄なるをかふべし。又雌鳥はかたちさのみふとからず、毛浅くて、脚細く短きが卵を多くうみて雛をよく生立つる物なり。又雄鳥は聲の小きは子少し。

黒き鶏頭の白き六指のもの、四距のもの、死して足の伸《の》びざるもの、皆人を害すとあり。料理をするに心を用ゆべし。

又五歳以下の小兒鶏を食すれば、悪き蟲《きび》を生ずると見えたり。

多く畜はんとする者は、廣き園の中に稠しくかきをし廻し、狐狸犬猫の入らざる様に堅く作り、戸口を小さくしたる小屋を作り、其中に塒《とや》を數多く作りて、高下それ〴〵の心に叶ふべし。尤わらあくたを多く入れ置きて、巣に作らすべし。さて園の一方に粟黍稗を粥に煮てちらし置き、草を多くおほへば、やがて蟲多くわき出づるを餌とすべし。是時分によりて三日も過ぎずして蟲となる。其蟲を喰盡すべき時分に、又一方かくのごとく、年中絶えず此餌にて養へば、鷄肥へて卵を多くうむ物なり。園の中を二つにしきりをくべし。又雑穀の粃《しいら》、其外人牛馬の食物ともならざる物を多く貯へて、はみ物常に乏しからざる様にすべし。卵も雛も繁昌する事限なし。甚だ利を得る物なれども、屋敷の廣き餘地なくては多く畜ふ事はなり難し。凡雄鳥二つ雌鳥四つ五つ程畜ふを中分とすべし。春夏かいわりて廿日程の間はひな巣を出でざる物なり。飯をかはかして入れ、水をも入れて飼ひ立つべし。

甚だ多く畜ひ立つるは、人ばかりにては夜晝共に守る事なり難く、狐猫のふせぎならざる故、能よき犬を畜ひ置きてならはし守らすべし（但しかやうにはいへども、農人の家に鷄を多く飼へば、穀物を費し妨げ多し。つねのもの是をわざとしてもすぐしがたし。しかれば多くかふ事は其人の才覺によるべし）。

家《あひ》鴨《る》第三

あひるは池河など水邊にて多く畜ふべし。水草も多く稗など多く作るべき餘地ある所尤よし。其邊りに小屋を作り、内に棲《とぐら》を作りて狐狸などの災なき様に、いかにも堅くかこひて、雌鳥十あれば、雄鳥二つか三つの積りにて、土地と手前の分量によりて、いか程多くも畜ふべし。雑穀粃は云ふに及ばず、浮草を多く入れ、又は野菜のゑりくづをいか程もおほく入るゝ事一入よし。晝は水中に游び、夕方悉くむらがり集り來り、塒に入るやうに常にならはしをくべし。他の仕事のならざる下人童などある物なれば、是をして餌を求め、朝夕の出入を守らすべし。此外其者の少しは得たる事をつとめさすれば、其口すぎは必ずある物にて、年中の玉子は利分となるべし。一鴨一年に百五六十の卵は產む物なれば、百雌鴨の卵凡一萬五六千、此價安くとも一貫目餘はあるべし。三分一は飼料萬の費となりても、過分の利潤なり。池澤など人家に近き所あらば、才覺ある人は見立てゝ多く畜ふべし。手足の不具なる物、農事のあらく強き働らきなりかぬる者に守り飼はすべし。第一は其者の困苦を助け慈仁ともなるべし。

水《すゐ》畜《ちく》第四

水畜とて魚をかひ生立つる手立あり。是又史記陶朱が傳に見えたり。先鯉鮒を池にて生立つる事は、池の廣さ水の面二三段もあらば、其中に島を六つも七つも作り、(ふかき池塘《つゝみ》には島つく事ならず。淺きとても人力おほく費ゆる物なり。池の淺りに力次第島をつきたるはよし) 又用水の塘ならば土石を以て築く事さはりなるゆへ、柴、篠《さゝ》、いばらなどにて高く稲積のごとく魚の游ぶべき日向の所毎に、いくつもこしらへをき、又其上には大《ふと》き木を枝ながら伐りおもしにをくべし。小池の中にてもかやうにあまた所に作り置けば、是を日夜廻り遊びて千里の遠く廣き湖水とひとしく覺ゆるとなり。

子持鯉の二尺餘りもあるを廿、牡鯉の同じほどなるを四つ、二月の上の庚の日池に放つべし。入るゝ時水の音なき様にしづかに入るべし。さて四月に鼃を一つ入れ、又六月に二つ、八月に三つ入れをくべし。池にかめを入るれば其池のあるじとなりて、大雨洪水の時其池の魚躍り出で落つる事なし。又池水の落つる水口には、わか竹にて箔《すだれ》を作りて、きびしくつよく結立《ゆひた》ておくべし。來年にいたり、鯉壹萬餘ともなり、三年めには池中悉く鯉となる。されども池により魚の食物乏しければ多く生立たぬ物なり。其養ひ專一なり。穀物のぬか、はしか、粃、又野菜の下葉、切くづは云ふに及ばず、靑き和らかなる草、瓜、茄子がら、粟きびがら、大唐稻のわらは取分きよし。此等の物をいか程も多く求めて朝晩入るゝに隨ひて魚肥へふとり、年月をへずしてわき出づる物なり。鮒は入れずしてもをのづから生ずる物なり。されども小鮒をわきより取りて入れ、食物を飽くほど入れ置けばふとり繁昌して、味迄常の池の魚よりは格別勝れる物なり。

又池にても河の淀みにても柴木を多くつみ置けば魚これを宿りとし、ぜん／＼に多く其中にあつまる物なり。其後時分をはかり其廻りに竹のすを立て廻し、つみたる柴木を一方に取りうつし網にて取る事、是をふしづけと云ふなり。柴棘何にても枝しげき物を大かた二三間四方に水の上より見ゆるまでつみ、上のをさへは、大きなる木を是も枝ながらをくべし。柳など殊によし（云ふまでもなし。此ふしの入れやうは所により大小あるべし）。此のごとく、多く厚くつみ置けば、魚其間に安堵し、多く集る物なり。鵜、水獺《かはうそ》もとる事なく、魚のためにはよき住所にして、大小此にあつまるべし。是魚を欺きとるに上もなきはかり事なり。

又うを生立ておく事は、是のみにかぎらず、さま／＼手立ありといへども、取あげて多くいけ置く才覺なくては詮なし。泉ある所は云ふに及ばず、生水なき所にても、籞《いけす》に淸き水を引く便りある所をみたて、小池をほりさのみふかからずとも、是も中に島を築き、廻り淺みには水草稗をもうへ枝柴をも入れ、魚の食物の絶えざる様に日々入るべし。九月水冷やかになりて、大池の魚を取りあげ、其中にてふとく料理になるべき分をゑらびて入れをくべし。

又池に三四五月魚子生む時分は取分き餌を多く入るべし。此時餌乏しければうみ付けたる子を食ふ物なり。

又池水の甚だ深きを好まず、三四尺ほどよし。但北の方一方は深くすべし。淺きを好む事は冬春日の暖まり底にとをらざれば肥へふとらぬ物なり。物ごと陰氣がちにては盛長せぬ道理と見えたり。

淺みにうへをく草は菅《すげ》、まこも取分きよし。春の終り夏の初め魚此所に集り身をすり廻り遊ぶ物なり。

獺は蓮を畏れ、鼬は瓢をつり置くをおそるゝ物なり。されども籞には獺遠方よりも來り、魚を損ずる物なれば、性よき竹にて一間も高くすをあみ廻りを堅固にかこひ置くべし。竹ずを立つる事、內の方によき程なびかせ、獺外より飛び入りても飛上り出づる事ならざる程をはかるべし。凡獺の水の中にて魚を食ふはたらき中々了簡より强き物なれば、大かたの防ぎにては一夜にも過分に魚を損ふべし。

鯉を入れをく池の邊りに楊梅《やまもゝ》をばうゆべからず。此花池の中に入りて鯉是を食へば死ぬる物也。其外毒に中りて腹を上になす事ある時は、水上より溺《いばり》を流し、又芭蕉の根をたゝき、水上よりそそぎ下すべし。活くるものなり。

又池に魚を生立つる事、鯉鮒多き池川の常に魚の多く集る所の水底の泥を舟にて多くあげ、又は其近方の沼澤などの水草を子をうみ付けたる時分取りて此方の池川に入るれば、二年の後魚多く出來る物なり。

又魚の苗を飼ひ立つる事は、池河にて小き魚を網にて多く取り小池に入れをき、鶏、鴨《あひる》の卵の黄なる所を以て飼ひ、又大麥の粉炒豆の粉を入れて飼ひ立つれば、ほどなくふとる物なり。されども鶏子は費多し。麥豆稗の類を用ゆべし。さて一尺許にふとりたる時、大池に移すべし。野菜又は草をきざみて多く入るべし。

冬秋など死にたる牛馬の肉をとり、細かに切りいりたる米のぬかとにぎりまぜ、是を鯉鮒に飼へば、俄にふとる物なり。田舎にては此才覺なりやすし。

又潮のさし入る所をすをきびしく立て、魚のもれざるやうにいかにも堅固にしをき、鱸《すずき》、鯔《なよし》、鱠残魚《きすご》、此外も汐の入る池の中に飼ひ立てふとりさかゆる物多し。是又餌を考へて養ふべし。

又水畜の池に同類を食し害をなす魚あり。ゑらびて同じ池に入るべからず。鱸、鯰取分き他の小魚を食ふものなり。必ずこれを入るべからず。

池澤など水畜のそだて才覺なるべき所あらば、必ず空しくをくべからず。老人病人は云ふに及ばず、わかき者も穀物菜蔬を食したるばかりにては、氣血臓腑のやしなひたらず、筋骨もすくやかならずして寒暑にも痛みやすし。魚鳥獣の重味にて能き比に元氣を養へば、外より犯す病も大かたはのがるゝ物なり。邪氣虚に乗じて入るの理なり。且又五穀を始め魚鳥獸に至るまで、食物となる物のおほき國は、住む人の力も強く、國の勢ひ自らありて、小國も大國にも劣らずと云へり。殊に田畠の糞しも澤山なれば、手足の苦勞困窮もさまでせずして、作り物の出來さかへ實りの多き事、以ては莫大の賑ひとなるべし。纔の池水も空しくをくべからず。

又小池の魚に虱の付く事あり。松葉を多く池の中に入るべし。たちまち蟲除く物なりとしるし置けり。

園《その》に作《つく》る薬種《やくしゅ》　當歸《たうき》　第五

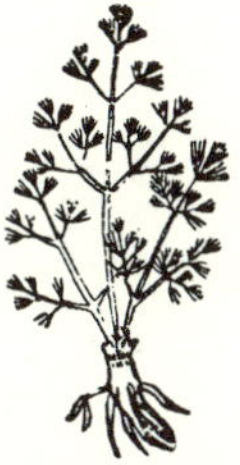

當歸は、種子を取り置く事、去年の苗をうへ付けにして、當年花咲き子《み》をむすびて秋よく熟したるを収め置くべし。又は去年のかぶを移しうへて、たねを取るもくるしからず。其畠肥地ならば糞を用るに及ばず。瘠地ならば見合せ、過ぎざるほどをはかりて糞を入るべし。莖あかく實の所も色付きたる時、取りてもみ、粃《ひ》を簸去りて袋に入れつり置くべし。靑く不熟なるは少しも交ぜをくべからず。早くたう立ちて根に入らず。

苗地は寒耕しいか程も細かにこなしさらし置き、是又瘠地ならば寒中糞をうちたるよし。畦作り菜園に同じ。種子を下す時分は正月中を定まる時とするなり。若し寒氣つよくば二月早く蒔くべし。をそきは宜しからず。生へて後草あらば去るべし。萵の手入菜の苗の仕立にかはる事なし。

移しうゆる地はいかにも性よき細砂の交りて、少しはねばり心もある牛蒡など作るやうのつまりたる肥地よし。明る二月移しうゆる物なり。畦作り麥を蒔く畦のごとくすべし。がんぎを一尺ばかり間を置きてきり、ならび五六寸に一本づゝうゆべし。先づ苗をほり起しうゆる所に杖のさきにて深く穴をつき、一本づゝさし入れ、根さきの底につかへぬ程にふかくさすべし。さし入れて穴の廻りくつろぎあらば、是又杖のさきにてつきうづむべし。苗の大小をゑり分け一畦の中大小なくそろひたるをうゆべし。

こやしを入るゝ事、當歸は五月と八月と二ヶ月取分きよくふとりさかゆる物なるゆへ、此時にきゝわたる心得して、前方より時分をはかり、糞を多くかくべし。五月は梅雨の後よし。尤五月のみにかぎらず、さいくころを用ゆる物なれど、此の時殊によき糞を多く用ゆべし。糞は何にてもよし。人糞、ほどろ、鰯、油糟などは取分きよし。中うち草かじめさいくすべし。されども土餘り和らか過ぐれば、根の性うつくる物なり。

山城の富野、寺田などといふ里、專ら當歸を作る所なり。其所の土は細砂に、土と河ごみの交りて赤土も少々まじれる、牛蒡の出來る土の性と見えたり。凡土の性よはき所、惡土の交りたる地などは出來あしく、藥性も宜しからず。大方の土地には作るべからず。

是を掘り取る事は十月に入りてすきか鍬にて、根のきれそこねざる樣にかたはしより念を入れほるべし。悉く掘り取りて淨く洗ひ、乾しをき、莖の所を細繩にて四五寸廻りにたばねをき、釜に湯をにやし立て、其中に莖の方を下になして入れ、湯煮をするなり。其ゆで加減、根の方をひねりて見るに、指を捻る様に和らかに覺ゆる時、先づあげて、さて又根さきの方を下にして少し煮て是も捻り心みて上ぐるなり。殘らず湯煮し上げて日當の所に竹にてならしを二段も三段も横にゆひ衣桁《かう》のごとくして、大《ふと》きは二かぶ、小さくは四科莖の中程をわらにてゆひ、竹にうちかけ干すなり。又莚に干す時は頭の方を上になしならべて、段々にをくべし。よせかくる心なくては、根先おるゝ物なり。さて干し上げて後、蘆頭《ろづ》に莖の方を五分ばかりかけてきり揃へ、箱に入れをくなり。久しく收めをくならば、箱の内に樟腦を段々ふりかけ、箱のすみ〴〵をば紙にてはりをくべし。凡一段の畠に大かたの直段にても代銀四五百目は有りと云ふなり。是は當歸を藥屋の仕立て收むる法なり。

本法は湯煮したるは性うすくなりてあしし。生ながら數日よく干すべし。壺に入れをきて梅雨の前四月に一度、梅雨の後一度、八九月に一度凡年中に三度干すべし。かやうにすれば、藥性よく、幾年をきても蟲喰ひ損ずる事なし。是よくためし心みたる良法なり。其味藥屋にある物にくらぶれば甚だ甘くして味よし。本草に當歸を湯にて煮る事見えず。日に干してあつき中につぼに入れ口をはりてをくべし。時珍が說に見えたり。

地《ち》黄《わう》第六

地黄、是も四物湯、六味丸等に入り、其外諸方に出でたる良藥にて、醫家多く用ゆる物なり。土地にあひたる所にては多く作るべし。

たねにする根を収め置く事、冬月掘り取りたる中にて、甚だ大《ふと》きも宜しからず。もとより小きはあしゝ。中ほどなるをゑらびて壺にても桶にても又わらのふごにても、細砂を入れ、地黄をいけ置き、風ひかざる樣にすべし。尤かはきたるは痛むゆへ、肥へたる砂を多く入れて厚くおほひ、屋の内に置きて、折々乾きて痛むや否やを見て、又もとのごとく収めおくべし。

うゆる時分は三四月よし。寒中より耕しこなし糞をもうちさらし置きたるよし。若し冬よりこしらへ置きたる地なくば、早麥の跡もくるしからず。畦作りし六七寸間を置きて横筋を切り、となりのかぶとぐのめになる樣に、ならびは四五寸宛にうへ、土をおほひ置きて生き付くとひとしく何糞にはかぎらず多く入るべし。其後がんぎの高き所を左右へかきわけ、馬屋糞を入るべし。なくばあくたにても多く入れをくべし。此時は培ふに及ばず。初め苗の小さき時二三度も根の廻りをかき、わきの土をもみくだき、一科づゝ懇に培ふべし。始終畦の中に草少しもをくべからず。掘りとる事は十一二月の間、すきか鍬を以て根に當らざる樣にほるべし。鐵を忌む物にて、すきくはの當る事を甚だきらへばなり。

さて淨く洗ひ莚などに攤《ひつ》げてよく干しあぐべし。干かぬる物にて、春までも晴天には毎日出して、中まで黒く成りたるを見て収めをくべし。大和にて作る法の大抵是なり。肥へたる性のよき黒土よし。大和地黄のすぐれて大《ふと》きは、一斤の代銀二兩許りに藥屋へうると云ふなり。

川《せん》芎《きう》第七

川芎も良薬なり。古は本朝にはなかりしを、寛永の比長崎よりたねを傳へ來て、大和にて多く作る。其外諸所に作るは性よからず。先づたねに取り置く事は、蘆頭と又は小節のある細き所をほり取る時別にゑり分け置き、桶か箱に砂を入れいけ置きて、すぐれて肥へたる性よき土の上畠を冬よりさい／＼耕し熟したるを、又二三月の比よくこなし畦作りし、横筋を麥をうゆるごとく、八寸一尺許りも間を置きて切り、ならびの間も六寸に一科づゝうへ、土をおほひ置き生へて後芸ぎり培ひなど他の作り物に同じ。

糞を用ゆる事、先づ初めは少しづゝをくべし。花のつぼむを見てより多く入るべし。沙がちなる黒土又は白きもよし。但中分より下の土には必ず作るべからず。吉野にて作る畠は赤土に沙少少小石も交りたるいかにも肥へたる山畠なり。

掘り取る事は十月十一月の間よし。鬚をよくむしり、わきの細根も悉く去りて、淨く洗ひかはかしをくべし。

釜に湯を立て一あは煮て箸にてさして見るに、よくぬくる時其まゝあぐべし。煮へ過ぐればあしゝ。干し上る事は干過ぐると云ふ事なし。是又四物湯の一色、其外諸方に多く用ゆる物なり。山下など性よき肥地ある所にては多く作るべし。厚利の物なり。

大《だい》黄《わう》第八

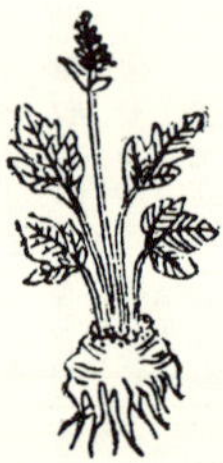

大黄、是も醫家に時々用ゆる藥種なり。

うゆる法、一科をいくつにもわりて地深にてよく肥へたる畠を數遍耕しこなし置きたるに、二月畦作り、菜園の如くし、間を一尺二三寸も廣くうゆべし。糞幾度も多きにしかず。芸り中うちさい〱して冬になりて掘り取るべし。肥地に糞し手入れをよくすれば、一年立ちにも取り用ゆれども、二年をきたるは性も強し。土氣を淨く洗ひ、葛か串に貫き干し置きて用ゆべし。是山城の長池などにて作る唐の大黄たねなり。葉丸く厚くして、つはの葉によく似て、莖少しあかく甚だふとくさかゆる物なり。前々より有り來る倭大黄とは、根のかたち少し似て隔《かく》別なる物なり。長池の土は黒土の細沙雜る深き肥地なり。

牡《ぼ》丹《たん》第九

牡丹は是を花王と云ふ。しかるに花を見るのみならず、根をとり藥種とし、尤良藥にて多く用ゆる物なり。是も山城にて多く作る。花一重にして白く、又は紅紫なると兩樣を藥種に用ゆるなり。

子をうゆる法、秋實よく熟し黒くなりたる時取り置きて、肥地を尙もよく糞し、なる程細かにこなし熟しをき、二月蒔くべし。子かたく、皮厚く其まゝうへては生じかぬる故、中までは痛まざる程少しかみて皮にちとわれめをつけてうゆべし。又は秋實を取りて深くよく肥へたる地に其まゝ蒔き置きて、糞土を以ておほひ、寒の中馬糞を多くおほひ置きたるは、鹵がたを付けずしても、春になりて生ひ出づる物なり。南向の所に蒔くべし。移しうゆる事は一二年にもかぎらず。苗四五寸ばかりの時、九十月の比よし。

うゆる地の事、區《まち》を廣さ二尺餘にして、一尺五寸程深くほり、埋糞に牛馬糞枯草など多く入れ、人糞の類は入れずして肥土を以てふさぎ、區と〳〵の間三尺餘に一科づゝうへ置きて、毎年馬屋糞其外糞を多くをきて、四五年の後根を掘り取るべし。淨く洗ひ、手にてをしはり、曲らざる様にして干しをくべし。賣りて厚利の物なり。尤毎年は根をとらずして二三年に一度づゝ掘取るといへども、手入により根甚だはびこり、其上斤目多き物なる故、過分の利を得べし。是久しくして利を見る物なるゆへ、廻り遠き事の様なれども、沙地の肥へたる暖なる所にて、いつとなく年年に苗をうへ立て置けば、却つて他の作り物より手間も入らず、無造作にて利潤は多し。殊に多く作りたらば、若し間に勝れたる名花も出來べし。然れば一ぺんの利賣のみにあらず。面白くやさしき作り物なり。

芍《しゃく》藥《やく》　第十

芍藥は牡丹に相つぎ、和漢古今ともに世人花を賞ずるものなり。殊さら近來都鄙其花を弄ぶ事

さかんにして、年を追つて其の花しな〴〵多くなれる事、いふばかりなし。藥種には花の一重なるを用ゆ。白きを白芍藥と云ひ、赤きを赤芍藥といふ。醫家に白芍藥を多く用ひ、赤は只十にして二三も用ゆるとなり。白きを多く種ゆべし。是も山に自然と生へたるが性よけれども、又里に種ゆるをも用ゆべし。種ゆる地はよく肥へたる砂地に、ちと土のまじりたるよし。眞土も肥へたる地のねばりけなきはよし。地ごしらへは、粉糞、熟したる馬糞、或はやき糞などにても、其地味により見合せ、是をまじへ、其上に熟糞をかけ、よく乾し、度々うちかへし、こなしさらし置きて種ゆべし。種へかゆる事あらば、八月末九月始、其年の節によりて考へうゆべし。

子を種ゆる法、地を右のごとくこしらへ、畦の間一尺ばかり、其上に深さ三寸程に筋をほり、能き糞土を敷き子を種ゆる事、一寸餘に一粒づゝ付き合はぬ樣にちどりあしにうゆべし。又肥土にて七八分程に種子おほひすべし。生ひて後夏は日おほひをし、冬は雪霜のふせぎをし、二年めの九月頃、又別に能き地をしたゝめ置きて、畦の間を二尺ばかりにして移し種ゆべし。四五年に至りては、其根大になり藥種と成るべし。十月の初掘り取りよく洗ひ、日に干し堅くなりたるを收め置き、藥屋に賣るべし。但中以下の地には種ゆべからず。山下の里猪鹿多く穀物は作り難き所に肥地あらば、尤も多く作るべし。

乾《かん》薑《きやう》 第十一

かんきやうを製する法、生姜《しやうが》のよく肥へ、實したるを十一月のころざつと湯煮して石灰に和し、よくほしあげ薬屋にうるべし。其價生姜にて賣りたるに所によりをとるべからず。生姜の種へやうは菜の部に記せり。

茴《うい》香《きやう》 第十二

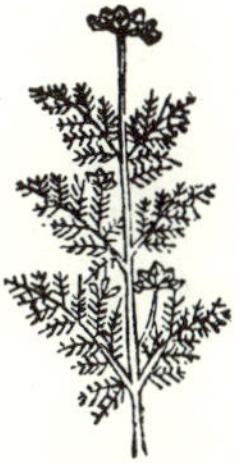

ういきやうは屋敷内など肥地をゑらび作るべし。やせ地にはよからぬ物なり。蒔き置き、苗にして菜をうゆるごとく、間を二尺ばかりに廣くうゆべし。うへ付けにするもよし。其年はいまだ子少し。尤も見合せ糞を用ひてよし。

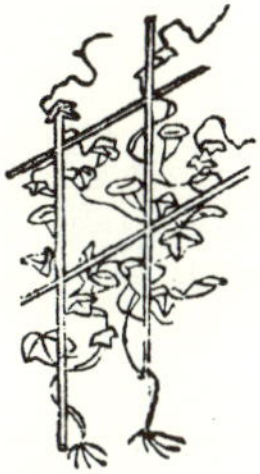

牽《けん》牛《ご》子《し》 第十三

けんごし、黒白の二色あり。子の白きが直段少し高し。是又屋敷廻り餘地あらばうゆべし。かきにはゝせ藪にもまとはせ、其外他の物のさのみ盛長せざる所にうへ置きて、竹を立てははすべし。土地の費へさのみなく長くはひまとひ、子多くなる物なり。子を二月蒔き置きて、三月移しうゆるもよし。かきのもとなどにうへ付けにして、少し糞灰などかけ置くべし。秋の末子熟し蔓も枯れて後下に莚など敷き、垣をしたをし打ちて取るべし。又一々つみ取るもよし。多少により所によるべし。藥屋に賣りて利なき物にあらず。又子を多く取り油をしめ取るもよし。

山《さん》藥《やく》 第十四

山藥は性よき藥にて醫家に多く用ゆる物なり。寒の中に皮を削りさり(鐵をいむ物なり)、長さ三寸餘にきり、米の粉をふりかけ、かきまぜ、絲につなぎ、竿にかけ干すべし。又は棚かむしろにもほすべし。よく干堅まりたる時おさめ置くべし。うゆる法は菜の部に出せり。但藥に用ゆるは山にあるをよしとす。

天《てん》門《もん》冬《とう》 第十五

天門冬は山谷に自ら生ずる物なり。されど、苗を藥園にうへ、糞養をよくすれば根甚だ多く大《ふと》し。蜜漬にし、砂糖につけて好き物なり。深く柔かなる地にうへ、枝竹にはゝせ、又棚を作りまとはするもよし。纔の土地にても手入によりて根甚だ多く出來る物なり。春

苗をうへて九十月掘り取るべし。是又薬屋にうりて利なき物にあらず。

萆《ひ》麻《ま》子《し》　第十六

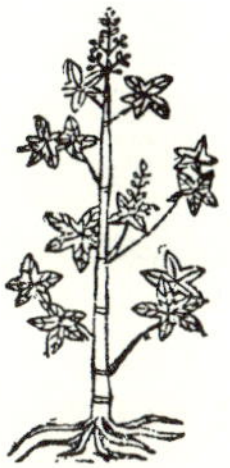

ひまし、是唐胡麻と云ふ物なり。薬にも少しは用ゆる事あり。第一は多く種へて油を取り蠟燭に造るべし。

うゆる法、いかにも肥熟の良地に糞を多く用ひて厚利の物なり。相應の土地あらば多く作るべし。又畠のはし、民家の道ばた、物のさまたげならぬ空地の肥へたる所にうへ置きて實を取るべし。相應の肥地にては一本の實も多くある物にて、殊にわきへはさのみはびこらずして、そらにて實るゆへ、かつかうより實多く、其價は高直にて厚利を得る物なり。

又是を皮をむきそくいのごとくをしつぶして、大小便祕結して通薬の用ひがたき者に足のうらに一寸四方ほどぬれば、よく通ずる妙薬なり。通じて後はやく洗ひ去るべし。

白《びやく》芷《し》　第十七

白芷は唐のを用ゆるがよけれども、山城にては倭《わ》を作りて是も薬屋に賣りて利ありと云ふなり。肥地を細かにこなし、春たねを蒔きて、明る正月苗ふとりたるを、いかにも肥へ和らかなる性よき地に

菜をうゆるごとく畦作りして、當歸を作る法のごとくうゆべし。九、十月根を掘り取りて淨く洗ひ、干上げて堅く成りたる時、收めをくべし。二年なれば根もふとく性も強し。一年の物はいまだ小さし。

紫《し》蘇《そ》　第十八

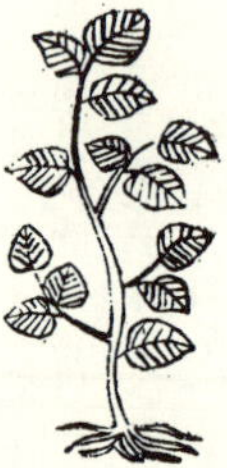

しそ、菜の所にしるせり。藥に用ゆるは六月炎天に一日干上げて取りをくべし。雨天にて陰干にしたるは色よからず。是藥に甚だ多く用ゆる物なり。所によりて多くも作るべし。又子も紫蘇子とて藥に用ゆる物也。

薄《はっ》荷《か》　第十九

薄荷、是も藥に多く用ゆる物なり。作るべし。二種あり。一色はりうはくかとて氣味のよきあり。是をうゆべし。又ひはくかと云ふあり。あしゝ。作るべからず。

肥地に一度うへをけば年々自ら生ゆる物なり。たねを取りをき苗にしてもうゆべし。畦作りしうゆる事菜にかはる事なし。刈る時分は小むぎかるころ、下葉色付くを日和を見て刈り取り、うすくあみて一日ほし、其後日かげにつりてかげ干しにして、藥屋にうるべし。是八新の一にて、古きをば用ひず。若し二年にこゆるあらば捨てゝ賣るべからず。

冬《とう》葵《き》子《し》 第二十

冬葵子、是も薬園に作りて賣るべし。十一月たねを蒔き夏實り次第に刈収めて、又二番を立つる物なり。是は小葵とて葉にまたありて花紫なり。小さくして見るに足る物にあらず。葉丸く花大きに愛らしきは薬にはならず。

荊《けい》芥《がい》 第廿一

けいがいも多く用ゆる薬なり。茱をうゆる如く畦作りし、たねをちらしまきをき、苗にしてうゆる事薄荷と同じ。少し間遠にうゆべし。六月土用に葉を取り干すべし。七月葉さかへたる時又取るべし。其後七月花咲きて刈り取りあみて干し、其まゝ薬屋にうるべし。少しみのらんとする時刈り取るものなり。

香《かう》薷《じゅ》 第廿二

香薷、是大小あり。小香薷とて、葉細くみどり少したはみて、長刀のやうに見ゆる、俗になぎなたかうじゆと云ふ。園に作る事、又干し上ぐるまで荊芥にかはる事なし。山野に自ら生ずるが勝れり。

澤《たく》瀉《しや》　第廿三

たくしやは水田にうへてよし。是も薬屋にうるべし。藺をうゆる法に同じ。丹波にて尤多く是を作る。

麦《ばく》門《もん》冬《どう》　第廿四

ばくもんどう、是に大小二種あり。大きなるはやぶの中に多し。紫花をひらく。性尤もよし。大小共に圃に通りをなしてうへ、時々糞水をそゝげば、其根子大きなり。圃に作りたるは大にして、野に生ゆる物にまされり。

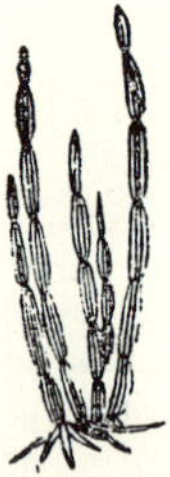

木《もく》賊《ぞく》　第廿五

木賊は薬にも用ゆ。細工につかふ時はとくさと云ふ。庭にうへてもめづらし。正月に舊茎を悉く切り取るべし。新茎生じて美なり。本草に曰く、四月に取るべし。又曰く取るに時なし。

うゆる地は細かなる肥地の柔らかなるにうへ、しば〲水をそゝげば、くきふとくのびやかにして用ゆるにたへたり。

農業全書卷之十一　附録

貝原樂軒著

夫おもんみれば、農業はきはめて卑きわざの様なれども、是則ち天下國家を治むる政事の始にして、殊に人間世の生養をなす本なり。されば聖の文にも、民はこれ邦の本、もと堅ければ國やすしと云ひ、又食は民の天といふ語を合せて見るに、甚だ深き心あるべし。抑々天下をだやかに、上下和順し、萬民各所を得て安樂なりしは、唐堯虞舜の御代にしくはなし。凡聖賢の政事、其大體を考ふるに、五倫（君臣、父子、夫婦、兄弟、朋友なり）の道を教ゆるを以て先務とす。且つ奢をやめ、費を省き、儉約を行ひ、（儉約の說は惣論に詳なり。をの〳〵我分限をしり、其年々々に得る所の財産を四つに分ち、其三分を以て其年の諸用をいとなみ、其一分を殘して不意の變ある備とす。或は火災、病、親族の急をすくひ、大身はききんの年に民をめぐみ、武事のそなへとする等の類なり。凡王公といへども、儉約をわするれば、國用たらずして下を貪り、不仁を行ひ、災を生ず。況や四民に至り財用を愼む事なくば、必ずうれへをまねき、災をいたさん事はかるべからず。）財用を節にして、萬民に施し惠み、賞罰を明かにして衆庶を勵し、佞惡姦邪の小人を戒め遠ざけ、忠孝節義の誠ある人を賞し、擧げて專ら善をすゝめ惡を懲し、凡て天下萬民を安からしむるの道なり。夫五穀は人間の世を助くる生養の本なれば、聖人天下を治め給へるに先づ民をめぐみ、五穀種藝の術を敎へ給へり。萬民生養の本立ち、人民飢へず、寒えず、衣食たりて後五倫の道行はれ易く、民の善に移る事かたからざるためなるべし。是古より聖賢の天下を治め給へる大概にして、和漢古今太平をいたす政事の本たり。それより後代々の明王賢君の政治必ずこれによらずといふ事なし（それより下、國郡の主にいたりても、少し智あり德ある輩必ずこの道によらざるはなし）。是則ち世平かに、民安く、財用たりて子孫ながく繁榮するの道ならし。又夏桀殷紂秦始皇隋煬帝等の惡主は其政事其行ふ所、皆以て是にたがひ、忠孝節義の正しき人をにくみ退け、姦邪佞惡のよこしまなる小人を近づけ愛し、五倫の道を脩めず、賞罰正しからず、身を安佚にし、私欲を恣にして奢をつくし費をいとはず、財用たらざれば貢物を重くし、下を貪り、民を苦しめ、或は所々に多く臺榭（今云ふ茶屋別業等の類なり）宮殿を造り、花美を盡し、皆億萬の民をつかひ、甚だ農業を妨げ、民の饑死をも顧みず、かく暴逆日々に長ずれども諫めとゞむる臣なく、天下の萬民其苦にたへず、恨みいきどをるの心則ち天の怒りを招き、飢饉、疫癘、盜賊、火災、兵亂等の天災、人殃日々月々に起り、天下亂れて遂に身弑せられ、子孫も斷絶す。其殃たる、本是天より下すにあらずして、自ら招くの災也。それより以下、代々の汚君暗主の行ふ所、皆同じおもむきなり。其天下國家を亡ぼし、身戮せられ、子孫絶果てぬる事も多くは右惡王のためしのごとし（國郡の主といへども、惡事をかさね、不義を行ふ事おほければ、其國家を亡ぼし、身を殺すにいたる事これにおなじ）。

古よりいへるごとく、世の風俗時のならはしと云ふは、極めて大切の事也。唐の帝王諸侯、尤皆文才ありて諸史をよみ、前代の盛へ亡びぬる例を見る事暗からず。されば王侯たる人、もし中人の才あらばなんぞ前車のくつがへるを見て後車の戒とせざらんや。然れば、萬の事聖賢のごとくこそならざらめ、凡五倫の道を亂らず、政事に大なる失もなく、民をめぐみ、農業を教へ道びきて、五穀世にみち、天下おだやかに子孫さかへ長久ならんやうを執り行はるべき事、何の心づかひもなくいと成りやすき事なるべけれども、前に記す時世の風俗といふは、極めて大切の事なれば、代々の天子諸侯まで其職分をしらざる事も、又世の風俗のやうになりぬ。しかるゆへに、民に農業を教へ道びき賞罰を明かにし、萬の政事に心をとゞめらるゝ事はなくして、(職分とは、たとへば、弓人の弓造り、御者の馬に乘り、畫工の繪をかくたぐひなり。帝王は、天の名代なり。天の子として、天に代り、天下の萬民をめぐみ、賞罰を行ひ、萬民に安樂をほどこす職分なり。天道は、人のごとく物いはねば賞罰を行はるゝ事なし。帝王これに代りて人民を安ぜらるゝ理りなり。帝王を天子と號するも、此心によれり。又民の父母ともいふめり。大小こそあれ國郡の主も、又是に同じ。人間のみ職分あるにあらず。畜にも又あり。馬の荷を負ひ遠きにゆき、牛の田をかやし、犬の鹿狸を取り又夜を守り、猫のねずみをとる此類ひ多し。をよそ、士農工商をのをのこの理りをおもひてその職分を勤むべき事なり。) 天下の君となりては、只天下の米穀財寶をあつめ取り、上一人の樂を極め、心のまゝに財を費し奢をなし、下を苦しめ民を貪り、情欲にまかせて不義を行ふ事を、偏に其職分のごとく思ひ誤り憚る事なきこそ淺ましけれ。其平日安しとしてなせる惡事、心よしとする私欲驕奢、其事ますます長ずれば、終に天下國家を失ひ、身弑せられ、子孫も断絶にいたるの媒《なかだち》こゝにあらずといふ事なし。しかるを却て身のたのしみ、子孫の榮華これなりとのゝしり思へり。これらの君皆白癡の人にあらねども、ひとへに世のならはしあしきより、かゝる事漸く君たる人の癖となり行くなるべし。されば民を惠み農業を敎ゆる事などは、夢にも見ずなりぬ。殊更我國にて、古のごとく、民を撫でめぐみ救急料などのすくひ施しの備へもなく、又民も農業をいとなむ所の委しからずなりし事、一朝一夕のゆへにあらず。いにしへは、諸國に守護國司あり、國々に聖廟を建てられ、儒官を下し置かれて、人倫の敎を施させ玉へり。又醫師をも下されて、民の横死を救ひ、或は國々にて醫術をも傳へけるとなり（此事諸史に見えたり）。しかるに、白河鳥羽の比より人倫の道をたうとばせ玉はざりけるにや、諸國の孔廟も修理なくて、其まゝ廢せられけると見えたり（此事藤原敦光朝臣の文に見えたり）。しかれば、國々へ儒官を下され、民の救急料などを置かるゝ政事行はるべきにもあらず。夫より五倫の道すたれぬれば、頓て保元のみだれ起り、つゞきて又平治の亂出來、洛中にて大なる合戰ありし事、神代かけてもためしすくなし。淸盛入道猶暴逆を行ひ、上を犯し奉り、木曾義仲又不義の戰をおこしぬ。是皆五倫の道やぶれて此のごとし。かやうに打ちつゞきたるみだれなれば、民をめぐみ、救急料などの事沙汰に及ぶべき樣なし。此後又彌〻我國の民農業のいとなみ委しからず成りにけるは、足利將軍義政（俗に東山殿と號す）文武の道を取失ひ、安佚遊興を事とし、連歌茶湯にふかく溺れ、日夜古器書畫を弄び、政事をしらず、萬何事も下臣にまかせられて、天下の權下にうつり、山名細川數ケ國を領じ、權威につのり、兩雄互に權を爭ひ戰をなせり。諸國の武士十四五萬、思ひ〳〵に兩家に與し、洛中にして戰ふ事七年に及べり。多年の軍なれば、洛中洛外の宮寺人家悉く兵火にかゝり、九重のかしこき宮所さへ渺々たる野原となれり（古より洛中所々に有りし學校も、此時皆炎上して其後再興の沙汰なく、今は其跡さへさだかにしれる人すくなし。誠になげかはしき事どもなり）。

　此時義政はいきおひなければ、かゝる大亂をもよそ事の樣に見物して、是を治めんと思ふ心づかひもなし。此後より諸國の武士、漸々に公方の命を用ひず、天下我々持となり（此間を俗に國代と云ふ）、國郡を領ずる者、大は小を合せ强は弱を亡ぼし、互に其地を合はせんと計り、隣國近郡皆敵對し、日々月々に其戰ひ止む時なし（此時農人田を耕し稻麥を刈るにも、必ず田の畔に兵具を立て置きて其事を營めりとなん）。かゝりければ、百姓も家業の耕作の事は疎くなり、朝夕弓馬を勤として、偏に武道をのみ嗜めり。兵亂世を重ねて治らず、應仁より天正の末に及べり。其間年は百年に餘り、人の世つぎは六繼七つぎにこゑしかば、此農業にうとき事ども、かく代々をへてをのづから民の風俗とぞ成りにける。抑々今の世のめでたく治まれる事、おそらくは人代の後又類ひなくや侍らん。彼の仁德の御門の我邦の聖君にてましますと聞えしも、遠き國山の奧島の果までも、波風靜にして大に治まれる事（今五尺の童子よるひるとなく、遠き國にゆきかよひ、諸國の商人金銀うり物を多く馬に負せ櫃に入れ、一人是を司り、はるけき旅しらぬ山路をこゆるに奪ひかすむる愁ひなし）、かうまでやはあらじとぞ。おろかなる心にもをしはかられ侍る。されば今此御世に生れあへる事、千の年を經て花開き實ると聞ゆる、仙《ひじり》の桃の花の春にあへるここちして、すゞろに老の涙を催ほし侍る。(我國の人は文詞にうとければ、和漢のみだれし世のわざをもしらず。近く本朝應仁より天正に至るまでの大亂には、晝夜干戈を枕とし、或は親うせ子うたれなどせし時節を思ひかへせば、今かゝる安樂の世にあへる事、まことに生けるかひある事かなと、貴きも賤しきも、朝夕に樂み悅ぶべき事なれども、喩にひける、遠き世の佛のちかひなど聞きては、悅ぶ事あれども、今此御武德によりかゝるめでたき事ぞと辨へ思ひ、深く悅ぶ人まれなり。是たとへば、都の人の都に生れながら、洛中の名跡、洛外の勝景靈地をゝくはしく見ず、九重の風氣ゆたかに、人物やはらかによろづの事めでたく、其樂み餘りある事を覺えず。又溫泉のほとりに住む人は溫泉のしるしにてやまひの少なきことをしらざるがごとし。) 此時にあひあふ人、貴きも賤きも、各其程にしたがひ、かく生涯の安樂を得る事甚しき幸にあらずや。是皆武君の御大德より出でたれば、誰か恐れみ〳〵も仰ぎたうとばざるものあらんや。こゝに異しきは農家のわざのみ。かの亂世の殘波《なごり》民俗にうつれるにや、耕作の術畿內に近き國々は皆詳なりと聞ゆれども、遠き國には猶所々農法の委しく備らざるも多しとかや。いと歎かしき事なり。是疑ふらくは、亂世の風俗の遺れるにやと覺え侍る。

夫前代いづれの世といへども、天下國家の政事に預り權をとれる輩は、必ず十にして六七は皆其時にあたりて才ある人を擧げ用ゐらるゝ事也。此人ども、もし彼世の風俗におぼるゝ害なくば、必ず皆政事に心を用ひ聖賢の遺法をかへりみ、民をめぐみ、農業を教へ、道びきて、五穀世に多く、上には財用餘り有りて、民は家々とみ、飢寒の憂なく、上下大に安かるべし。此上に少しこころを用ひて、大かた五倫の道を正し、賞罰明かならば、をのづから佞悪の人少く、漸く忠孝節義の風おこり、子孫安樂に天下國家長くめでたかるべし。されば代々政事にも預り、才ある人々たとひ時の風俗に迷ふといふとも、かく上下めでたく大なる幸ある事をなどか少し心を用ひて行はれざりけん。凡代々の君臣中才の人のみ多く、殊に臣は多ければ其中には才力すぐれたるも多かりなんに、かゝる人どもの農業は人間世第一の大事にして、政事の根本たる理にくらく、上も下も大なる福となる目前の利を會得せざりし事、返す〴〵遺恨といふべし。

夫人の生質品々おほし。しかれども、其大體は上中下の三品あり。上智の人はたとひ惡人とまじはれども其惡にそまず。又下品の人は智たらず理にくらくして、聖賢と一所に居ても善にうつる事なし。此上品と下品の人は世にまれなり。中品の人は道をまなび、其ならはしよければ、善にうつり、賢人ともなり、又ならはしあしければ、惡人にも變ず。此中才の人世に多し。是なほ善を行ふべき才ある人なり。

又農業をすて、世に五こくなくば、貴きもいやしきも半月餘にして命絶えて人間の世つきぬべし。

又王公より國郡の主に至るまで、皆五こくによりてこそ天下國家の人民をたもち、あるひは都を立て、城を築き、宮殿おほく作りみがき、妻子をゆたかに養ひ、一族諸臣を安らかにかへりみ、衣服をかざり、食物を調へ、牛馬を飼ひ、もろ〳〵の器物をあつめ、總て萬用を達し、榮華ゐようにほこる事みな心のまゝなるは、其本こと〴〵く五こくより出でずといふ事なし。

善人君子は財穀を下に施し賞罰をなし、仁義を行ひ、天下とともに樂み、悪人小人は是を以て心のまゝに奢をなし、慾をほしいまゝにし、悪逆をふるまひ、樂みとす。されば、君子小人其行ふ所、樂む所はかはれども、凡てこれ其本皆五こくより出でずと云ふ事なし。

しかれば、民をいたはり五こく種藝を敎へ道びき、五こく世にみつるの政事は見識だにあらば、善人はさたに及ばず、たとひ悪人小人といふとも同じく好み行ふべき理ならずや。殊更、善心によりて民をあはれみ五こく種藝をつとめしめば皆天心にかなひ萬福日々に來り、五こく財産月々にいやまし、天下國家のゆたかならん事、是君臣上下萬民の福にあらずや。

希くは、後來の賢者右に云ふ古今の失を鑒みて、世々の風俗におぼれず、時勢の癖を去りて各明智をひらき、農をめぐみ、種藝の術を敎へ道びき、五こくみち滿ちて上下の福日々にまし、一世年を重ねてゆたかならん事を。

又古來近世までの風俗に大なる失一つあり。天下國家の主は云ふにも及ばず、其事ふる長臣又は時の權をとる輩に才智ある人も多かりしと聞ゆれども、よく下の情に通じ、農業を道びき治る事などをば極めていやしきわざとし（下情に通ずるとは、するどく民の愁へよろこびをよくしり、民のうれへをのぞき、悦びをほどこし、或は末の役人等の民をむさぼり、民を苦しむるたぐひを委しくしりて、戒を加へ萬民下にて無理ひが事にてくるしむ事なく、すべて上の人よく民の心をしることなり）、小士下官の勤る役とす。しかれば、かりそめにも天下國家の長臣などの心を用ひ取り計るべき事にあらずと心得ぬるも多かりしとかや。是ひとへに、文盲にして古今にうとく、道理にくらきゆへなり。夫五こくは天より人世の施として生ぜる生養の本にして、人間生命のかかる所いはずして知るべし。夫上古より世界にならびなく、大德の至つて貴きは、唐堯、虞舜の君にあらずや。兩君の天下を治め給ふに、先づ農業を敎へ道びき給ひ、次に五倫の道を示し給ふ。又我國神代の始、天照大神、田を作る事を執行はせ給ひ、人代の始つかた、本朝中興の神君、神功皇后も武內の臣に勅し、土地をひらき、神田を作らしめ給へり。

天照大神は地神五代の始にて、則ち神孫永々の今に至るまで我國の帝位に備り、日月と共にめでたく榮へさせ給ふ。其神德の有りがたき理り、あまねく人のしれる事なれば記すに及ばず。神功皇后は我邦のみだれを治め、長く御子孫の帝業をかたくし給ひ、又異國の我國を犯せるをにくんで是を退治せさせ給ひ、我朝の武威を後代まで四方の國に耀かし給ひしかば、それより後、異國我國を窺ふ事なし。又いこくより年ごとに貢物をさゝげ、聖人の書をも奉れり。是により御子孫(御子八幡宮、御孫平野大明神)仁義五倫の道をまなばせ給ひ、これを以て我國の神道ををしひろめ、天下萬民に敎へほどこさせ給ひける。是時より我朝の人道明かに禮儀正しく、夷國にして夷狄の汚れなく、却て君子國のほまれ四方の國にあまねし。其御餘澤今なほさかんなり。又我國の武德ありて四方國恐れあなどらざる事は神武天皇と神功皇后の英武の御德ましますに感じて、天下人民の生質おのづから武にうつりて、武國となれるゆへなり。又五倫たがはず、人の道正しき事も神后の御武德により、いこくより聖經を奉り、御子孫應神仁德の帝是を弘めさせ給へる故なり。扨て又天照大神、神功皇后の御子孫、其御嫡流は代々帝位をふませ給ひ、又御庶流は武家の公方として、永く天下の權をとり給ひ、此外今にいたり公家武家にも源氏、平氏、橘氏、紀氏、江氏なほおほく、王氏より分れたる國主郡司天下にみちみてり。是皆、大神宮神后の御末葉にて、各々御血脈をうけ來れる神孫たり。

又神功皇后は我朝に神德を施し給へる事重ければ、香椎大神と號し、そのかみよりあがめ祭らせ給ひ、天下のみだれ又いこくより我國を窺ふ聞えあれば、皆勅使をして祭らせ給ふ。御卽位のたびに伊勢と當社に告げまいらせ給へり。大嘗會などにも賀茂春日よりさきに此神を祭らせ給はんとて、遠きつくしにはる〴〵勅使を奉らせ給へり。凡そ神德神恩のならびなき神なれば、伊勢につぎ勅使を度々まいらせられはべり、其事國史につまびらかなり。亂世の時、公武ともにおとろへ給ひて、其事絕えぬ。今は其神德神恩の忝き事を知る人さへもまれなり。

天地ひらけし始めより今日にいたるまで、神孫かくのごとく天下にみち繁榮し給へる事、凡て天地の間の國々に似たる所もなし。唐聖人の御末今にありといへども、天下を保てる事は十六七代、廿六代、卅五七代、年は四百餘年、六百歲、七百餘年などがきはめて久しくめでたき事のかぎりなり。其外四方の夷の國々、おらんかい、南蠻、だつたん、朝鮮、天竺、ゑぞ、りうきうなどのたぐひ數限りなくおほし。其國王の子孫五代七代と相つゞき國をたもつことまれなり。日本人は文盲なるゆへ、なんばん、天ぢくなどゝきけば、數千萬里あなたの事なれ共、みだりにありがたしとて、命を失ふ事をかへりみず。唐、朝鮮などには耶蘇の制禁なければども、少しもかれにたぶらかさるゝ者なし。是もんまうならざる故なり。夫れ我神國神德の有りがたく大なる事、神孫の天地ひらけしより、今に帝位に備りましく〳〵、其御末葉は武君より下《しも》つかた、國郡の主として天下にみち榮へ給ふを見て、人間世界に似たる國もなく、我神德のありがたきをしり、つゝしんで大神の御をきてを守り、正直忠孝を心にかけ、五倫の道をたがへず、各其家職をよく勤むべし。

かく類なき唐の大聖堯舜の帝は農業を敎へ道びくを以て政事の始とし給ひ、殊に我邦始祖の大神、人代中興の尊神、皆執行はせ給へる農業にて、殊更人間生養の本たる五こくなれば、唐日本にをいても、いきとしいける人、貴賤となく、誰かこれをたうとばざるものあらんや。しかるを亂世の後、近代に及び大小政事を行ひ、權を執れる輩、かゝる事をしらぬより農業はいやしき事にて上官の人はあづからぬ事のやうに思ひ誤りけると聞ゆるこそくちおしけれ。是ともに又古來風俗の癖なるべし。

こゝに又大人小民利を貪るにより、大に過れる一つの風俗の癖あり。夫凡俗の利を貪り邪惡をなす事、たとへば、小民義をしらざれば倉を穿ち、墻を踰えて盜をなし、或は火をはなち强盜し、頓て身の殺さるゝ事を辨へざるもの多し。又大人義をしらざれば、逆を計り、上を犯す事をいたし、或は父子、兄弟、伯姪各々天下國家を爭ひて戰に及びぬる事、實に禽獸のごとし。かく淺ましき行ひをなし、身心さながら畜類となり、又は其命に換へても利慾を希ひ貪りぬるは世に多き凡俗の心なり(かく淺ましき惡行をなしても、百に一つも其利を得る事まれにして、身をほろぼし、子孫を絶つ事のみおほし)。こゝにをいて大人も小民も心を引きかへ、善に徙り、人欲の眠を覺し、本心の誠にかへり、身に禽獸の行ひをなす事を恥ぢ、心には人慾の私に溺れて忽に命を失ふ災を自から招く事を恐れ、大人は則ち五倫を正し、民をめぐみ、よく農業をすゝめ道びき、下民も又農事の工夫委しくし、力を用ひ勤めはげまば五こくゆたかに榮へ、上には財用の不足なく、民家は富み家々にみたん事たとへば嚢中の物を探るごとくなるべし(農事を勤めて、利の多き事はこれより奥につまびらかなり)。然らば、凡そ利を貪る人誰か身を殺すの災を捨て、目の前に福ある の利を求め、已に禽獸と成るの身心を轉じて、誠の人となり、しかも又大なる福を得る事を勤めざる事あらんや。かく利を求めて福あり、慥に安き事なるを知る人稀なるも、是又世世の風俗、時のならはしのあしきによれるゆへなるべし。

かく、くり返し農事の貴重なる理を記すにより、五穀は人世生養の本にして、人間貴賤の命のかゝる所、農術は大なる業にして神聖の至つて重んじ給へる理をば略會得する人ありとも、農事をよく知らざる人は、猶世の風俗にならひて耕作の勤いたれば大なる福ある事を深く辨へずして、老翁が説を唯よしなき昔語りの譫語なりとよそに聞ける事も有りなん。農民も又秀でたる才なきはしか有るべし。是により翁が年ごろ耳にふれ目に見し事ども多き中に、其内二三を擧げて其事を記し、農術の勤よく熟すれば必ず大なる福ある理の證となすべし。

こゝに市中にかくれ閑居し、世の外なる老人あり。若年より諸家につかへ或は浪人として國々を經歴し、ひろく世事をしれるものなり。此翁語りけるは、ある國にて少しの祿を得て片山里に住む者あり。其勤も僅の事にて常にいとまありければ早年より下人に耕作せさせ、をのれも農事を考へ計りて樂みとし、又渡世の助ともしけり。此男少し才ありて年老ひぬるまで久しく農事に手馴れければ、農業にをいて妙を得たる事おほし。又一年の内に二三度も其國の長臣に出でてまみえける。田舍に居て別に語るべき事しらねば、已耕作に熟し多く穀物を得たる事のみを語りける。生質陽氣なる男にて、其詞さへゐなかびていかめしければ、聞人みなかれが放言僞りなりと面にくげに覺え、長臣も又疑ひおもひて、さらば我采地の內にて一段をのが云ふごとく作りみせよとて、取分き地味のあしき村にて惡田をゑらばせ渡しぬ。はげ山の谷あひ極めて磽《やせ》地の常に赤土色の水ありてかなけのさび出づる地なり。彼の老人此惡田をうけ取りてつく〴〵打ち見て、其田の一方に深さ三四尺に大溝をほらせ、彼の惡水を落し、其跡をたび〴〵すきかやし、春中日に晒し、干田となし、五月雨に苗を種へけるに、年久しき水田を春中晒しこなして陽氣をこめ、雨を得てくさらかし柴草を多く入れてつくり立てければ、稻のさかへさながら淀のあたりの芦のごとくいでき、秋の實りも殊によくて八俵餘の米を得たり。此田農人つねに作りけるには、十年にもあまり、其實り三俵に及ぶ年あれば奇代の滿作とて甚だ悅びけるとかや（さればをよそ三ぞうばいほどのできましなり）。又ある國の田舍に浪人の居けるが、渡世のたすけに、田畠を一年ぎりに買ひて、下人に作らせける。ある時其里近き湊に干鰯をつみたる船泊りけるを聞き、農民ども打むれてほしか買ひに行きける。彼の浪人は價なかりければ、富人の買ひたるを一俵もらひてそれを木棉たばこの糞しとし、其餘りの少し有りけるを五畝六畝ばかりなる田に入れて苗をうゑぬ。下地を能くこなし調へける故にや、僅の糞しなれども暑氣に及び稻大に榮へて、秋の實り米六俵餘を得たり。此里はきはめて地味あしく、其年貢四つ物成にあたる事稀なり。しかるに右の田實り甚だよろしとて其年十一なりの年貢をかけけるとかや（是も二そうばいに近し）。又小身なる士ふかき山里に住みけるが、下人の隙あればとて、少し田畠を作らせける。五月雨の比遠所に有りける子のもとより見まひとして下人に酒肴などもたせ遣しける。親甚だ悦び耕作の最中忙敷折ふし來ることそ幸なれとて、使の男を一日とゞめをき田に入るゝ草をからせける。山中草多き所なるうへよき草を二十五六把切出しける。前より刈りをきたる草に是を加へて田に入れ、時分よく苗を種へければ、大に榮へはびこりて秋にいたり米五俵半を得たり。此田も農人前々より作りてはきはめて豐年にあひても漸く米二俵半など出來ぬれば、まれなる幸とて悦びける事となり（是も一ばい七八わり、凡二そうばいに近きできましなり）。右の事語りける老人は一代一事の虚言もいはず、少し佛學などこゝろざして其心ばせ淳きものなりとて、あひあふ俗人までいとをしみを加へうやまひあへるものなり。此翁まのあたり見たりし事なりと云ふ。又愚老が所々にて見聞しにも是に同じき事おほけれども一つ事今更書付けんもいたづかはしくてやみぬ。

いはでもしれたる事なれど、右の三品の作徳の多きをかぞへみれば、なみ〳〵の年に増しぬる事二そうばいばかりなり。是を大小にかけていへば、田一段よく作りたる利、つねの實りに增す事二段餘の米を得るものなり（是は定りたる一段の實りをばのけて其外なり）。一町の田にては別に又二町餘の米いでくるなり。又大にしていへば十萬石にては外に二十萬石餘の穀物できまし、百萬石の地にては別に二百萬石餘の物成をまし、たとへば一ヶ國は三ヶ國餘にあたる物なり。但是は貧にして耕作も下手なる農人のつくり來れる田を、きはめて耕作の方に才ある者の少し人夫も入れたる事なれば、是を以て國郡なべて此つもりにあたるべしとは云ひがたし（もし多年の功を用ひばかくもあるべきか）。しかれば、右のつもりを半のけかぞふれば、一段の田には常の實りの外に又一段餘の作德を得、一町には外に壹町餘の穀物できまし、十萬石には外に又十萬石餘の物成、百萬石には別に百萬石餘の所務出來るつもりなり。是は其半をへしたればよく其術を執行はゞ少しも相違なきつもりなれども、是にても猶多く聞ゆれば、又此内をも三ヶ一減じていふ時は、田一段には外に七畝八畝程の穀物の實りまさり、一町には七八段の作德を別にまうけ、扨十萬石にては八萬石ばかり、百萬石には七八十萬石の物成まし、一ヶ國は外に七八分大方又一ヶ國に近き程の穀物のましなるべし。

此段々上下ともに才あらん人は、道をこのみても利を好みても、つく〴〵と思案あるべき事にや。和漢神聖の世の爲め人の爲め深く是を重んじ給へる事、此理なるべきか。前に記す、凡人の利を貪る心の甚しきに、などかゝるめでたき事を打ちすてをかるべきや。

右は段々に其あたりをへしたるつもりなれば、いづくにても上下の心得さへよく調ひたらば、偏に只倉に入れたる物のごとくこそたしかに覺え侍れど、農の事しらぬ人は、是も猶過當の事なりと疑ひも有りなん。（但是は畿內などの上の農人にあてゝ云ふにはあらず）しかれば、其類を推しはかり證據を以て世人のうたがひを委しく解《ゆ》すべし。先づ小身の士又は小才ある農人、或は市町にある人までも此理を推して考へみるべし。面々宅の後、薗や圃に食物に用ゆる菜を種ゆるをみるに、少し富める人の菜園にすき、人づかひ多くして地ごしらへも委しく、時々の糞を用ひ折々の手入時節にをくれず、萬心のまゝに作り立てたる菜園と、又貧なるものゝ、いとまなく、しかも菜を作るすべもしらず、人遣なく、地ごしらへも調はず、折々の糞しもせず。時節なれども手入れたらず、只あら〳〵作り捨てたる薗菜と、其善悪多少をくらぶれば右にしるす耕作の實りの多少のちがひよりは又はるかにたがふ物なり。されば智ある人心を用ひて勘へ見れば、わづか五間三間の地に菜を植へ、穀物を蒔きて其よしあしを試みて、廣く國郡天下の五こくをはかるとも、實りの多少居ながら是をしらん事、掌を見るがごとくなるべし。

又云ふ、あるは堂上の貴人、國家の大人にをいては、農事の末の事をたはやすく知らるべきにあらずといへども、或は花をこのみ、なべて草木を弄べる人多し。中について牡丹、芍薬、菊、近來世に取はやし翫する、つゝじ、椿、百合其外萬の草花皆其養の術あるを見て了簡し給ふべし。其地をゑらび、土をかへ、それ〴〵の糞し、夏冬のあつかひ、時々の色を見て、こやし手入の術多し。其養ひよく調へば、花大に色をまし、葉の重ね厚く、莖だち葉つき、甚だうるはしく見事なり。又貧きものの人づかひもなく、地ごしらへ、土をかゆる才覺もなく、凡て花の養ひ手入れをしらず。或は濕ふかき所も、其濕氣をぬく事もなく様々の糞を求むる才覺もならず、萬の仕立やしなひもしらで、たゞ種へつけたるまゝなるは、上花ほどいたみつよくりんも付かず、或は花付きてもひらかず。もし開きたるも、紅は色うすく、白きは底まで清からず。りん小く重《かさな》りもすくなくなり、本の花とは見えず。終には根ともにかれて跡もなくなるものなり。これを以て見れば、花木の養ひによれる事は又農人の上手下手によりて、こく物の實り多少の替るよりは甚だ大にかはれる事なり。しかれば前にいふ菌菜と草花のみ手入養ひにより大にかはりて、五こくばかりは大にかはる事有まじといふ理あらんや。

凡下いやしきもの〻諺に、上の上は下の下をしり、下の下は上の上を知らずと云ふ。是を以て考ふるに、たとへば貴人大人なりとも、右のいや言どもにて、米穀は人間貴賤生養の本にして、農業は神聖の重んじ給へる天下國家の政の始なる理り、又五こく其糞し養の術によりて實りの大にまされる事ども皆會得あるべし。却つて下つかたなる農民の內には、猶十分に心得ざるもあらんか。されば愚老が見聞きし所を老のくり言に述べて、民家の疑ひを委しく解すべし。我若かりし程より邦君に事へていとまなく、田家の事を深くしらず。しかれども、冬春の間もしは田野に出でし事もありて、麥の事をば多年よく聞きふれ見馴れたれば、其あらましを左に記す。

麥を作る事、上の地に功者なる農人、鬼あかどなどいへる麥を地ごしらへ糞し手を盡し時分よく蒔きて、折々の糞養したてよく調ひたらば、一段の圃に其實り六石五斗七石あるべし。其次五石七八斗より六石五斗、其次四石七八斗より五石五斗、中の下の農人は四石五石の間なるべし。其下は二石七八斗より三石四五斗なるべし。下の農人は一石五六斗より二石三四斗、其下は壹石より二石の間、猶其下は七八斗より一石一二斗。

右は皆同じく上々地也。各作人の上中下により、如斯くかはり有る事を云ふなり。右の內壹石五斗より以下は種ゆる時分をそく、地ごしらへもたらず、糞しもなく、後の手入れもしか〳〵せざるゆへ此のごとし。但前にしるす六石七石といふをば、遠國にて或は土地のあしき村里に住み、他所をしらぬ農人はうたがひあるべし。都の邊にてさへ、麥のできに多くかはれるもみゆれば、遠方田舍にては作人により甚だ善惡あらんか。村により同所に畔をならべ、又は同じ地を分けて作れども、一倍も三ぞうばいも變りて見ゆる麥あり。皆其作人によるものなり。是は村により所により、いか程も多き事なれば、農人こゝにはうたがひなかるべし（是れ畿内近き國の事にあらず。遠方にておほき事なり）。稻や其餘の五こくの類をば、我委しく心みしらねば、それ〳〵につき、まさしき替りある事を云ひがたし。しかれども、麥ばかりは作人により遥に善惡のかはりありて、其餘はみな手入よくしてもできは變らずと云ふ理あらんや。我麥の事をばかねてよく聞覺え見覺えたれば、記す事かくのごとし。是を以て考へ見れば、その餘の五こくも皆此類なるべし。其上前に記す菌菜の多少、花の出來のよしあしを以ても、彼の老人が物語一つも僞ならぬ事をしりぬ。

　夫五穀は天の人世に下し施し給へる大寶にして、則ち人間生命の本なり。農業は和漢神聖の重んじ給へる道にして、天下安全なる政事の始め也。もし此書を見ん人はよく心をとゞめ、天の施しと神聖の敎を鑒みて上としては下をめぐみ民に種藝の術を敎へ道びき、農民も又日夜心にかけ耕作の理を工夫し力を盡して勤め營まば、上下の人氣通和し、五こく茂盛し、米粟の多きは水火のごとく、上下大に富豐ならん事實に月をかぞへて待つべし。我農業は人世第一の重き道にして、心を用ひてよくこれを勤むれば、五こくみち〳〵、其利一世を賑はし上下の富となる事ども、見聞をまじへて其理をくり返し、いや言に述ぶる事こゝにとゞまる。

或老農の云ひけるは、田に稲を種ゆるかぶ數の事、地の肥へやせによりて、しげきとうすき種へやう有りといへども、其村里の地味相應を空には定めがたきものなり。よく計り考へて定法とすべし。

同じ田の内を一歩は中分と思ふ程にうへ、一歩は少し多く取りてうすく種へ、一歩は能き程に取りうすく種へ、一歩は少し取りてしげく種へ、かやうに同じ田つぼの内に品を變へて種ゆる事右のごとく同じやうに三ケ所ばかりに種へて秋の實りを心見たらば、其里の地味にあひたる程がよくしるべし。それを以て其村所の定法とすべし。是一度心見て長く其所の相應をしる事なりといへり。いとやすき事なれば考へこゝろむべき事なり。

麥を作るすぢの事、春になりて、すぢの間に木わた、瓜、夏大豆、さゝげ、又芋、茄等をも作る。其種へ物によりそれ〴〵の定まれるほどあり、又麥を刈りて後其跡に物を作る地あり。是にも又其すじの切りやうしな〴〵ありと見えたり。麥をまくすぢを少しひろくして、すぢとすぢとの間を一尺四五寸にするあり。すじのはばをよき比にして間を一尺一二寸をくもあり、又少し小筋にて間八九寸一尺許りなるあり。猶七八寸にうゆるもあり。是段々地により、農人の才覺により、其かはりあり。是もよく心見て考へ見たらば、其所の相應やす〳〵としるべし。其村の庄屋頭分の輩、才あるものよく心見て、其里にかなひたる定法をきはめ、するゝ〳〵の不才なる農人に委しく敎ゆべし。

或る上手の農人のいひけるは、すぢの間二尺四五寸にし、筋のひろさをば、八九寸一尺にも作り、濕氣なき所ならば、すぢの深さを三寸餘にこしらへ、種へ糞を置きても猶二寸餘もすぢふかく作り、麥を薄く種ゆべし。是はうへ時分も九月初にうへ、尤地ごしらへ糞をもよくして、鬼あかど、六角麥、米むぎやすなどを蒔くべし。糞四たびばかり、小便一二度もかけよく〳〵中うちし草とり、春になり、土をくだき、兩方よりたび〳〵にかけ、莖のび出づるにしたがひ、次第に多く土をかけ、後には中をほり、其土をくだき、ぜん〳〵に根によせ、終には根の土八九寸も高くなるやうにかくべし（是はすぢひろきゆへ、鍬にてみだりに土をかくれば、麥おれいたむ物なり。念を入れ手にてかくべし）。しかれば麥大できして、雨風にあふといへども傾きたをるゝ事なく、過分に實りおほし。但是は下農人は成りがたき事とかや。

麥蒔きやうのあつさ薄さは、土地と蒔く時分による事なり。了簡すべし。凡て薄きかたに利あり。

夫天の人を養ひ給ふため生ずる穀物さま〴〵多しといへ共、中に就いて人間の生養の備と見ゆる物二種あり。稲と麥と也。稲は秋實りて、夏の初迄人を養ふ備なり。米の盡る時分には、麥又一様にいでき、四月半より中秋まで人民の食となる（又夏秋の間に粟、きび、蕎麥、稗、大小豆、さゝげなどのこくもつありて、稲麥のたらざる助となる。又大豆とひへは牛馬の食物ともなるなり）。凡て天道の人を養ひ給ふそなへ、誠にありがたき事いはんやうなし。例へば小兒生れて食する事ならねば、母の食物が乳となりて是を養ひ、其子生長し、其母又子をはらめる時は、其乳とまりて次の子の養ひとなる。或は四足のある獣は翅なし。翅ある鳥類は、皆足二つあり。角あるものは牙なく、牙あれば角なし（人は生類の長なれば、智ありて諸用をはかり、両手ありて萬用を調ゆる事自由なり）。此天の施しの委しき趣を鑑みて、五こく皆人の爲に生ずる理を知るべし。右の内取分き稻と麥とは他の穀物の類をはなれたる重き物なるゆへ、聖人の春秋といふ書をあらはし給へるにも、稻や麥の損亡を擧げ給へり。此二種の損亡は、人世の大なる災なればなり。農人たらん者よく此天道の理を仰ぎたうとび、愼んで天意をうけ、殊更稻と麥を作るに其術を盡し、力を用ゆべし。是則ち農民天道をたうとぶ道にして、命を保ち福を受くる術なり。

いにしへ賢王の御代に始りて、民のため諸國郡郷まで救急料とて倉を建て、穀物を蓄へ、飢饉其外民の災を救はせ給ひし事皆國史に見えたり。かうやうの事も白河院の比より絶え、亂世の後は公武の衰微甚しくてかゝる善政も聞えず。末代は昔にかはり、世の事わざしげく、萬財用の費へ多く成り行けばにや、國用の不足せぬ所もなしとかや。さればこそ凶年に逢へば、所により小民餓死をまぬかれがたく侍れ。往年或る領主是を憐み、兼て飢饉の備として凡麥を作る、田畠一段に麥二升、年により一升五合納めさせ、又秋は一段より籾七合を出ださせ、其上領主よりも此始に少々麥を加へ置かれけるとなん。年々納めたる麥もみを奉行を立て毎年利を加へ借しければ、後に甚だ多くなり、飢饉を救ふに餘りあり（此きゝんをすくひたる穀物を返納すべきものには、二三年に元分にて納めさせ、極貧のものはすくひすてたりしとかや）。又農人仕合あしく竈をたをし、所をも去るものあれば其事を僉議し、僞りなく餘儀なき事なれば、竈をたをすにいたる難儀も、飢饉に同じ理なればとて彼が多年出し置きたるを考へ、皆返し與へられければ、かやうのものまでも難儀の時の扶けに成りぬるを悦びけるとかや。是かねて心を用ゆれば、飢饉をすくふの良法となん。夫民はこれ邦の本なり。をよそ祿あるものは平生民の力を食みて大小ともにみな生涯を安んじながら、時あつてかれが死を顧みざらんは、人倫の心にあらず、仁心あらん人はかかる術を以てなりとも、窮民を扶くる遠き慮りあるべき事にこそ。

凡飢饉年の兆をば、智ある人は夏の中にもはや見及ぶべし。尤七月末八月初には慥に見ゆる物也。されども民は愚なるものにて、其年なみ五こくの色を見て飢饉を悟り、早く身持を引きかへて勤むる事をしらず。先秋の實り出來ぬれば、悦びいさみて春のきゝん餓死すべき事をも辨へず。心にまかせ飲み食ひ、萬の物を用にしたがひ求むるゆへ、春の蓄へたらずして年明れば、頓て飢る者おほし。しかれば秋に至り凶年の兆見えば、農の惣司たる人、心を用ひて詳に察し、民をよく〳〵さとし導きて、春の餓死を救ふ心遣肝要なり。

又ある所に領主より、飢人一日一人に付いて米一合、或は一合餘も救米を與へられしが、夫にて餓死のものなし。是を以て思へば飢饉の兆見えたらば、民の惣司たらん人、其下の役人に懇にいひ含め、春のききん餓死に及ばん事を小兒に物をしゆるごとく細かに民に云ひきかすべし。扨秋一日の食物をきゝん難儀の時は、五六日にも食ふべし。小民つく〴〵と先のきゝん年のなんぎを思ひあはせたらば、秋の食物一日の分を三日に用るとも少しも苦労あるまじ。されば秋一日に食ふ食を、春のなんぎを遁るゝために二日半程に食ひ合すべし。是は菜大根萬の摘菜を加へて此のごとくすべし。遠國は所により、農人一日の粮に白米一升餘も食ふ所あれど、七合宛のつもりにすれば、二ヶ月にははや二斗餘の粮米のこれり。十一月までもかくのごとくせば三斗餘の米を得べし。これを右に云ふ一日に一合餘の飢米にすれば、二百日許の飯米いでくるものなり。若又初秋のつもりちがひ、さまでのきゝんならずば此分が倹約となり、家内五人も七人もある家にて蓄へたらば、大分の穀物を得る事なるべし。凡きゝんの覺悟は、農に近き役人よく納得し、貧しき民をねんごろにさとさしめ、農人をの〳〵得心し、はや早田の時よりかたく愼み、食物に菜や芹なづなごとき物を加へて、春の飢を恐るゝ事深くば、いか程凶年なりとも、麥のまへに餓死するものあるべからず。只是れ末の役人、此事を能く會得し、偏に妻子を諭すごとく、眞實に心を用ひて云ひ聞かするにあるのみ。

前に記すごとく、飢饉の兆は初秋には必ずしるゝ物なり。農の惣司より其下なる役人に委しく云ひ示し、農民の食物を倹約せしむべし。扨蕪靑を多く種へさすべし。畠の地ごしらへ段々念を入れ、少し延引すとも糞もかれ地もされたるよし。凶年には蟲多き事あり。其ゆへ殊に地ごしらへよくすべし。若し圃のなき所ならば、早田中田の跡を委しくこしらへ用ゆべし。必ず力をつくし人々相應に多く蒔くべし(こゑを農人じぶんにもとめかぬる事あらば、役人より借銀才覺しつかはすべし)。尤後の手入れこやしに心を用ゆべし。次に大根をも多く蒔くべし。地ごしらへ右にいふごとし。蕪と大こんは小きよりまびきて汁にもし、長ずるにしたがひ食物に加へて穀物の助とすべし。よく農人を諭し、秋初より覺悟し蕪大根を多くうへなば、たとひ領主の惠み薄しといふとも、貧民までも餓死のうれへなかるべし。

又凶年にはそら豆をも多く種ゆべし。麦より少しはやくいできぬれば、麦に取りつく時の助と成るべし。

農人つね〴〵蕪大根のたねを餘分に蓄へ置くべし。なみの年にてもおほく作り立て、農人これを用ひて冬春麦に取りつゞくまでの穀食の助とすべし。

前に述ぶるごとく、稲と麦とは天より人間を養ひ給ふ二種のそなへなれば、農民ふかく心を用ひて取分き麦作を勤むべし。

凡そ農民を司どる惣官たらん人は常に心を用ひ、五こく種藝を敎へ道びき、よく下の情に通じ、(下情に通ずる事は前に註す)凶年の兆あらば、前に記すごとく、深く工夫し餓死を救ふべし。時宜により上よりも力をそへめぐみ有るべし。夫萬民の患をのぞき、悦びを施し、或は餓死を救ふに心を用ひ、仁心あらん輩は其善政天心にかなひ、君も臣も長く其祿をたもち、福年月にしたがひていたり、子孫長く繁榮あらん事鏡にむかふがごとくならん。或は其職分に有りながら下の愁をしらず、民をしへたげ苦め、其餓死をも憐む心なく不仁を日々にかさねば、天の責を招き、災をむかへて子孫に及びなん事のがるゝ道なからん。賢者これを愼むべし。

何れの所にても四木三草、或は木わた、たばこの類の利の多き作り物又は杉、檜のたぐひの用材の木、或は果樹なんど凡て前かたより其所になき物を其利を計りて新儀に仕立てんとならば、先其事を執行ふべき才ありて、慥《たし》かなる役人を選び定むべし。其上にて其仕立つべき物の多き名物の所に人を遣し、其仕立つるやうを委しく習ひて（たとへば、うるしならば吉野、紙ならば安藝、みの、吉野、木わたは大和、河内、津の國、播磨、きぬわたは丹後、但馬、東國にては武州、上野、甲斐などのたぐひを云ふなり）、先づ少しづゝ二三ヶ所も作り立て見るべし。地により其物の合ふとあはぬ事あれば、左樣の所をよく心見、其上にて又多く作り考へ、十分に地心手入のやうを得心して後、廣く是を仕立つべし。其時には名物の所より人を雇ひよせ、三四年も仕立てさせ、其手入養ひ萬の事を委しく見ならひ、仕覺えて後、いか程も廣く執行ふべし。此のごとくなれば其事さはりなく行はれて、利用、福年を追つておほし。若し其始を愼まずして輕々しく麁略に事を始むれば多くの費損ありて後悔はかりなく、物ごと疑ひ多く其事終に成りがたし。

右の類の事、或は地を開き田畠をなし、又何ぞ事を始めて仕立つるに、昔より其事を執る人、利欲を先とし事いまだ調はざるより、頓て利をとらんと計り、今年始めて出來其まゝ運上を納めさせんとたくむ。かやうの心あれば民皆上の貪りの重きに恐れて、其事を勤るに心なし。又下を貪る心は天意にたがふゆへ、其事多くは成りがたし。或は少しも民を利する仁心ありてする事は、民の心すゝみ天氣も又和する故、事調ひ安く、利も又其内に有り。凡そ民の事を司る人は此心を愼むべき事にや。

農家に糀麥を費し、物を買ふ事多し。取分き定まりて費の多きは茶とたばこに過ぐる物なし。されば何とぞ此費を止めたらば農家の富となるべし。凡何方にても一村の中に必ず煙草を少し作る人一二人あるものなり。役人より村中に云ひ付けて、十二月の頃家々より少しづゝこゑを出し、右の農人に與へ、たばこの苗地をひろくしたてさすべし（もし其農人の方によき苗地なくば、餘人の畠を村中より買ひてわたすべし）。或は人手間入らば、其里の本役となしてつとむべし。春になり苗よくさかへたる時、少しづゝ分けて村中に渡し作様をも教ゆべし。百姓めん／＼心にかけて作るべし。一二年手馴れたらば、作り様あらまし得心すべし。其後は苗をも面々に作り立て、家々に作るべし。鬧《いそがは》しき折なりとも、多くのもみ麥を失はぬ重寶なる事なれば、女わらべも少しのひまに蟲をとり、芽をもかくべし。時々心づかひし、わづかの手間を入れたらば能くこそなからめ、家々年中用ゆる程は、たやすくつくり出すべし。是れ少しばかりの心づかひを以て、家家大分のこくもつを蓄ゆる手立なり。又茶を種ゆる法は、茶の條下に委しく記せり。是又其村の庄屋、頭百姓に才覺あるもの、他所にも聞合せ、心を用ひ種へ立つる事いと安かるべし。野地あらば地をひらきてうゑ、左なくは上田畠の内を以ても、家々に用ゆる程の茶を種へ立つる事、僅の手間にて成るべし。是は一度種へ置けば、百千年もとし／＼に利をうる物なり。此二種を役人より心を付けしたてさせたらば、毎年に大分の麥籾を費さずして民家々の富となるべし。かくはいへども農人は愚なる者にて、目の前の利を見ても心をはげんでする事まれなり。只民の惣司たる人、よく此心得を以て農人をさとし、此事を執行はゞ、喩へば年貢なき田畠を多く仕立てゝ、民の家々に末代まであたへたるとひとしかるべし（此心づかひは所により、さま／＼工夫あるべし）。　我此事を行ひて慥にしるしを見たるゆへ、委しく記之、諸賢者民をめぐみ、民を利し、農家うるほひ、上下の福あらん事を思ふ人は、必ず是を捨て置く事なかれ。

農民其人數より田畠を多く作る事大に悪し。少しすくなきに利多し。此事本書にあれども、肝要の事なれば、農人に心を付け、又こゝに記すもの也。其國の物をもて、其國の諸用を調ゆる様にと、心づかひの所ありと見えたり。尤の事なり（茶紙うるし、やき物ぬり物食物織物酒肴萬のうつは物等のたぐひなり）。急にはならずとも、年をつみ、心を用ひたらば、大抵の物、其國の産を以て事たるやうあるべし。からも日本も世々に才覺ある人出來て、人世の用をたし、造り出せる器物なども漸々に多し。世の人數もやうやく多くなれば、夫程に麥を蒔く事なども、五六十年このかた多く、其術も詳なり。又昔のごとく綿ばかりならば、貧きもの多にいたり、寒に堪へざるべきを、天又木綿を生じて、世界の人皆寒を防ぐにたれり。返す〲天道の施しをたうとぶべし。されば國所により、木綿のよからぬ地もありと聞ゆれど、畿内邊のごとく其法を得たらば、大方にそだゝぬ所あるべからず。天の御惠みをかへりみ、とうとび、必ず木綿を多く作る術ねがはしき事なり。

前に書すごとく、靑き事は藍より出でて藍よりも靑き理なれば、喩へば此書は聰明の人におゐては、只かりの道しるべにてこそあれ、才ある人、心を用ひて其術を勵し千萬の功を立てらるべし。いはゞ深山の道しらぬ明智達者の人、老人に道をとへるに、翁は麓に立ち、そこ〱の程ぞと指さししめすに似たり。剛强の人をしへにまかせ山に入り、珍寶などを得たらんに、白髮の老人遙の山下より打ちのぞみて、ほめうらやむがごとくなるべし。諸賢者希くは此しるべによりて、深く心を用ひ、其功を立てられん事をぞ。

此書は前年たび〳〵改正すといへども、老眼うとくして烏焉馬のたがひをも見分けず。假名はいゐひ、ゑへ、うふ、やうようのたがひ猶多かるべし。まして奥口のをおもわかたず、又書寫のあやまりも有りなん。只偏に農人のよむにたよりありて、さとりやすきをのみ本意とし侍る。

農人のわざに緩急前後輕重と云ふ事あり（是は萬にある事なれども耕作の法にて取分き大切にする事なり）。緩はゆるく、急ははやく、前はまへ、後はのち、輕はかるく、重はおもき也。まづ麥を早く取あげ、水田を犂きかき、糞しを入れ、早苗をうゆる、秋は田をかり上げ、あとをすき、麥をはやく蒔くなど、いづれもいそぐわざ、是急の類なり。冬春田をかやし、山の薪をこり、縄をなひなどするは常の事にて、十分の力を用ひがたし。是緩の類なり。此外さきにし後にする事皆次第あり。又前後緩急の内なをおもきかるきの分あり。一々皆よく此理を考へ、前後緩急しだいを以て、勤めいとなまば、五こく熟して福を得る事はかるべからず。又輕重前後を取りちがゆれば、たとひ力を盡し、勤るといへども、作り物よろしからず。農人こゝにをいて心を用ひ、日夜のはたらき時にをくれず、順を以て其法にたがはずば、民のかまどの煙にぎはしく、上下富みたりて安樂ならん事、永く萬世の幸をも引きぬべし。

いにし年の冬より、愚男が遊學にぐせられて、京師に寓居せしが、よはい已に希古に餘りぬれば、歳の寒かりしほどは唯爐火のみ友としてうち過しぬ。さて鳥の聲など春めきて、花もやう〳〵けしきだつ比より、老が身も氷のとけゆく心ちして、王畿のくま〳〵をはじめ、奈良よし野まで遊歷し、花にあかぬたのしみぞおほかりき。又京師に歸りて、所々遊觀のいとまに此農業の書を校閲せしに、昔年いくたびか訂正のつとめを用ひしかども、猶意趣明かならず。言葉したがはぬ事のみなりき。今又補正せんも、已に梓に刻めりしかば、只一二の餘意をとり拾ひて綴錄せしに、覺えず數十葉になれり。くだ〳〵しき贅言みづからもいとはしくて、かいやり捨つべかりしを、書林これを編末に附錄せんといふ事再三におよびぬ。歸期こゝにせまり、精撰に暇なければ、妄りに注せし草藁ながら、再見をだに加へ侍らで書林にあたへ、われは京を出でぬ。むかしより書をけみする事は塵をはらふにたとへ侍るとや。はらひても跡よりつもるばかりなるに、かゝる麁率のしわざには、なにか誤りの多からざらんや。むべ見る人のわらひをとり侍らむ。元祿丁丑の年季夏の日、筑州隱老貝原樂軒、京師御幸町の僑居にして記之。

農業全書後序

有虞氏之立レ官也。以二命レ稷敎一レ稼爲レ初。洪範八政以レ食爲レ先。武王之所レ重在二民食一。子貢問レ政。夫子告レ之亦以レ足レ食爲レ首。蓋生民之道。不レ可二一日而無一者也。聖人豈輕レ之哉。平二秩東作一虞書立レ制。俶二載南畝一。周雅垂レ文。此皆爲下奉二天時一以授レ人。盡二地力一而豐レ食。前脩云。民之大事在レ農。不二其然一乎。不二其然一乎。古之王者貴爲二天子一。富有二四海一。而必私置二籍田一。蓋其義有レ三焉。一以奉二宗廟一親致二其孝一。二以訓二乎百姓有一レ勤。勤則不レ匱也。三聞二之子孫一。躬知二稼穡之艱難一無レ違也。周公陳二無逸一以告二成王一要三先知二稼穡之艱難一者以レ此也。本邦之邃古天照大神始敎二耕植之道一以供二生民之食一。自レ是以來聖神相承無三以レ此不二レ爲レ急。崇神天詔云。農天下之大本也。旨哉。況亦　朝廷之立レ制也。以二祈年一爲二年中祭祀之首一者有レ以也。中華言二農耕之道一者。有二其家學一而列二之於九流一。且種藝之書亦居多矣。如二本邦一振レ古此術空傳二于農夫之口頭一。而未レ有下筆二之於汗簡一者上。且其所レ傳之法亦類二乎膠レ柱契一レ舟者不レ尠。故暗二其術一失二其法一。無二財成輔相之益一而有二助長不耘之害一者往往皆然。良可レ歎也。予父執宮崎翁自レ幼好レ學。以三其在二草莽一身履二乎耕稼之場一。而心熟二種藝之業一。且嘗閱二於華夏之農書一而窮二耕芸之術一。深造二其奧一默識二其妙一。今也齡超二懸車一日垂二耒暮一。於レ是乎鑒下鍧於其平日明試之法與中古書所レ載之說上。纂脩以爲二一書一。欲レ備二農家之龜鏡一蒐輯有レ年而草創之功既就。簽レ之曰二農業全書一。終託二之於予家嚴日休翁ニ求二刪正一。家嚴素勉二窓下螢雪之業一。而未レ知二南畝蕘蓑之事一。以レ故辭レ之不二敢肯一。尙猶乞レ之不レ措。遂無レ地二峻拒一。乃於二暇日一再三撿閲。修二飾其文義一發二明其餘意一以塞二其責一。亦請三予序二諸後一。然而吾損軒翁已序レ之詳矣。今復奚言哉。惟有レ感乙乎宮崎翁成二此編一以爲二農家之懿範一則有レ功二乎人世一博且鉅而與下俗間之著レ書多談二無用之辨一。語二不急之察一。而罔レ裨二世用一者之比上、相遠萬萬也。遂告二父叔一詢二乎剞劂氏一登二之於棗一。以欲三廣布二于世一。曾聞太玄初作桓譚謂二其必傳一。三都賦成洛陽爲レ之紙貴。如二今此編一者亦繡梓功訖田畯野翁爭相二求之一以熟二農桑之術一。則擧レ世之民必免二凍餒之憂一。施及二在レ上之人一則不レ出レ戶以知二稼穡之艱難一而不三敢荒寧一。不二亦善一乎。然則至二必傳紙貴一亦未レ可レ知。何必待三予之言二而後顯乎。姑書二歲月於此一以爲二他後之證一云。

元祿丙子桂月日

後學筑前州貝原好古書

農業全書《のうぎょうぜんしょ》

1936年1月10日　第1刷発行
2024年11月15日　第13刷発行

校訂者　土屋喬雄《つちやたかお》

発行者　坂本政謙

発行所　株式会社　岩波書店
〒101-8002 東京都千代田区一ツ橋2-5-5

案内 03-5210-4000　営業部 03-5210-4111
文庫編集部 03-5210-4051
https://www.iwanami.co.jp/

印刷・精興社　製本・牧製本

ISBN 978-4-00-330331-3　Printed in Japan

読書子に寄す

——岩波文庫発刊に際して——

岩波茂雄

真理は万人によって求められることを自ら欲し、芸術は万人によって愛されることを自ら望む。かつては民を愚昧ならしめるために学芸が最も狭き堂宇に閉鎖されたことがあった。今や知識と美とを特権階級の独占より奪い返すことはつねに進取的なる民衆の切実なる要求である。岩波文庫はこの要求に応じそれに励まされて生まれた。それは生命ある不朽の書を少数者の書斎と研究室とより解放して街頭にくまなく立たしめ民衆に伍せしめるであろう。近時大量生産予約出版の流行を見る。その広告宣伝の狂態はしばらくおくも、後代にのこすと誇称する全集がその編集に万全の用意をなしたるか。千古の典籍の翻訳企図に敬虔の態度を欠かざりしか。さらに分売を許さず読者を繋縛して数十冊を強うるがごとき、はたしてその揚言する学芸解放のゆえんなりや。吾人は天下の名士の声に和してこれを推挙するに躊躇するものである。このときにあたって、岩波書店は自己の責務のいよいよ重大なるを思い、従来の方針の徹底を期するため、すでに十数年以前より志して来た計画を慎重審議この際断然実行することにした。吾人は範をかのレクラム文庫にとり、古今東西にわたって文芸・哲学・社会科学・自然科学等種類のいかんを問わず、いやしくも万人の必読すべき真に古典的価値ある書をきわめて簡易なる形式において逐次刊行し、あらゆる人間に須要なる生活向上の資料、生活批判の原理を提供せんと欲する。この文庫は予約出版の方法を排したるがゆえに、読者は自己の欲する時に自己の欲する書物を各個に自由に選択することができる。携帯に便にして価格の低きを最主とするがゆえに、外観を顧みざるも内容に至っては厳選最も力を尽くし、従来の岩波出版物の特色をますます発揮せしめようとする。この計画たるや世間の一時の投機的なるものと異なり、永遠の事業として吾人は微力を傾倒し、あらゆる犠牲を忍んで今後永久に継続発展せしめ、もって文庫の使命を遺憾なく果たさしめることを期する。芸術を愛し知識を求むる士の自ら進んでこの挙に参加し、希望と忠言とを寄せられることは吾人の熱望するところである。その性質上経済的には最も困難多きこの事業にあえて当たらんとする吾人の志を諒として、その達成のため世の読書子とのうるわしき共同を期待する。

昭和二年七月

《東洋思想》〔青〕

易経 全二冊 高田真治・後藤基巳訳
論語 金谷治訳注
孔子家語 藤原正校訳
孟子 全二冊 小林勝人訳注
老子 蜂屋邦夫訳注
荘子 全四冊 金谷治訳注
新訂 孫子 金谷治訳注
荀子 全二冊 金谷治訳注
韓非子 全四冊 金谷治訳注
史記列伝 全五冊 司馬遷 小川環樹・今鷹真・福島吉彦訳
春秋左氏伝 全三冊 小倉芳彦訳
塩鉄論 曾我部静雄訳註
千字文 小川環樹・木田章義注解
大学・中庸 金谷治訳注
仁学 —清末の社会変革論— 譚嗣同 西順蔵・坂元ひろ子訳注
章炳麟集 —清末の民族革命思想— 西順蔵・近藤邦康編訳
梁啓超文集 岡本隆司・石川禎浩・高嶋航編訳
マヌの法典 田辺繁子訳
ガンディー獄中からの手紙 森本達雄訳
随園食単 袁枚 青木正児訳註
ウパデーシャ・サーハスリー —真実の自己の探求— シャンカラ 前田専学訳

《仏教》〔青〕

ブッダのことば —スッタニパータ— 中村元訳
ブッダの真理のことば・感興のことば 中村元訳
般若心経・金剛般若経 中村元・紀野一義訳註
法華経 全三冊 坂本幸男・岩本裕訳注
日蓮文集 兜木正亨校注
浄土三部経 全二冊 中村元・早島鏡正・紀野一義訳註
大乗起信論 宇井伯寿・高崎直道訳注
臨済録 入矢義高訳注
碧巌録 全三冊 入矢義高・溝口雄三・末木文美士・伊藤文生訳注
無門関 西村恵信訳注
法華義疏 全二冊 聖徳太子 花山信勝校訳
往生要集 全二冊 源信 石田瑞麿訳注
教行信証 親鸞 金子大栄校訂
歎異抄 金子大栄校注
正法眼蔵 全四冊 道元 水野弥穂子校注
正法眼蔵随聞記 懐奘編 和辻哲郎校訂
道元禅師清規 大久保道舟訳注
一遍上人語録 —付 播州法語集— 大橋俊雄校注
南無阿弥陀仏 —付 心偈— 柳宗悦
蓮如上人御一代聞書 稲葉昌丸校訂
日本的霊性 鈴木大拙 篠田英雄校訂
新編 東洋的な見方 鈴木大拙 上田閑照編
大乗仏教概論 鈴木大拙 佐々木閑訳
浄土系思想論 鈴木大拙
神秘主義 キリスト教と仏教 鈴木大拙 坂東性純・清水守拙訳
禅の思想 鈴木大拙
ブッダ最後の旅 —大パリニッバーナ経— 中村元訳
仏弟子の告白 —テーラガーター— 中村元訳

尼僧の告白 —テーリーガーター— 中村元訳
ブッダ神々との対話 —サンユッタ・ニカーヤⅠ— 中村元訳
ブッダ悪魔との対話 —サンユッタ・ニカーヤⅡ— 中村元訳
禅林句集 足立大進校注
ブッダが説いたこと ワールポラ・ラーフラ 今枝由郎訳
ブータンの瘋狂聖ドゥクパ・クンレー伝 ゲンドゥン・リンチェン編 今枝由郎訳
梵文和訳 華厳経入法界品 梶山雄一 丹治昭義 津田真一 田村智淳 桂紹隆 訳注

《音楽・美術》〔青〕

ベートーヴェンの生涯 ロマン・ロラン 片山敏彦訳
音楽と音楽家 シューマン 吉田秀和訳
レオナルド・ダ・ヴィンチの手記 全二冊 杉浦明平訳
ゴッホの手紙 全二冊 硲伊之助訳
ビゴー日本素描集 清水勲編
ワーグマン日本素描集 清水勲編
河鍋暁斎戯画集 山口静一 及川茂編
葛飾北斎伝 飯島虚心 鈴木重三校注
ヨーロッパのキリスト教美術 —十二世紀から十八世紀まで 全二冊 エミール・マール 柳宗玄 荒木成子訳

近代日本漫画百選 清水勲編
蛇儀礼 ヴァールブルク 三島憲一訳
ミレー ロマン・ロラン 蛯原徳夫訳
日本の近代美術 土方定一
日本洋画の曙光 平福百穂
映画とは何か 全二冊 アンドレ・バザン 野崎歓 大原宣久 谷本道昭 訳
漫画 坊っちゃん 近藤浩一路
漫画 吾輩は猫である 近藤浩一路
ロバート・キャパ写真集 ICPロバート・キャパ・アーカイブ編
北斎 富嶽三十六景 日野原健司編
日本漫画史 —鳥獣戯画から岡本一平まで 細木原青起
世紀末ウィーン文化評論集 ヘルマン・バール 西村雅樹編訳
ゴヤの手紙 全二冊 大髙保二郎 松原典子 編訳
丹下健三建築論集 豊川斎赫編
丹下健三都市論集 豊川斎赫編
ギリシア芸術模倣論 ヴィンケルマン 田邊玲子訳
堀口捨己建築論集 藤岡洋保編

《歴史・地理》〔青〕

- 新訂 魏志倭人伝・後漢書倭伝・宋書倭国伝・隋書倭国伝 —中国正史日本伝1 石原道博編訳
- 新訂 旧唐書倭国日本伝・宋史日本伝・元史日本伝 —中国正史日本伝2 石原道博編訳
- ヘロドトス 歴史 全三冊 松平千秋訳
- トゥーキュディデース 戦史 全三冊 久保正彰訳
- ガリア戦記 カエサル 近山金次訳
- タキトゥス 年代記 —ティベリウス帝からネロ帝へ 全二冊 国原吉之助訳
- ランケ 世界史概観 —近世史の諸時代 鈴木成高・相原信作訳
- ランケ自伝 林健太郎訳
- 歴史における個人の役割 プレハーノフ 木原正雄訳
- 古代への情熱 —シュリーマン自伝 シュリーマン 村田数之亮訳
- 大君の都 —幕末日本滞在記 全三冊 オールコック 山口光朔訳
- アーネスト・サトウ 一外交官の見た明治維新 全二冊 坂田精一訳
- ベルツの日記 全二冊 トク・ベルツ編 菅沼竜太郎訳
- 武家の女性 山川菊栄
- インディアスの破壊についての簡潔な報告 ラス・カサス 染田秀藤訳
- ラス・カサス インディアス史 全七冊 長南実訳 石原保徳編

- インディアスの破壊をめぐる賠償義務論 —十二の疑問に答える ラス・カサス 染田秀藤訳
- コロンブス 全航海の報告 林屋永吉訳
- 大森貝塚 —付 関連史料 E・S・モース 近藤義郎・佐原真編訳
- ナポレオン言行録 オクターヴ・オブリ編 大塚幸男訳
- 中世的世界の形成 石母田正
- 日本の古代国家 石母田正
- 平家物語 他六篇 石母田正 高橋昌明編
- クリオの顔 —歴史随想集 E・H・ノーマン 大窪愿二編訳
- 日本における近代国家の成立 E・H・ノーマン 大窪愿二訳
- 旧事諮問録 —江戸幕府役人の証言 全二冊 旧事諮問会編 進士慶幹校注
- ローマ皇帝伝 全二冊 スエトニウス 国原吉之助訳
- アリランの歌 —ある朝鮮人革命家の生涯 ニム・ウェールズ キム・サン 松平いを子訳
- さまよえる湖 全二冊 ヘディン 福田宏年訳
- 老松堂日本行録 —朝鮮使節の見た中世日本 宋希璟 村井章介校注
- 十八世紀パリ生活誌 —タブロー・ド・パリ 全二冊 メルシエ 原宏編訳
- ヨーロッパ文化と日本文化 ルイス・フロイス 岡田章雄訳注
- ギリシア案内記 全二冊 パウサニアス 馬場恵二訳

- オデュッセウスの世界 フィンリー 下田立行訳
- 東京に暮す —一九二八〜一九三六 キャサリン・サンソム 大久保美春訳
- ミカド —日本の内なる力 W・E・グリフィス 亀井俊介訳
- 増補 幕末百話 篠田鉱造
- 幕末明治 女百話 全二冊 篠田鉱造
- 日本中世の村落 清水三男 大山喬平・馬田綾子校注
- トゥバ紀行 メンヒェン＝ヘルフェン 田中克彦訳
- 徳川時代の宗教 R・N・ベラー 池田昭訳
- ある出稼石工の回想 マルタン・ナド 喜安朗訳
- 革命的群衆 G・ルフェーヴル 二宮宏之訳
- 植物巡礼 —プラント・ハンターの回想 F・キングドン-ウォード 塚谷裕一訳
- 日本滞在日記 —一八〇四—一八〇五 レザーノフ 大島幹雄訳
- モンゴルの歴史と文化 ハイシッヒ 田中克彦訳
- 歴史序説 全四冊 イブン＝ハルドゥーン 森本公誠訳
- ダンピア 最新世界周航記 全二冊 平野敬一訳
- ローマ建国史 全三冊（既刊上巻） リーウィウス 鈴木一州訳
- 元治夢物語 —幕末同時代史 馬場文英 徳田武校注

フランス・プロテスタントの反乱 ―カミザール戦争の記録　カヴァリエ　二宮フサ訳

徳川制度 全三冊・補遺　加藤貴校注

第二のデモクラテス 戦争の正当原因についての対話　セプールベダ　染田秀藤訳

ユグルタ戦争 カティリーナの陰謀　サルスティウス　栗田伸子訳

史的システムとしての資本主義　ウォーラーステイン　川北稔訳

中世荘園の様相　網野善彦

日本中世の非農業民と天皇 全二冊　網野善彦